Deepen Your Mind

Deepen Your Mind

作者序

提到人工智慧 (AI) 可能就會聯想到 Python，在 2020 年各大資訊技術網站公布最受歡迎的機器學習語言排行榜中，Python 毫無疑問地排在第一，隨著 AI 應用崛起，許多科學計算、數據分析的函式庫與套件紛紛出籠，大都支援或直接使用 Python 語言來開發，以下幾項優點將解釋為什麼 Python 特別適合用於 AI：Python 程式碼簡明易懂、可讀延續性高、擁有大量函式庫、靈活度高、提供視覺化工具、可以很簡單的跨平台運作等等，因此本書欲結合 AI 與 Python，鎖定讀者為初階至中階接觸 Python 的人。

此外，近年來雲端運算成了人們不得不了解的服務，開放雲端平台個個崛起呈現百家爭鳴的情景，使用排名中特別值得關注的是名列前茅的微軟，其所提供 Microsoft Azure 主打「無限潛力」和「無限可能性」的雲端產品的核心是公共雲端計算平台，其 Azure AI 解決方案可建置影像分析、語音理解、使用資料進行預測、或模擬人類智慧的行為。其 AI 服務是以 Azure Cognitive Services 為後盾，是透過一系列完整的 AI 服務和認知 API 來協助使用者建置智慧型應用程式。

Azure 認知服務分成決策、語言、語音、辨識，針對以上四大主軸分別有不同的功能及運用，使用者可運用決策類來做影像、影片或文字內容的審核，是否有不適當內容出現，自動篩選出最佳的內容呈現給使用者；運用語言類，可以針對使用者所提供的文字內容進行分析與識別，例如識別此句的情緒、情感、關鍵字重點或使用何種語言，也可以製作出簡單的 Q&A 對話機器人；使用語音類，可以進行諸多語言翻譯、辨識說話者，目前 Azure 提供的語言相當多，也可以將語音轉換成文字，文字轉換語音；

而使用辨識類，裡面不僅可以辨識影像、影片內容、文字或字跡，也可以辨識人臉。Azure 針對學生帳戶還有免費點數可以使用，因此使用者進入的門檻很低，而且 Python 的用途廣泛，可以內建數據分析函式庫作大數據分析、網頁爬蟲資料等，而運用 Azure 只要簡單建立資源，便能開始使用，而且附有災難備份支援，可以在發生重大問題時，保有原本資料。

本書為了能讓使用者了解簡單的機器學習功能，學習單元分成兩大類，分別是 Python 基礎語法教學及 Python 結合 Azure API 的應用教學範例，各範例內有詳細文字解說並結合圖片，讓使用者可以透過圖文吸收更快上手，而範例的解說使用較簡單而精簡的詞彙和語句，讓使用者能較好理解，有些功能需要結合 Python 程式碼，本書也有標上程式碼註解，讓對於初嘗程式碼的學習者可以較無負擔也較無壓力的開始建立現代流行的 AI 服務應用。

這本書是由學生團隊和指導老師們合力完成的書籍，書中的範例都是學生練習後的成果，範例程式碼都經過學生們再三確認無誤，這本書能成功出版要特別感謝家源、耘圻、云涔、憶蓁與霆鋒的用心與努力，也非常感謝云涔與憶蓁的心得回饋與細心校稿，讓這本書的內容與編排能更臻完善，也更貼近初學者的角度，再次強調學生們才是這本書的真正作者。

目 錄

1 建置 Python 開發環境

2 Python 基本語法與結構

3 Python 容器介紹

4 條件判斷與迴圈

5 函數

6 物件導向

7 檔案管理與 JSON

8 認識 Microsoft Azure 雲端平台與認知服務

9 Azure 認知服務 - 文字分析

10 Azure 認知服務 - 翻譯工具

11 Azure 認知服務 - 電腦視覺

12 Azure 認知服務 - 臉部辨識

13 Azure 認知服務 - 製作問與答人員

14 Azure 認知服務 - 語音服務

1

建置 Python 開發環境

1-1 Python 程式語言簡介

Python 是一種直譯式的程式語言且支援物件導向，由於 Python 開源（開放原始碼軟體），所以功能應有盡有，強調對程式語法的易讀、易懂、易學，以加快開發時效，同時擁有跨平台執行的特性，使用上支援 Unicode 編碼，集強大功能與完善的通用型語言於一身，可以用於多種軟體開發動態程式中，發展至今已有多年的歷史，成熟且穩定。

一般而言，Python 受到開發者的青睞主要是因為它提供了許多現成可立即使用的函式庫來提升程式開發時的效率。此外，Python 提供豐富且龐大的類別函式庫，能夠支援大部分的應用。Python 在至今的發展速度愈加成熟，隨著使用範圍的擴大，以及相關可使用的資源豐富，並且具有跨平台執行的優勢，使得在程式開發上能夠維持高效率。

1-1-1 Python 程式語言歷史發展

Python 的創始人為吉多・范羅蘇姆（Guido van Rossum），當時他正於阿姆斯特丹的荷蘭數學和電腦科學研究學會工作。在 1989 年的聖誕節，吉多・范羅蘇姆為了打發時間，決定開發一個新的指令碼解釋程式，作為 ABC 語言的一種繼承，以替代使用 Unix shell 和 C 語言進行系統管理，並同時具有 Amoeba 作業系統的例外處理。Python 的命名緣由是因為創始人為 Monty Python 的愛好者，因此將他開發出的程式語言命名為 Python。吉多・范羅蘇姆以 ABC 語言作為借鏡，他認為 ABC 語言雖然強大但是並沒有成功的原因在於非開源所導致的，因此在 Python 的設計上採取可擴充的方式進行，並且透過豐富的 API（Application Programming Interface）和工具，以便開發者能夠以 C 語言來對 Python 進行擴充。

Python 在 1991 年的 2 月，由創始人吉多．范羅蘇姆發行了最初程式碼（標記版本為 0.9.0），這個時候的 Python 已具有繼承的類別、例外處理、函式以及基本的資料結構等，並且於 1994 年 1 月發佈了 Python 1.0 的版本，此次發佈內容為 Python 加入了函式語言程式設計的工具 lambda、map、filter、reduce 等。

Python 2.0 於 2000 年 10 月 16 發佈，引入了針對 List 資料結構建立的語法，並且在 Python 程式語言的記憶體管理中加入了環狀檢測演算法，以及支援 Unicode 的編碼。

隨後的 Python 3.0 於 2008 年 12 月 3 日發佈，針對程式語言做了部分破壞性更新，使得 Python3.0 的程式碼無法完全相容於 2.0 的語法，而 Python 3.0 的發行也包括了將 Python 2 的程式碼自動轉換成 Python 3 的工具，並且將 Python 3 的特性移植在 Python 2.6/2.7 的版本中，值得注意的是，對於 Python 2.7 版本的支援日期最初設定為 2015 年，但是對於大量 Python 2 版本的程式碼無法轉換為 Python 3 的關係，使得支援日期延長至 2020 年，並且在停止 Python 2 的版本之後，現在只有針對 Python 3.8 和後續的版本進行支援。

1-1-2 Python 程式語言特色

功能強大的直譯式程式語言不只有 Python，為什麼我們單單只介紹它呢？因為相較於其他語言，Python 有以下幾項特點：

- **容易撰寫**

  Python 具有許多物件導向的特性，但不要求一定得用物件導向的方式撰寫。撇開物件導向的議題不談，Python 可以透過撰寫較少的程式碼，來完成較多的功能，且 Python 對於其程式碼的「縮排規則」也能使得程式碼清晰易懂。

◆ 功能強大

Python 自 1989 年由 Guido van Rossum 在荷蘭的 CWI 開始發展以來，版本的演化從 0.9.0 發展至目前的 3.9，不但累積了相當完整的標準模組（函式庫），更有相當龐大的非標準模組，值得注意的是，多數的模組皆為開放原始碼。以 Python 內建的標準和非標準模組來說，從實現簡單的數學運算、字串、資料結構和檔案壓縮處理，到網路協定、結構檔案以及在可移植作業系統介面（Portable Operating System Interface,POSIX）皆有其功能上的支援，涵蓋的範圍可以說是相當廣泛。

◆ 跨平台

跨平台的特性使得 Python 程式可以同時在 Linux、Windows 及 macOS 平台上執行，即使撰寫圖形化介面（Graphical User Interface,GUI）也同樣支援跨平台。Python 程式是使用 Python 標準函式庫中的打包工具 distutils 來進行封裝，隨後就能透過封裝的檔案來安裝各個平台中，此外，在 Windows 平台下更能夠自動打包出可執行的安裝檔（installer）。

◆ 容易擴充

Python 是具有高執行效率的直譯式語言，雖然不比 C 和 Fortran 等程式語言。但是我們仍然可以透過 C 語言、C++ 或 Fortran 來撰寫高效率的模組為 Python 進行功能上的擴充，而這些模組的使用方式，與使用 Python 撰寫模組的引入方式一樣。

1-2 建置 Anaconda 開發環境

在開始以下教學之前，首先要建置 Python 的開發環境，其環境包括直譯器、內建函式庫以及相關檔案和環境設定等等。本教學範例都是使用 Jupyter Notebook 應用程式來撰寫，Jupyter Notebook 是一個 Web 應用程式，其優勢是將程式碼分為區塊，以區塊為單位來執行，並不需要每次執行時都將整個程式碼執行一次，使得開發者人員能夠在開發時隨時查看特定區塊的執行結果，並且能夠根據功能的需求來修改特定區塊的程式碼，對於功能在開發階段是一個便利的開發工具。

1-2-1 安裝 Anaconda

這邊需要補充針對 Anaconda 的敘述，再來介紹常使用的套件。

Anaconda 常使用的套件：

- Jupyter Notebook：一個輕量級、好上手的 Web-base 寫 Python 的介面，是資料分析領域中非常熱門的程式撰寫介面。
- NumPy：為一強大的 Python 函式庫，主要用於資料處理上，是 Python 做矩陣及多維陣列時很重要的套件。因為底層是以 C 和 Fortran 語言實作，所以比起 Python 本身內建的 list，Numpy 操作多維陣列的速度快很多。
- Pandas：Pandas 納入了標準的數據模型，並且提供高效率操作大型數據所需的工具。Pandas 能夠使 Python 輕易地做到很多 excel 數據分析的功能。
- SciPy：是一個專為科學與工程設計的 Python 工具包，功能包括統計、優化、整合、線性代數模組等等。
- Matplotlib：Python 中知名的繪圖套件之一。其他繪圖系統如 seaborn（針對 Pandas 的繪圖）也是由 Matplotlib 封裝而成。

Anaconda 的安裝步驟：

Step 1 進入 Anaconda 官網： https://.anaconda.com/download/

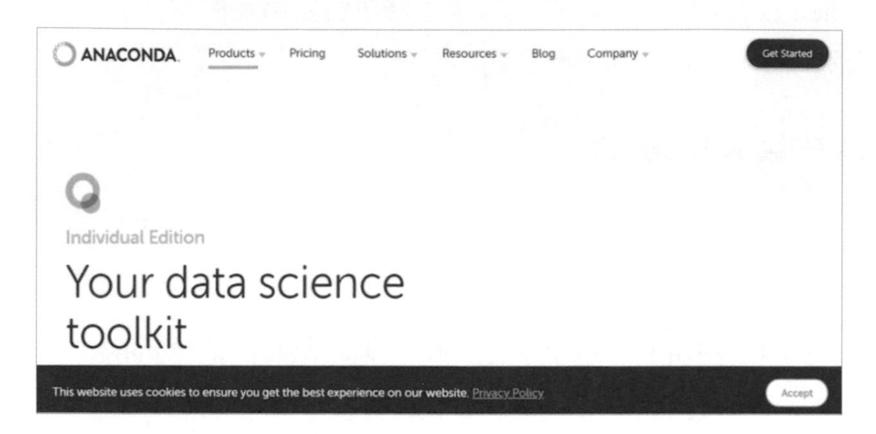

Step 2 往下滑，按下 Download 鈕後，依照自己的電腦系統按下對應的作業系統名稱，下載安裝檔。

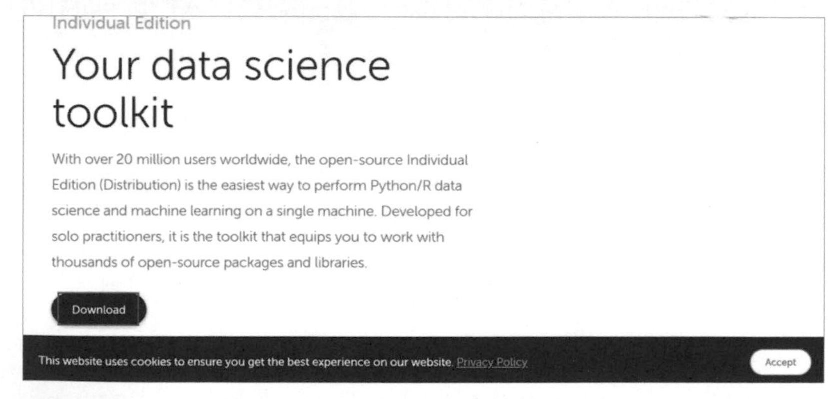

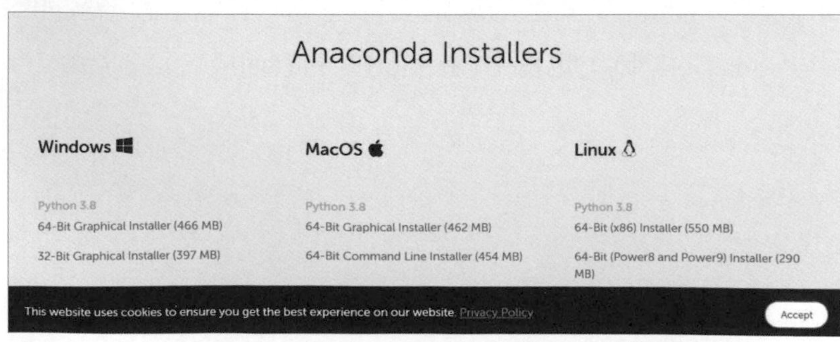

Step 3 下載完畢後，執行安裝檔，開始進行安裝。

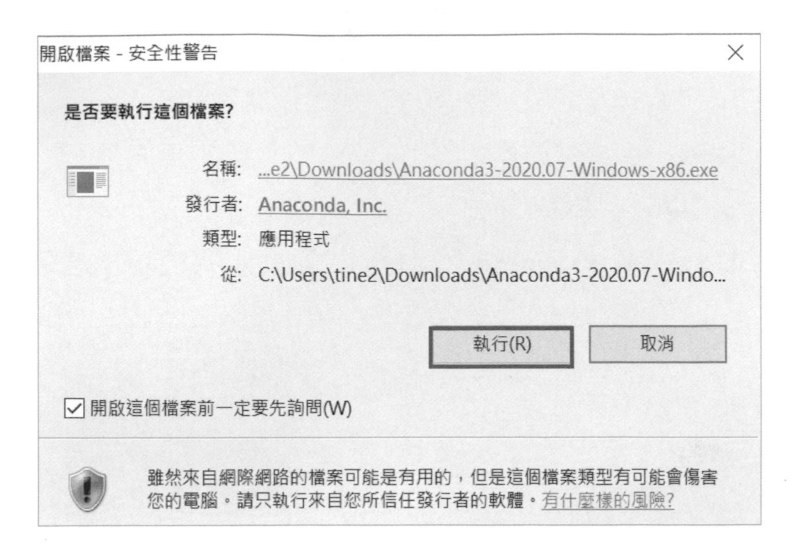

Step 4 進入到安裝介面，點選 next 以繼續。

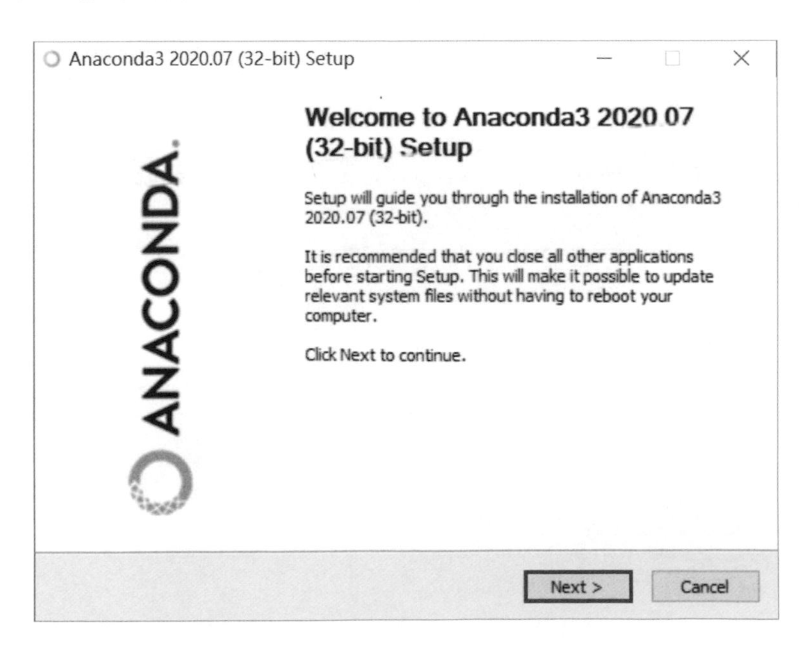

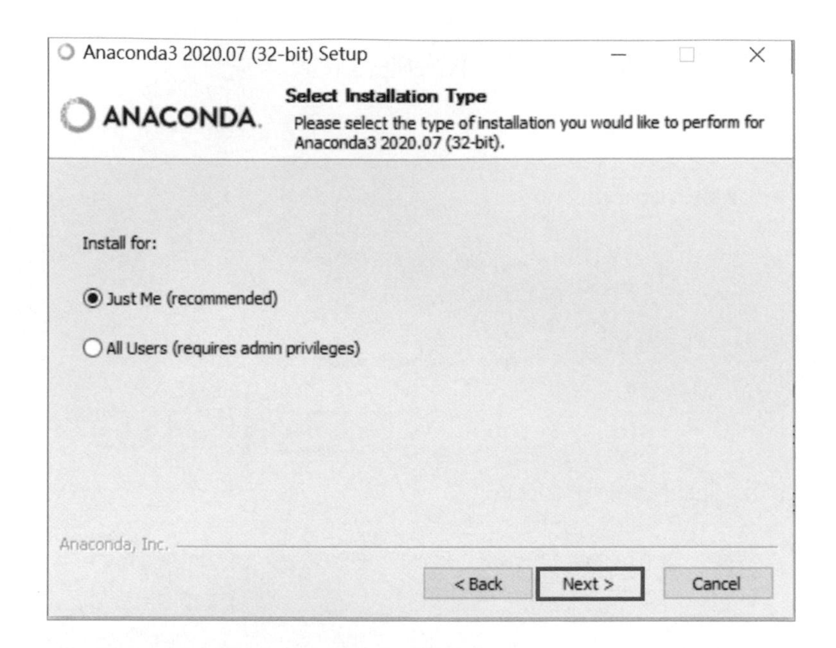

Step 5 設定要安裝的資料夾路徑，直接點選 Next 即可，預設會安裝在 C:\User\ 使用者名稱 \Anaconda3，若空間不夠，可改安裝到其他硬碟中。

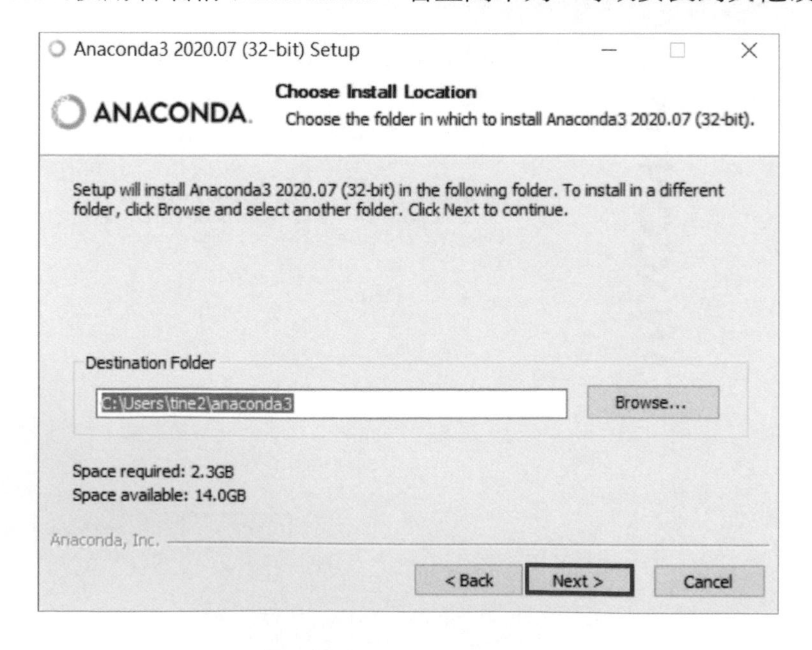

Step 6 將 Anaconda 加入環境變數中，這個步驟使系統能夠去存取裝在 Anaconda 裡面的資料，如果沒有加入的話，系統會無法辨識要下達的指令，點選 Install 等待安裝完成。

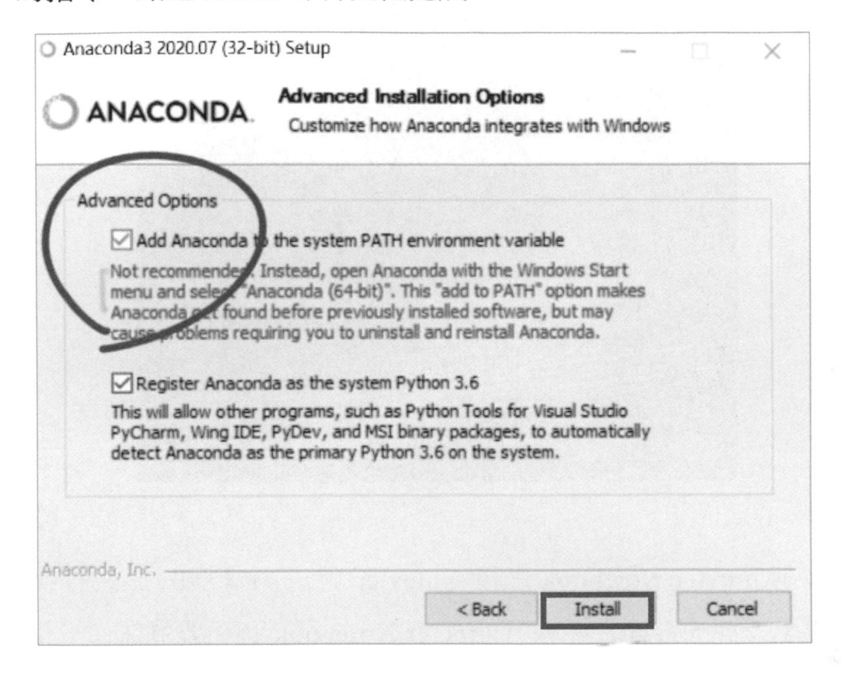

1-2-2 啟動 Jupyter Notebook 編輯器及建立檔案

Jupyter Notebook 是建構於網頁的擴充模組，讓使用者在瀏覽器中以互動式計算的方式，進行程式撰寫與執行。此編輯器易於呈現資料視覺化以方便分享。其中 Ju 指的是 Julia 語言、py 指的是 Python 語言、而 r 指的是 R 語言。

將 Anaconda 安裝好後，接著按照下面的步驟來啟動 Jupyter Notebook 並試運行 Python。

Step 1 在開始列點選 Jupyter Notebook 應用程式。

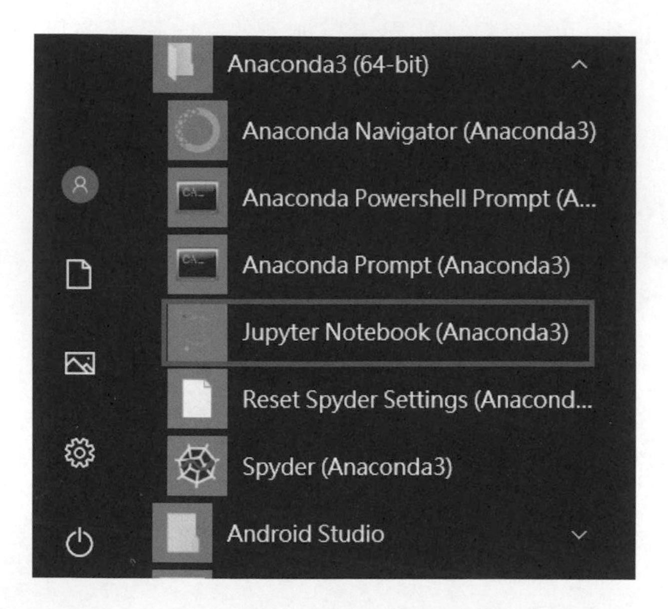

Step 2 啟動 Jupyter Notebook 之後，Jupyter 會以瀏覽器的形式打開，並且出現下面的介面。在執行 Jupyter Notebook 時不要關閉命令提示字元 / 終端機。

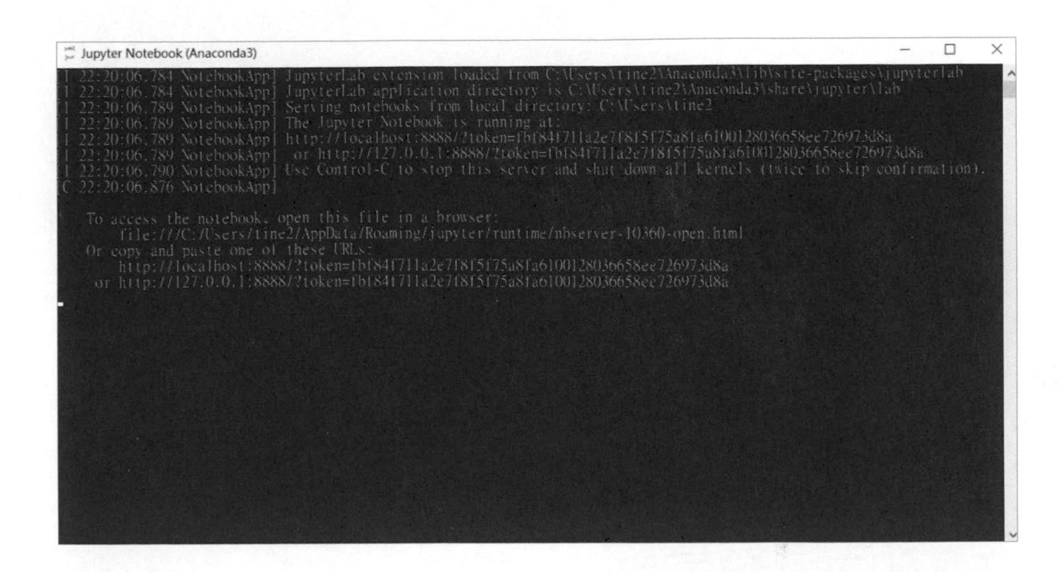

Step 3 點選介面右方的 New，按下 Python 3，便能夠進到寫 code 的頁面中。

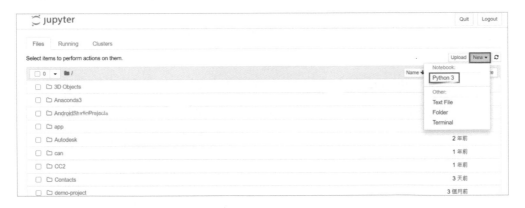

Step 4 嘗試在第一行輸入以下程式碼，並且按下 shift + enter 鍵或點選 Run 執行程式，如果成功印出所打的字串內容，代表安裝 Python 的步驟已經全部都完成，直譯器也就緒，就可繼續之後教學。例如：print("hello world")

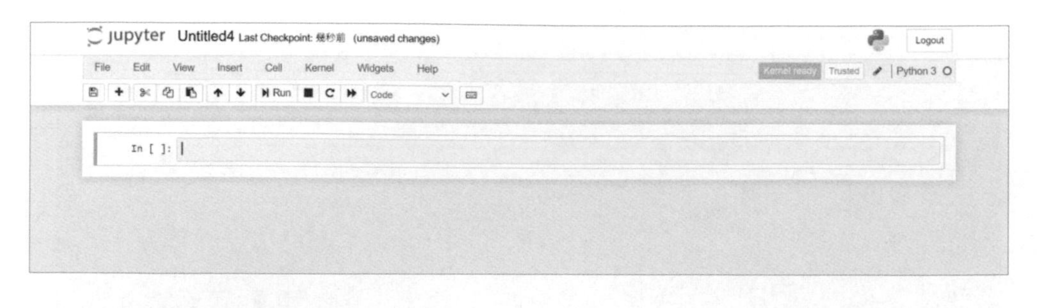

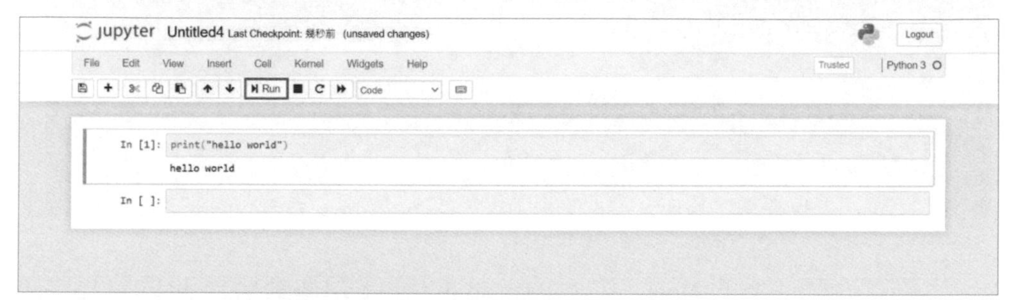

1-3 免費線上編譯器 Repl.it 介紹

Repl.it 是一款免費的線上編譯器，不需要下載更不需要安裝，打開瀏覽器登入後即可開始線上編寫程式碼並執行，也能將程式透過網址的方式傳給別人，對方便可直接從瀏覽器上看到程式碼並執行，使用上十分方便。

Repl.it 支援的語言多達五十多種，包含許多現今當紅的程式語言，像是 C/C++、Java、Python、Ruby、Go、Rust 等等，而且 Repl.it 不只可以進行程式撰寫，還能利用它來架設網站，Node.js、PHP 及 Django 通通支援，以後架設網站就不必再擔心需要付費購買網域及 ip 等等問題了，這些 Repl.it 都會免費提供。

1-3-1 註冊帳號

Step 1 首先透過瀏覽器搜尋 repl 就能找到 Repl.it，點擊第一個即可進入官網，如下圖所示。

Step 2 點擊右上角的 Sign up 開始註冊。

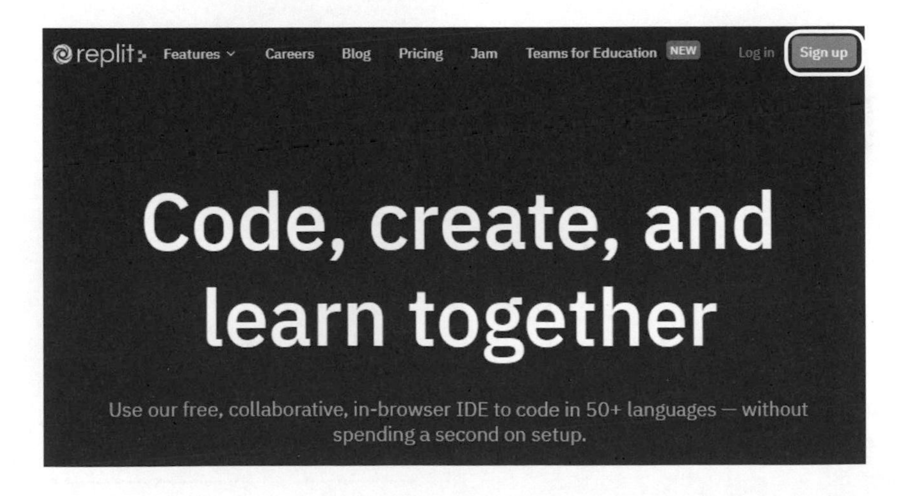

Step 3 接著點擊 Google 的 logo 使用 Google 帳號進行註冊，本書以 Google 帳號作為範例，這邊讀者可以選擇自己喜歡的方式註冊。

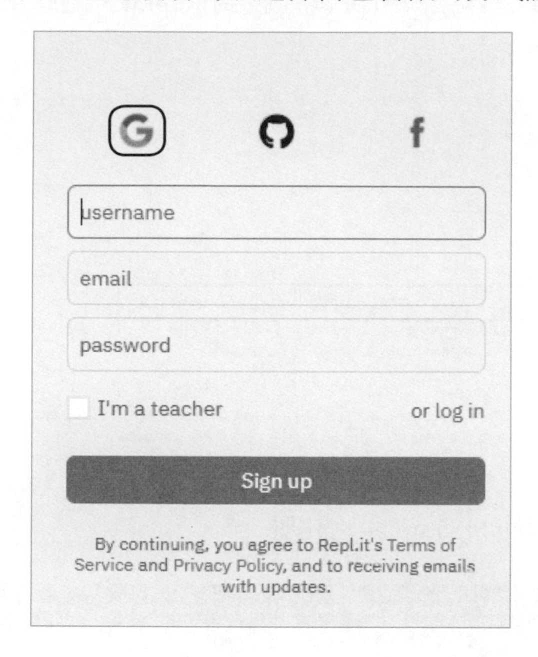

Step 4 接著輸入自己的 Google 帳號並登入。

1-3-2 帳號設定

Step 1 登入之後需要設定使用者名稱，輸入完點擊 next。

```
hey @leonardo8902291, lets get started!

first, set your username
› LeonardoNUTC
next
```

Step 2 接著確認電子郵件是否正確，是則點擊 yes，否則點擊 change 修改。

```
is this a good email for you?
› leonardo890229@gms.nutc.edu.tw

yes or change
```

Step 3 再來選擇你的程式能力（只是看看、新人、一些經驗、非常有經驗）。

```
what's your skill level?
○ just poking around
○ brand new
○ some experience
○ very experienced
```

1-3-3 新增專案

Step 1 點擊左方 My repls 進入我的專案。

Step 2 在我的專案介面可以看到所有的專案，接著點擊 New repl 新增專案。

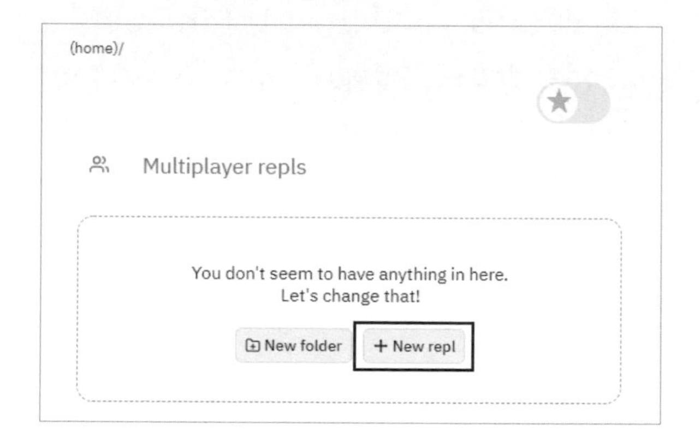

Step 3 接著點擊左方下拉選單選擇語言，這邊以 Python 為例，然後在右方輸入專案名稱，最後點擊下方 Create repl 來新建專案。

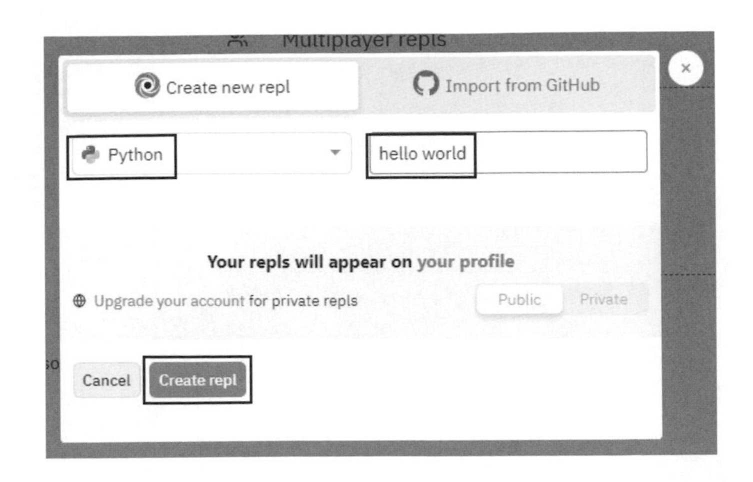

Step 4 圖中為程式開發的畫面，左邊的區塊是放檔案的位置及其他設定，點擊左邊區塊上方的按鈕則可以新增檔案及資料夾，中間的區塊是程式碼編寫的地方，右邊的區塊是程式執行的地方，點擊上方按鈕 Run 即可執行程式。若要分享此專案只需將上方的網址傳給其他人就能分享了。

1-3-4 分享專案

Step 1 當其他人收到專案連結後會看到以下畫面，點擊中間按鈕即可執行程式。

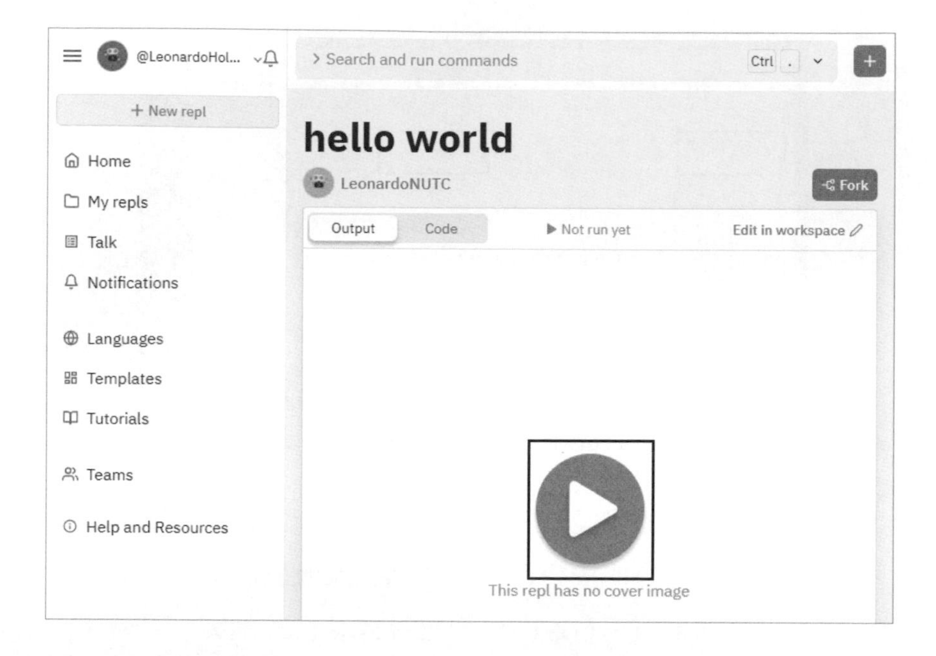

Step 2 這是執行的畫面。

Step 3 點擊 Code 即可查看程式碼。

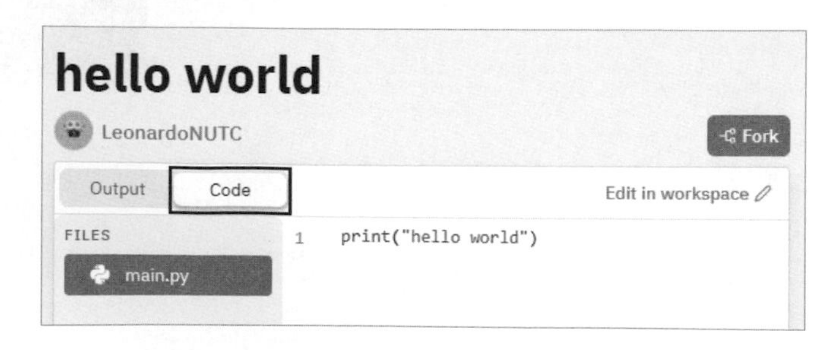

2

Python 基本語法與結構

2-1 變數與資料型態

撰寫任何程式幾乎都會使用到變數，而變數的作用在於儲存資料在電腦記憶體中的某個位址，而這個位址是由電腦自行決定的，例如在實作有關成績加總的程式時，會需要宣告多個變數來存放國文、英文、數學等科目的成績。一個應用程式是由多種函式組合而成的，每個函式中的演算法則是由多種變數與資料型態組合而成，因此變數與資料型態在一個系統當中可被當作最小單位，而每個資料型態都會對應或參照到相對應的記憶體位址，如此才能使得變數在系統當中發揮作用。

2-1-1 變數

當我們開始寫程式時，一定要先學會變數（Variable），變數的概念可以想像成資料上的標籤，如果沒有標籤，就沒有辦法查詢我們所需的資料，資料可以是字串或數字的型態，不同種類的資料也具有不同的資料型態，而變數之所以被稱為變數，是因為我們可以透過撰寫演算規則來「變更」它在特定或整個程式區域所代表的資料內容。

當我們命名一個變數時是以等號「=」符號來表示，等號的左邊表示為該變數的名稱，而等號右邊表示為該變數所代表的資料，這個動作稱之為指派（Assign），範例語法如下。

```
變數名稱 = 變數代表的數值
```

舉例來說，我們設定一個變數名稱為「a」，並且指派其代表的數值為「5」，而因為變數名稱 a 是首次出現在這支程式當中，後續並沒有對 a 有額外的指派行為，因此將 a 變數透過呼叫 print 函式，可以得出指派的數值為「5」，執行結果如下所示。

程式碼教學範例：

```
1  a = 5 #宣告變數a並指派數值「5」
2  print(a)          #呼叫a
```

執行結果

```
5                    # 取得數字 5
```

如果在程式當中呼叫尚未指派資料的變數，就會顯示錯誤，因為它並沒有「被」指派到任何一個資料，所以程式在執行的時候會因為無法取得該變數的內容，造成程式的錯誤。範例程式執行如下：

程式碼教學範例：

```
1  c # 宣告變數c，但無指派資料
2  print(c)
```

執行結果

```
NameError： name"c" is not defined
# 變數名稱錯誤： 變數 "c" 未被定義
```

在同一支程式當中，若將相同變數重複指派資料時，則該變數就會以最後指向的資料來當作該變數代表的資料。範例程式執行如下。

程式碼教學範例：

```
1  a = 5         #宣告變數a並指派資料「5」
2  a = 8         #指派資料「8」給相同的變數名稱
3  print(a)      #呼叫a
```

執行結果

```
8              # 取得數字 8
```

在 Python 程式當中，如果要同時宣告多個具有相同初始值的變數時，可以透過以下方式來統一指定變數值。範例程式執行如下：

程式碼教學範例：

```
1  a = b = c = 20          #同時宣告三個變數並指派「20」
2  print(a, b, c)          #呼叫a，b，c
```

執行結果

```
20 20 20                  # 取得三個數值都是 20
```

除了統一指定變數的初始值之外，也可以同時指派多個變數值給多個變數。範例程式執行如下：

程式碼教學範例：

```
1  a, b, c = 15, 22, 64       #賦值時也可以寫在同一列
2  print (a, b, c)
```

執行結果

```
15 22 64
```

在 Python 當中指派變數值時，不需要指定資料型態，因為 Python 會根據指派的變數值，自行判斷資料型態，例如我們將變數值以雙引號括號起來，Python 則會判斷該變數的資料型態為字串。範例執行程式如下：

```
name=" 柯小綸 "          #name 的資料型態為字串
```

除此之外，Python 在變數的指派行為中，也能夠在同一行進行不同資料型態的變數值指派行為，指派方式與上述範例檔案相同，變數之間必須以「，」作為分隔。範例程式碼執行如下：

```
age, name=22, " 柯小綸 " # 宣告 age 和 name 變數分別為數值型態「22」
與字串型態「柯小綸」
```

最後，當我們不再需要使用變數時，可以將它刪除來節省記憶體。範例語法如下：

```
del 變數名稱
```

變數名稱命名規則

Python 變數命名有一定的規則，否則在執行時會產生錯誤：

- 變數名稱的第一個字元（Character）不能是數字。
- 變數名稱可以使用大小寫英文字母、 _ 符號、數字和中文，但不能是特殊字元或是空白字元。
- 英文字母大小寫是有分別的，Python 會將之視為不同的名稱。
- 變數名稱不能與 Python 內建的保留字（Keyword）相同，保留字也稱作關鍵字，是具有特別作用的單字。

Python 的保留字列表：

acos	and	array	asin	assert	atan	break	class
close	continue	cos	Data	def	del	e	elif
else	except	exec	exp	fabs	float	finally	floor
for	from	global	if	import	in	input	int
is	lambda	log	log10	not	or	opcn	pass
pi	print	raise	range	return	sin	sqrt	tan
try	type	while	write	zeros			

Python 現在有提供當前版本的保留字如下：

程式碼教學範例：

```
1  import keyword
2  print(keyword.kwlist)
```

執行結果

```
['False', 'None', 'True', 'and', 'as', 'assert', 'async', 'await',
'break', 'class', 'continue', 'def', 'del', 'elif', 'else',
'except', 'finally', 'for', 'from', 'global', 'if', 'import', 'in',
'is', 'lambda', 'nonlocal', 'not', 'or', 'pass', 'raise', 'return',
'try', 'while', 'with', 'yield']
```

小提醒：Python 3.x 支援含有中文字的變數名稱，但建議不要使用中文，會降低程式的可移植性，所謂可移植性是指程式能否在其他軟硬體平台中執行。下表是錯誤的變數名稱範例：

屬性	說明
Jack&Rose	不能含有特殊字元「&」
Jack　Rose	不能有空白字元
1tag	第一個字元不能是數字
break	Python 的保留字

2-1-2 註解

假如需要撰寫一個既龐大又複雜的程式，或許有多達千行甚至萬行的程式碼，當程式的演算規則愈加複雜時，是否還依稀記得前面程式碼的用途、功能、細節？答案是不確定，也許開發者可以記得，但其他人要如何了解這一大堆程式碼呢？

每位程式設計師的撰寫邏輯都不太一樣，於是為了與其他人共同開發程式，以及日後方便修改程式碼，我們會在撰寫程式碼時加入說明文字，也就是程式註解（Comment），如此一來，不僅可以幫助自己清楚程式碼的涵義，也能夠讓其他維護人員了解程式碼的功用。

正如 Python 創始人吉多·范羅蘇姆所說，「觀看程式碼的次數比撰寫程式碼的次數還要多太多」，因此我們要保持下列良好的註解習慣：

- 短的單行程式碼，可以在行尾添加單行註解。
- 多行的程式碼，可以在其上添加詳細的註解，描述以下的程式碼要做什麼，或說明輸入及輸出的內容。

Python 的單行註解使用「#」標示，多行註解使用三個雙引號「"""」或三個單引號「'''」包括，範例程式如下：

```
# 單行註解
"""
# 以三個雙引號進行註解說明
多
行
註
解
"""
'''
# 以三個單引號進行註解說明
多
行
註
解
'''
```

對於註解有相當的理解後，接著我們用簡單的程式來示範如何使用註解，例如：計算 BMI 值：

程式碼教學範例：

```
1  """
2  運用程式碼來計算BMI值
3  用於示範註解
4  """
5  height = 160 / 100                 #身高，將公分轉換成公尺
6  weight = 50                        #體重
7  BMI = weight / (height ** 2 )      #計算BMI值
8  print (BMI)                        #在螢幕上輸出BMI變數的值
```

執行結果

```
19.531249999999996
```

最後，下面將介紹如何在撰寫程式時快速註解：

- 在 IDLE 中，將要註解的程式碼選起來，按下 Alt+3 可註解選中列的程式碼，按下 Alt+4 可取消註解選中列的程式碼。
- 在 Spyder 中，將要註解的程式碼選起來，按下 Ctrl+4 可將選中列的程式碼進行區塊註解，按下 Ctrl+5 可將選中列的程式碼取消區塊註解，按下 Ctrl+1 可針對選中列的程式碼進行單行註解和取消註解。
- 其他的編輯器，如：Visual Studio Code，將要註解的程式碼選中，按 Ctrl+/ 註解。

2-1-3 資料型態

程式在執行的過程當中，會需要計算大量的資訊，也需要將特定資訊暫存起來以利後續程式碼的演算規則使用，例如：計算完 BMI 的結果時，需要將資訊暫存起來，後續才能使用 print 函式，將 BMI 的計算結果輸出給使用者查看。資料是儲存在記憶體空間中，由於各資料型態皆不相同，在儲存時所需要的容量也不一樣，不同的資料也必須要分配給不同的記憶體空間大小來儲存，因而有了資料型態（Data type）的規範。

Python 的基本資料型態主要區分為數值型態（int, float, bool）、字串型態（str, chr）和容器型態（list, dict, tuple）三種(在後面的章節有詳細的敘述)，以下將分別介紹各資料型態的表示與定義方式。

一、數值型態

數值的資料型態有整數（int）及浮點數（float），整數是指沒有帶有小數點的數值，而浮點數則是帶有小數點的數值。範例如下：

```
a=23                    # a是整數
b=58.24                 # b是浮點數
```

二、字串型態

字串（String）的資料型態是由成對的雙引號「"」或單引號「'」所包住的內容，字串為包含一連串字元的資料型態，並且將其解釋為「字元」而不是「數值」，除此之外，字串的宣告可以包含字母、數字、空白及標點符號等。範例的語法和程式碼如下：

```
Str0 = " " #建立空字串
str1 = "我是字串"
str2 = ' 我也是字串'
str3 = '1234'# 當資料以單引號或雙引號來定義，則該資料為字串型態
```

在程式的世界裡，雙引號或單引號都是用來表示字串的符號，但如果要在字串當中使用雙引號或單引號時，則需要使用與宣告字串時的引號不同，才能成功的輸出結果，從以下範例可以看到，我們在宣告字串的時候，使用的是雙引號來進行，這個時候我們要在輸出字串時帶有引號符號的效果時，就只能以單引號「'」來表示。範例的程式碼如下：

程式碼教學範例：

```
1  str1 = "I'm good"        #需要使用不同於宣告字串時的引號
2  print(str1)              #呼叫str1
```

#執行結果

```
I'm good             #印出包含兩種引號的字串
```

對於字串來說，有時候會有需要同時輸出雙引號和單引號的情況，這個時候就能夠使用跳脫字元來進行，而跳脫字元在 Python 中的用法就是在引號前面加上反斜線「\」來表示。範例的程式碼如下：

程式碼教學範例：

```
1  str2= "  I\"m good  "      #使用跳脫字元
2  print(str2)
```

```
# 執行結果
I"m good
```

如果不使用另一種引號或跳脫字元，Python 會將「I"m」中的單引號認為是字串的符號，此時就會導致程式執行錯誤。

程式碼教學範例：

```
1  str2= "I"m good
```

```
# 執行結果
SyntaxError： invalid syntax    # 出現語法無效的錯誤
```

小提醒：反斜線「 \ 」是跳脫字元，若字串中含有特殊字元，則可以將「 \ 」作為開頭，讓程式語言知道這個字元在整個字串宣告當中代表的意義。

跳脫字元	作用
\\	反斜線符號
\'	單引號「'」
\"	雙引號「"」
\a	響鈴符號
\b	空格符號、後退鍵
\f	換頁符號
\n	換行符號
\r	返回符號、游標移到列首
\t	水平縮排符號、Tab 鍵
\v	垂直定位符號
\ooo	以八進位表示字元，此為三個八進位數字
\xhh	以十六進位表示字元，此為兩個十六進位數字

使用跳脫字元不但可以輸出特殊的符號之外，還能夠針對諸如定位、換行等操作，在程式的世界裡，如果要讓宣告的字串有換行的效果時，這個時候就能夠使用跳脫符號「\n」來讓程式碼知道，在這個地方要執行換行的操作。範例的程式碼如下：

程式碼教學範例：

```
1  str3 = " 你好\n我是柯小綸"          #因使用「\n」而自動換行
2  print(str3)
```

執行結果

```
你好
我是柯小綸
```

由於反斜線「\」在程式的世界會被視為跳脫字元，所以如果要在字串當中顯示反斜線的時候，就需要輸入「\\」來表示。範例的程式碼如下：

程式碼教學範例：

```
1  str4 ="  \\ "          #因想顯示「\」而輸入「\\」
2  print(str4)
```

執行結果

```
\                 # 顯示出「\」
```

有時候需要輸入多行的內容時，但是又不想在換行的部分加上「\n」時，這個時候就可以使用三重引號的字串宣告方式來進行。範例的語法如下：

```
變數名稱 =""" 三重引號可以輸入多行字串內容 """
```

程式碼教學範例：

```
1  a ="""
2  這是第一行文字
3  這是第二行文字
4  這是第三行文字
5  """
6  print(a)
```

Python 對於字串的操作還可以透過索引值來取得字串當中的元素。範例的語法和程式碼如下：

程式碼教學範例：

```
1  str1 = "python"
2  print(str1[2])   #取出索引值為2的字串
3  print(str1[-2])   #取出索引值為 -2 的字串
```

執行結果

```
t
o
```

在程式的世界裡，如果要將兩個字串合併在一起時，這個時候就需要使用到算術運算子來進行，在 Python 當中，加號「+」可以將兩個字串連接在一起，而乘號「*」可以將特定字串重複串接在一起。範例的程式碼如下：

程式碼教學範例：

```
1  str1 = "Hello"
2  str2 = str1+" World"
3  print(str2)
```

執行結果

```
Hello world
```

程式碼教學範例：

```
1  str1 = "Hello World"
2  mark_str = " ! " * 3
3  str2 = str1 + mark_str
4  print(str2)
```

執行結果

```
Hello world!!!
```

有時候我們需要將字串的部分內容替換成其他內容時，但是又要在不重新宣告新變數的狀況下進行改動，這個時候就可以使用 replace() 函式，來替換字串中的特定內容。範例的語法和程式碼如下：

```
字串 .replace( 要修改的字串 , 新字串 )
```

程式碼教學範例：

```
1  str1 = "panda panda panda"
2  str2 = str1.replace("panda","python")
3  print(str2)
```

執行結果

```
python python python
```

相同的道理，也可以將字串中的特定內容替換為空字串，就可以達到刪除字串中特定內容的效果。範例的程式碼如下：

程式碼教學範例：

```
1  My_str="ABBABBAAB"
2  print(My_str.replace("A","")) #刪除A
3  print(My_str.replace("AB","  ")) #相連的"AB"的字串才會被替換
```

執行結果

```
BBBBB
BBA
```

三、布林值

布林值（Boolean）是一種邏輯資料型態，只有 True 和 False 兩種可能，注意 True 和 False 的首字母需大寫，布林值常使用於表示對與錯、判斷真與假，例如：

程式碼教學範例：

```
1  print(3 > 2)          #判斷數字3是否大於2
```

```
# 執行結果
True        # 結果為 Ture
```

設兩個變數值來做邏輯判斷：

程式碼教學範例：

```
1  a = 5      #變數a為5
2  b = 3      #變數b為3
3  print(a < b)      #判斷變數a是否小於變數b
```

```
# 執行結果
False       # 結果為 False
```

四、空型態

空型態 (None) 是 Python 的特殊型別，None 就是空值，NoneType 的物件只有一個值 None，此物件不支援任何運算也沒有任何內建方法。

2-1-4 使用 type() 判斷資料型態

資料型態對於在撰寫程式時相當重要，由於 Python 在定義變數的時候不需要指定資料型態，對於資料型態只能透過變數的值來判斷，而資料型態往往會影響程式的執行，例如：字串與數值型態相加會出現錯誤，而系統在開發時，變數往往會因為指派不同的數值而擁有不同的資料型態，因此當開發者不確定某些變數的資料型態時，就可以用使用 Python 內建的函數 type 來進行資料型態的確認，它會返回 <class "型態">，其中 class 是類別 (物件導向電腦程式語言的基本單元) 的意思。範例語法如下：

```
type(資料)
```

判斷範例如下：

程式碼教學範例：

```
1  print(type(100))            #返回整數型態
2  print(type(100.))           #返回浮點數型態
3  print(type(True))           #返回布林型態
4  print(type( "你好" ))       #返回字串型態
5  print(type(None))           #返回空型態
```

執行結果

```
<class 'int'>
<class 'float'>
<class 'bool'>
<class 'str'>
<class 'NoneType'>
```

2-1-5 轉換資料型態

在 Python 當中，我們可以將一種資料型態轉換為另一種資料型態，例如：將字串型態轉換為數值型態，而這樣的轉換過程稱為資料型態轉換（Casting），Python 在資料型態的轉換分為「自動轉換」和「強制轉換」，以下將分別介紹這兩種資料型態的轉換方式。

一、自動轉換

當整數和浮點數進行運算時，Python 會先自動將整數轉換為浮點數之後再進行運算，而相同資料型態的運算結果所得出的資料型態將不會進行轉換，例如：浮點數與浮點數的運算結果也會是浮點數。範例程式碼如下：

程式碼教學範例：

```
1  sum = 5 + 6.2               #自動將5轉換成浮點數5.0
2  print(sum)
```

執行結果

```
11.2                           # 運算結果為浮點數
```

當布林值作算術運算時，Python 會先將布林值轉換為整數的資料型態，而布林值的 True 在 Python 當中視為整數 1，False 則視為整數 0 。範例程式碼如下：

程式碼教學範例：

```
1  sum2 = True + 8          #自動將True轉換成整數1
2  print(sum2)
```

執行結果

```
9                #運算結果為 1+8，整數 9
```

二、使用轉換函式

當 Python 無法進行自動轉換資料型態 (如字串與數值型態無法相互自動轉型)，此時可以用轉換函數來強制轉換變數：

- int()：強制轉換成整數型態。
- str()：強制轉換成字串型態。
- float()：強制轉換成浮點數型態。

如下為簡單範例，當整數與字串做加法運算時會產生錯誤：

程式碼教學範例：

```
1  a = 12 + "30"
2  print(a)
```

執行結果

```
TypeError： unsupported operand type(s) for +： ' int' and ' str'
```

此時，我們可以運用轉換函數將字串強制轉換成整數，即可正常運算：

程式碼教學範例：

```
1  a = 12 + int("30")       #將字串轉換成整數
2  print(a)
```

執行結果

```
42                    # 運算結果為 42
```

同樣地，我們可以將數值轉強制轉換成字串型態，再與其它字串合併：

程式碼教學範例：

```
1  str2 = "身高"+str(180)+ "公分" # 將數值轉換成字串型態
2  print(str2)
```

執行結果

```
身高 180 公分
```

★ 2-1 驗收成果 - 數字交換

請撰寫一程式，輸入兩數字 a 及 b，並將其印出，接著將兩數的值交換，並且印出。

輸入輸出範例

```
a：3
b：5
交換前：
a=3,b=5
交換後：
a=5,b=3
```

程式碼：test2-1.py

```
1   a=eval(input("a："))
2   b=eval(input("b："))
3
4   print("交換前：")
5   print("a=%d,b=%d" % (a,b))
6
7   temp=a
8   a=b
9   b=temp
10
11  print("交換後：")
12  print("a=%d,b=%d" % (a,b))
```

程式碼 test2-1.py 說明：

- 第 1 列 - 輸入數字 a
- 第 2 列 - 輸入數字 b
- 第 5 列 - 印出 a 及 b 的值
- 第 7 列 - 宣告 temp 暫存 a 的值
- 第 8 列 - 將 a 的值設為 b
- 第 9 列 - 將 b 的值設為 temp，如此就可達到兩數交換的效果了
- 第 12 列 - 印出 a 及 b 的值

2-2 輸入與輸出格式化

前面介紹完變數的概念以及運用時，也瞭解可以透過使用 print() 函式在螢幕上，來查看變數的內容，接著，我們將會使用 Python 內建的函式 input() 來取得使用者從鍵盤輸入的資料，作為變數值來指派給宣告的變數。

2-2-1 輸入與輸出

一、input() 輸入

input() 函數會接受鍵盤輸入的內容，輸入的內容為字串資料型態，括號內可以輸入字串提示使用者輸入何種資料。input() 語法為：

```
變數名稱 = input( "提示字串" )
```

使用者輸入的資料將儲存於指定的變數中。當使用者根據「提示字串」輸入資料後，按下 Enter 鍵則視為此次輸入已結束。

程式碼教學範例：

```
1  a = input("請輸入數字：")
2  print(a)
```

執行結果

```
請輸入數字：123
123
```

輸入的內容可以透過 Python 內建的資料型態轉換函式來將輸入的內容轉換為程式執行上所需要的資料型態，這裡要注意的是，轉換的型態與字串要能夠互相轉換，否則會出現錯誤，例如：不可以將「柯小綸」轉換為數值型態。

```
變數名稱 = int(input( " 提示字串 " ))
```

轉換函式的範例程式碼如下：

程式碼教學範例：

```
1  a = int(input("請輸入數字：")) # 將輸入的數字字串轉換為整數
2  print(a)
```

執行結果

```
請輸入數字： 123
123
```

程式碼教學範例：

```
1  b = int(input("請輸入："))          #只能將數字字串轉換為整數
```

執行結果

```
請輸入：python
ValueError： invalid literal for int() with base 10： "python"
# 數值錯誤：不能將字串 "python" 轉換為十進制的整數
```

二、print() 輸出

print() 能在螢幕上輸出變數的內容和字串。

```
print(項目1, 項目2...)
```

下面將 name1、name2 指定變數之後，透過 print() 函數將他們印出：

程式碼教學範例：

```
1  name1 = "Jack"
2  name2 = "Mary"
3  print("Hello my name is", name1, "!")
4  print("Hello my name is", name2, "!")
```

執行結果

```
Hello my name is Jack !
Hello my name is Mary !
```

三、預設參數

print() 函數有兩個預設參數，如果不需修改就不用輸入參數，而參數就是函式會使用到的變數：

- **分隔字元（sep）**：sep 預設是一個空格 (" ")，輸出多個項目時，項目與項目之間的字元。
- **結尾字元（end）**：end 預設是換行 ("\n")， 輸出完項目後輸出的字元。

```
print(項目1 , 項目2...... , sep=" "  , end=" \n")
```

那麼我們來看如何撰寫：

程式碼教學範例：2.2.1.5.py

```
1  name1 = "Jack"
2  name2 = "Mary"
3  print(name1, name2, sep=" ")
```

```
4   print()          # 輸出空行，因為預設 end="\n"
5   print(name1, end="★")
6   print(name2, end="★")
```

\# 執行結果

```
Jack Mary
Jack★Mary★
```

2-2-2 格式化輸出

若想要統一格式輸出整齊的資料，此時可以使用格式化輸出，而不只是使用分隔字元或結尾字元，以下將介紹三種 Python 處理格式化資料的方法，分別為「% 格式化字元」、「字串的 format 方法」以及「format 函式」。

一、% 格式化字元

Python 內建的 print() 函數就有支援參數格式化的功能，使用上需要先定義資料型態，並且需要在「指定資料」的地方傳入相對應的資料與資料型態，其中「%d」代表整數、「%f」代表浮點數、「%s」代表字串。範例語法如下：

```
print("%資料型態" % (指定資料))
```

以下的範例為輸出一句包含字串與整數型態的句子，分別宣告變數 n1 和 n2，其值分別為 "媽媽" 與 120，而在變數放置的順序上，"媽媽" 為第一個傳入變數，因此第一個格式化字元需要放置 %s，而 120 為第二個傳入變數，因此第二個格式化字元需要放置 %d。範例的程式碼如下：。

程式碼教學範例：

```
1   n1, n2 = "媽媽", 120
2   print("今天%s給我的零用錢總共有%d元" % (n1, n2))
```

\# 執行結果

```
今天媽媽給我的零用錢總共有 120 元
```

由於在 Python 當中「%」是作為格式化字元的符號，因此如果要呈現帶有百分比的呈現方式時，如：100%，這個時候則應該在字串輸出當中以兩個「%」來表示，如此才會在輸出時呈現 % 字元。

程式碼教學範例：

```
1  print("進度%d%%完成" % (100))
```

執行結果

```
進度 100% 完成
```

(1) 控制資料的型態

在 Python 當中，允許開發者在同一個資料型態中，改變輸出資料的格式，例如在以下的範例當中，n1 與 n2 原本為整數型態的變數，我們將變數的輸出方式帶入「%f」，如此一來，變數就會以浮點數的型態輸出結果。範例的程式碼如下：

程式碼教學範例：

```
1  n1, n2 = 100, 120
2  print("今天的零用錢有%f元，明天的零用錢有%f元" % (n1, n2))
```

執行結果

```
今天的零用錢有 100.000000 元，明天的零用錢有 120.000000 元
```

Python 在使用浮點數型態進行輸出時，如果不指定浮點數的小數位長度時，則浮點數的小數位數預設會輸出至小數點後 6 位。

(2) 控制浮點數的小數位數

要控制小數位數可以在 % 字元後加上小數點，在小數點後填入位數，若小數點後沒有填入位數則輸出的小數位數為 0。範例的語法如下：

```
"%.小數位數 f" % (指定資料)
```

範例程式碼如下：

程式碼教學範例：

```
1  a = 1.23456      #原本的小數位數為5
2  print("%.1f, %.2f, %.3f" % (a, a, a))
```

執行結果

```
1.2, 1.23, 1.235
```

如果變數原本的資料型態為整數時，則在使用浮點數來指定小數位的長度時，皆會以 0 來進行輸出。範例的程式碼如下：

程式碼教學範例：

```
1  b = 123    #原本的小數位數為 0
2  print ("%.1f, %.2f, %.3f" % (b, b, b))
```

執行結果

```
123.0, 123.00, 123.000
```

若設定小數位數比原本的小數位數少，會四捨五入後輸出，若比原本的小數位數多則會填入 0。

(3) 控制資料的欄寬

Python 在輸出上也提供了控制資料欄寬的方式，只需要在帶入 % 字元中帶入要控制的欄寬，其中數字代表著輸出總長度，例如:輸出格式中帶有 %3d，則代表輸入的總長度至少會有 3 個字元長度。範例的語法如下：

```
" %欄寬資料型態 " % (指定資料)
```

如果有一輸出結果的要求是輸出需要至少擁有 3 個字元的長度，這時候就需要在輸出格式中帶入 "%3d"，才能使得程式在輸出的時候至少會有 3 個字元的長度。範例的程式碼如下：

程式碼教學範例：

```
1  print("%3d" % (1))
2  print("%3d" % (12))
3  print("%3d" % (123))
```

執行結果

```
  1
 12
123
```

二、字串 .format() 方法

在 Python3 以後，開始引進新式字串格式化方法，使用 format() 函式來讓字串格式化，主要是捨去 % 讓字串格式化使用上可以更加正常、規律，可讀性也相對提升。使用此方法不需輸入資料型態，字串中的大括號會被替換成資料，未包含在大括號中的內容都會被視為普通文字。範例的語法如下：

```
" {} " .format(指定資料)
```

程式碼教學範例：

```
1  n1, n2 = 100, 120
2  print("今天的零用錢有{}元，明天的零用錢有{}元" .format(n1, n2))
```

執行結果

```
今天的零用錢有 100 元，明天的零用錢有 120 元
```

Python 提供的 format() 函式 可以控制資料輸出的位置，在大括號內填入數字代表對應至 format 中的第幾個資料，數字的索引從 0 開始，因此要 format() 函式當中第一個帶入的變數會對應至 {0} 的位置。範例的語法如下：

```
"{指定位置}".format(指定資料)
```

程式碼教學範例：

```
1  n1, n2, n3 = 10, 20, 30
2  print("{0} {1} {2}".format(n1, n2, n3))
```

 # 執行結果

```
10 20 30
```

相同的邏輯帶入以下的例子，只要變數能夠在相對應的位置找到其綁定的資料，在程式的執行上都不會出錯。範例的程式碼如下：

程式碼教學範例：

```
1  n1, n2, n3 = 10, 20, 30
2  print("{2} {0} {1}".format(n1, n2, n3))
```

 # 執行結果

```
30 10 20
```

Python 的大括號所代表意義為「資料輸出的位置」，因此如果要在輸出中顯示「{}」則需要在外層加上「{}」才能夠輸出結果。範例的程式碼如下：

程式碼教學範例：

```
1  print(" {{ }} " .format() )
```

 # 執行結果

```
{ }      # 記得大括號裡有空白字元
```

(1) 控制資料的型態

字串 .format() 的語法也可以改變輸出資料的型態，需使用半形冒號加資料型態，除了控制資料輸出的位置外，其他所有格式化條件都要使用冒號。範例的語法如下：

```
"{: 資料型態 }".format( 指定資料 )
```

例如：

程式碼教學範例：

```
1  n1, n2 = 100, 120
2  print("今天的零用錢有{:f}元，明天的零用錢有{:f}元".format(n1,n2))
```

執行結果

```
今天的零用錢有 100.000000 元，明天的零用錢有 120.000000 元
```

(2) 控制浮點數的小數位數

字串 .format() 的語法要控制小數位數可以在冒號後加上小數點，在小數點後填入位數，若小數點後沒有填入位數則輸出的小數位數為 0。範例的語法和程式碼如下：

```
"{:. 小數位數 f}".format( 指定資料 )
```

程式碼教學範例：

```
1  a = 1.23456     #原本的小數位數為5
2  print("{:.1f}, {:.2f}, {:.3f}".format(a, a, a))
```

執行結果

```
1.2, 1.23, 1.235
```

程式碼教學範例：

```
1  b = 123          #原本的小數位數為0
2  print( "{:.1f}, {:.2f}, {:.3f}".format(b, b, b))
```

執行結果

```
123.0, 123.00, 123.000
```

(3) 控制資料的欄寬語法為：

```
"{: 欄寬 }".format( 指定資料 )
```

程式碼教學範例：

```
1  print("{:5}".format(1))
2  print("{:5}".format(12))
3  print("{:5}".format(123))
4  print("{:5}".format(1234))
5  print("{:5}".format(12345))
```

```
# 執行結果
    1
   12
  123
 1234
12345
```

以上功能與使用 % 格式化字元的效果是相同的。

(4) 控制資料的對齊方式

在上例中設定欄寬時我們會發現，數字都出現在右邊，另外，也可以設定資料的對齊方式。範例的語法和程式碼如下：

```
"{: 對齊字元欄寬 }".format( 指定資料 )
{:>5d} 整數靠右對齊，寬度為 5
{:^5d} 整數置中對齊，寬度為 5
{:<5d} 整數靠左對齊，寬度為 5
{:7.4f} 小數點後保留 4 位，總寬度為 7 （含小數點）
{:+7.4f} 小數點後保留 4 位，帶正負號，總寬度為 7 （含小數點及正負號）
```

程式碼教學範例：

```
1  print("{:>5}".format("★"))     #靠右
2  print("{:^5}".format("★"))     #置中
3  print("{:<5}".format("★"))     #靠左
```

```
# 執行結果
    ★
  ★
★
```

(5) 控制空格處填入的字元

空格處是指設定欄寬後多出的空格，可以選擇填入的字元，範例的語法和程式碼如下：

```
"{: 填入字元和對齊字元欄寬 }".format(指定資料)
```

程式碼教學範例：

```
1  print("{:■>5}".format("★"))   #填入■
2  print("{:0>5}".format("★"))   #填入0
3  print("{:♥>5}".format("★"))   #填入♥
```

```
# 執行結果
■■■■★
0000★
♥♥♥♥★
```

三、格式化語法

```
"{指定位置：填入字元對齊字元欄寬資料型態}" .format(指定資料)
```

(1) format() 函式

```
format(資料, "格式化字串")                # 使用方式
format(資料, "填入字元和對齊字元欄寬與資料型態") # 格式化字串的語法
```

format() 用於格式化一個資料，不用輸入大括號與冒號，其他格式化操作與字串 .format() 相同。

程式碼教學範例：

```
1  print(format("★", "=>10s"))
2  print(format("★", "=^10s"))
3  print(format("★", "=<10s"))
```

```
# 執行結果
=========★
====★=====
★=========
```

★ 2-2 驗收成果 1- 格式印出

請撰寫一程式，印出以下結果，寬度為 10，分別為靠左、置中及靠右對齊。

輸出範例

```
|3.1415    |
|  python  |
|     azure|
```

程式碼：test2-2-1.py

```
1  print("|"+format(3.1415,"<10.4f")+"|")   #靠左印出
2  print("|"+format("python","^10s")+"|")   #置中印出
3  print("|"+format("azure",">10s")+"|")    #靠右印出
```

★ 2-2 驗收成果 2- 進制格式

請撰寫一程式，輸入 n，並分別印出 n 及其十六進位、八進位及二進位。

輸入輸出樣本

```
請輸入 n：10
當 n 為 10
10 的十六進位為 A
10 的八進位為 12
10 的二進位為 1010
```

程式碼：text2-2-2.py

```
1  n=eval(input("請輸入n：")) # 輸入n
2  print("當n為{}".format(n)) # 印出n
3  print("{}的十六進位為".format(n),format(n,"X")) # 印出n的十六進位
4  print("{}的八進位為".format(n),format(n,"o"))     # 印出n的八進位
5  print("{}的二進位為".format(n),format(n,"b"))     # 印出n的二進位
```

★ 補充說明

eval() 函數是做什麼用的呢？ eval() 用來回傳一個字串表達式中表達式的值。

他的用法是這樣的：eval(x)，x 是一個字串，x 內可為數值、變數、運算式、方法、串列、數組、字典等等，例如：

程式碼教學範例：

```
1  print(eval("1+2"))
```

執行結果：

```
3
```

程式碼教學範例：

```
1  x=3
2  print(eval("x*2"))
3  print(eval("pow(x,2)"))
```

執行結果：

```
6
9
```

程式碼教學範例：

```
1  scoreStr="[90,80,70]"
2  score=eval(scoreStr)
3  print(score[1])
```

執行結果：

```
80
```

這邊我們可以看到 eval() 是一個很強大的的函式，只要給他一個字串，他就能回傳其中的值，所以我們常常會使用在輸入的地方，例如：

程式碼教學範例：

```
1  a=eval(input())
2  b=eval(input())
3  print(a+b)
```

輸入：

```
1
1.2
```

執行結果：

```
2.2
```

此時我們就不用再糾結輸入時要將值轉成 int 或 float 了。

2-3 運算式與運算子

運算式如同我們所學的數學定律，最簡單的加法運算式「1+1=2」是特別典型的例子，而針對指定資料做運算的叫做「運算子」，進行運算的資料叫做「運算元」。

2-3-1 算術運算子

程式碼教學範例：

```
1  print( 1 + 2 )
2  print( -1 + 8 )
```

執行結果

```
3
7
```

上述的範例中，「1 + 2」稱為一個運算式（Expression），其中「+」屬於運算子（Operator），讓我們知道要對數字做何種運算，而用來運算的「1」與「2」則稱為運算元（Operand）。此外，運算子又可分為單元運算子或二元運算子，其兩者比較如下：

- **單元運算子**：意即只有一個運算元，像是正號與負號，二元就是有兩個運算元，依作用的運算元個數而定。
- **算術運算子**：進行數學運算所需的算術符號。

下表以 a 代表算術符號左邊的內容，b 代表算術符號右邊的內容：

運算式	說明
a + b	a 加 b
a - b	a 減 b
a * b	a 乘以 b
a / b	a 除以 b
a // b	a 除以 b 後取小於等於計算結果的整數
a % b	a 除以 b 的餘數
a ** b	a 的 b 次方

程式碼教學範例：

```
1  print( 10 / 5)   #除法運算的計算結果會是浮點數
2  print( 6 // 4)   #6除以4的計算結果為1.5，取比1.5小的整數1
3  print( 6 % 4)   #6除以4的餘數
4  print( 4 ** 2)   #4的2次方
5  print( 4 ** 0.5)   #0.5次方就是開根號
```

執行結果

```
2.0
1
2
16
2.0
```

變數自己進行算術運算時可以縮寫，下表以 a,b 分別代表變數來進行運算的數 字。範例的語法和程式碼如下：

縮寫範例	標準運算式
a += b	a = a + b
a -= b	a = a - b
a *= b	a = a * b
a /= b	a = a / b
a //= b	a = a // b
a %= b	a = a % b
a **= b	a = a ** b

程式碼教學範例：

```
1  a = 10
2  a += 1 #a = a + 1，a = 11
3  a -= 2 #a = a - 2，a = 9
4  a *= 2 #a = a * 2，a = 18
5  a /= 3 #a = a / 3，a = 6.0
6  a %= 4 #a = a % 4，a = 2.0
7  a **= 3 #a = a ** 3，a = 8.0
8  print(a)
```

 # 執行結果

```
8.0
```

★ 2-3-1 驗收成果 1- 三角形面積

請撰寫一程式，輸入三邊長，並計算三角形的面積。

提示：本題會需要使用海龍公式 (設三角形 ABC 的三邊長分別為 a, b, c，且 s =(a + b + c)/ 2 ，則三角形的面積等於 s(s - a)(s - b)(s - c) 的開平方根)。

輸入輸出範例

```
輸入邊長A：7
輸入邊長B：8
輸入邊長C：9
三角形面積=26.832816
```

程式碼：text2-3-1-1.py

```
1  a=eval(input("輸入邊長A：")) # 輸入第一個邊長
2  b=eval(input("輸入邊長B：")) # 輸入第二個邊長
3  c=eval(input("輸入邊長C：")) # 輸入第三個邊長
4
5  s=(a+b+c)/2 # 利用海龍公式計算面積
6  area=(s*(s-a)*(s-b)*(s-c))**0.5
7  print("三角形面積=%f" % area) # 印出三角形面積
```

★ 2-3-1 驗收成果 2- 座標距離計算

請撰寫一程式，輸入兩個座標值，並計算其座標距離。

提示：本題會需要使用畢氏定理。

輸入輸出範例

```
輸入 x1：1
輸入 y1：2
輸入 x2：3
輸入 y2：4
距離 =2.8284271247461903
```

程式碼：text2-3-1-2.py

```
1  x1=eval(input("輸入x1：")) #輸入座標1的x軸值
2  y1=eval(input("輸入y1：")) #輸入座標1的y軸值
3  x2=eval(input("輸入x2：")) #輸入座標2的x軸值
4  y2=eval(input("輸入y2：")) #輸入座標2的y軸值
5
6  distance=((x1-x2)**2+(y1-y2)**2)**0.5  #使用畢氏定理計算距離
7  print("距離=%s" % distance)  #印出結果
```

★ 2-3-1 驗收成果 3- 攝氏轉華氏

請撰寫一程式，輸入攝氏溫度，將其轉為華氏溫度並印出。

提示：華氏溫度 = 攝氏溫度 *9/5+32

輸入輸出範例

```
攝氏溫度：36
攝氏 36 度等於華氏 96.8 度
```

程式碼：test2-3-1-3.py

```
1  celsius=eval(input("攝氏溫度：")) #輸入攝氏溫度
2  fahrenheit=(9/5)*celsius+32       #利用公式算出華氏溫度
3  print("攝氏%s度等於華氏%s度" % (celsius,fahrenheit)) #印出結果
```

★ 2-3-1 驗收成果 4- 正多邊形面積計算

請撰寫一程式，輸入邊的數量 n 及邊長 s，並算出正 n 邊形的面積。

提示：面積 =$(s^2*n)/(tan(pi/4)*4)$

輸入輸出範例

```
正多邊形的邊數為：7
此多邊形邊長為：5
面積=90.84781110003973
```

程式碼：test2-3-1-4.py

```
1 import math
2 n=eval(input("正多邊形的邊數為："))        #輸入邊數n
3 s=eval(input("此多邊形邊長為："))          #輸入邊長s
4 area=(s**2*n)/(math.tan(math.pi/n)*4)  #利用面積公式計算面積
5 print("面積=%s" % area)                  #印出結果
```

2-3-2 比較運算子

比較運算子就是進行比較所需的比較符號，下表以 a 代表比較符號左邊的內容 b 代表比較符號右邊的內容：

a > b	判斷 a 是否大於 b
a >= b	判斷 a 是否大於等於 b
a < b	判斷 a 是否小於 b
a <= b	判斷 a 是否小於等於 b
a == b	判斷 a 與 b 內容是否相同
a != b	判斷 a 與 b 內容是否不相同
a is b	判斷 a 與 b 是否指向同一個記憶體位址
a is not b	判斷 a 與 b 是否指向不一樣的記憶體位址
a in b	判斷 a 是否在 b 容器 (如串列、字串、字典、元組、集合等) 內
a not in b	判斷 a 是否不在 b 容器 (如串列、字串、字典、元組、集合等) 內

★ 補充說明

◆ == 與 = 的不同：兩個等於符號是比較運算子，一個等於符號是指派的動作。

◆ == 與 is 的不同：== 與 is 不一樣的地方為 == 是判斷內容，如兩個變數的內容相同，使用 == 判斷會返回 True，可是這兩個變數不是指向同一個記憶體位址，他們只是內容一樣，使用 is 判斷會返回 False。(- is、is not、in、not in 在第三章容器時會再次說明)。

程式碼教學範例：

```
1  print(6 > 2)
2  print(2 > 6)
3  print(100 == 100)
4  print(100 != 100)
5  print(5 + 2 < 2 + 3)        #也可以比較運算式
```

執行結果

```
True
False
True
False
False
```

2-3-3 邏輯運算子

邏輯運算子為進行邏輯運算所需的邏輯運算符號，下表以 a 代表邏輯運算符左邊的內容，b 代表邏輯運算符右邊的內容：

範例	說明
a and b	若 a 與 b 都是 True 就返回 True，只要一個是 False 就返回 False
a or b	若 a 或 b 有一個是 True 就返回 True，都不是 True 就返回 False
not a	若 a 為 True 就返回 False，若 a 為 False 就返回 True
a ^ b	xor 運算，若 a 與 b 的布林值相同就返回 False，不同則返回 True

在 Python 中，None、0 進行邏輯判斷時會被視為 False。

程式碼教學範例：

```
1  print(True and False) #有一個是False，返回False
2  print(True or False)  #有一個是True，返回True
3  print(not True)
4  print(not False)
5  print(not None)     #None為False
6  print(True ^ False)   #xor
```

執行結果

```
False
True
False
True
True
True
```

2-3-4 運算子優先級

如果要計算擁有許多運算子的運算式，例如：8 + 4 * 6 - 23，我們知道要先乘除後加減，Python 也會先算4 * 6等於24再算8 + 24 - 23，最後答案為9，由此可知乘除運算子的優先級高於加減，而次方運算子的優先級高於乘除，若運算式中的運算子都處於同一層級，運算順序為由左往右。

程式碼教學範例：

```
1  print( 8 + 4 * 6 - 23)
2  print( 5 * 6 ** 2)
3  print(30 / 5 * 2)
```

執行結果

```
9
180
12.0
```

以 8 + 4 * 6 - 23 為例，假如要先算 8 + 4，使用小括號把 8 + 4 括起來即可解決，小括號的優先級最大，因此 Python 會先算小括號內的運算式。

程式碼教學範例：

```
1  print( (8 + 4) * 6 - 23)
2  print( (5 * 6) ** 2)
3  print( 30 / (5 * 2))
```

 # 執行結果

```
49
900
3.0
```

小提示：運算子在使用上也有其優先等級，以下將根據最高的執行順序依序列出。如下表所示：

運算子	說明
( )	括號
**	次方
%	餘數
//	除 (取小於等於計算結果的整數)
/	除
*	乘
+	加
-	減

3

Python 容器介紹

3-1 串列（List）

串列為 Python 容器（Container）型態中的一種，使用一種具有結構化的方式來暫存資料的地方，儲存在容器內的資料稱為元素（Element），串列的型態是有序的，因此每個元素都會有它的位置，而這個位置被稱為索引（Index），串列中的元素可以是任何資料型態，包括前面章節介紹的字串型態和數值型態，串列當中的元素可以想像為一列火車，而每列車廂都使用詹天佑掛鉤來互相串聯在一起。以下的範例將會帶領大家認識 Python 中，串列是如何使用以及建立的。

◆ 建立串列

Python 建立串列的方式為使用中括號，或者使用 Python 函式 list( ) 來建立串列，串列當中的元素需要以逗號分隔。在 Python 中，中括號代表串列，而使用 list( ) 可以將元組（Tuple）的容器型態或是字串的資料型態轉換為串列。範例的語法和程式碼如下：

```
變數名稱 = [元素 1, 元素 2...]
```

程式碼教學範例：

```
1  My_list1 = []                          #建立空串列
2  My_list2 = ["Python", "Java", "C++"]
3  My_list3 = [[1, 2, 3], [4, 5, 6]]      #串列內可以包含容器
```

在 Python 當中，可以使用內建函式 list( ) 來將元組的資料型態或字串型態來做。其範例的語法和程式碼如下：

```
變數名稱 = list(元組)
```

程式碼教學範例：

```
1  My_list1 = list()                      #返回一個空串列
2  print(My_list1)
```

執行結果：

```
[]
```

程式碼教學範例：

```
1  My_list2 = list("Python")          #將字串轉換成串列
2  print(My_list2)
```

#執行結果：

```
['P', 'y', 't', 'h', 'o', 'n']
```

◆ 取得串列中的元素

在 Python 當中，可以使用索引值來取得元素，這邊要特別注意的是，串列當中的元素索引值是從 0 開始計算，因此在透過索引值來取得串列元素時，必須要以順序 0 開始計算，依此類推索引值 1 是第二個元素，而若要從串列的後方取得元素，則是透過負數的方式來進行，例如：-1 代表的是倒數第一個元素，而 -2 代表倒數第二個元素，以此類推。其範例的語法如下：

```
串列[索引值]
```

程式碼教學範例：

```
1  My_list = [0, 1, 2, 3, 4, 5, 6]
2  print(My_list[2])        #第三個元素
3  print(My_list[-2])       #倒數第二個元素
```

#執行結果：

```
2
5
```

程式碼教學範例：

```
1  My_list = [[1, 2, 3], [4, 5, 6]]
2  print( My_list[0])       #取出第一個元素
3  print( My_list[0][0]) #取出第一個元素中的第一個元素
```

#執行結果：

```
[1, 2, 3]
1
```

◆ 添加元素進串列

在 Python 當中，可以使用 append() 函式來添加一個元素到串列的最後一個索引值位置。範例的語法和程式碼如下：

```
串列.append(元素)
```

程式碼教學範例：

```
1  My_list = [0, 1, 2, 3]
2  My_list.append(4)
3  print(My_list)
```

#執行結果：

```
[0, 1, 2, 3, 4]
```

程式碼教學範例：

```
1  My_list = [0, 1, 2, 3]
2  My_list.append("throne")        #添加一個字串
3  print(My_list)
```

#執行結果：

```
[0, 1, 2, 3, 'throne']
```

程式碼教學範例：

```
1  My_list = [0, 1, 2, 3]
2  My_list.append("throne")               #添加一個字串
3  My_list.append(["A","B","C"])          #添加一個串列
4  print(My_list)
```

```
#執行結果：
[0, 1, 2, 3, 'throne', ['A', 'B', 'C']]
```

在 Python 當中也支援將一個元素與另一個元素進行合併，只要使用 extend() 函式來加入另一個元素的，就能夠添加一個容器的元素到另一個的串列的後方。範例的語法和程式碼如下：

```
串列.extend(容器)
```

程式碼教學範例：

```
1  My_list = ["水果蛋糕", "燒肉丼"]  #宣告一個串列
2  #添加另一個串列至先前宣告的串列
3  My_list.extend(["日式豬排飯","咖哩飯","牛肉火鍋"])
4  print(My_list)
```

```
#執行結果：
['水果蛋糕', '燒肉丼', '日式豬排飯', '咖哩飯', '牛肉火鍋']
```

添加字串內元素：

程式碼教學範例：

```
1  My_list = []  #宣告一個空串列
2  My_list.extend("Java")          #添加字串型態到串列中
3  print(My_list)
```

```
#執行結果：
['J', 'a', 'v', 'a']
```

在 Python 當中，算術運算子也可以運用在串列的使用上，舉例來說，「+」可以將兩個串列連接起來，而「*」可以重複串列當中元素。範例的程式碼如下：

程式碼教學範例：

```
1  a = ["aa"]
2  b = ["bb"]
3  My_list = a + b                    #a串列的元素加上b串列的元素
4  print( My_list)
```

#執行結果

```
['aa', 'bb']
```

程式碼教學範例：

```
1  a = ["aa"]
2  b = ["bb"]
3  My_list = a + b                    #a串列的元素加上b串列的元素
4  My_list = My_list * 3              #可縮寫為 My_list *= 3
5  print(My_list)
```

#執行結果

```
['aa', 'bb', 'aa', 'bb', 'aa', 'bb']
```

◆ 修改串列中的元素

在 Python 當中，可以使用 insert() 函式來插入元素到指定的索引位置上，並讓原本索引位置的元素依序往後排列。範例的語法如下：

```
串列.insert(索引值,插入的元素)
```

或者是使用「串列 [索引值]」的方式，來指派特定索引位置中所放置的元素。範例的語法如下：

```
串列[索引值] =新元素
```

程式碼教學範例：

```
1  My_list = [0,1,2,3]
2  My_list.insert(0, "A")                #將元素A插在第一個位置
3  print(My_list
```

#執行結果

```
['A', 0, 1, 2, 3]
```

程式碼教學範例：

```
1  My_list = [0,1,2,3]
2  My_list[0] ="B"                    #語法為:串列[索引值] =新元素
3  print(My_list)
```

#執行結果：

```
['B', 1, 2, 3]
```

程式碼教學範例：

```
1  a = [11, 22, 33]                   #現在我們將a指向這個新串列
2  b = a                              #將b指向a指向的串列
3  b[1] = 55                          #修改b的元素
4  print(b)
5  print(a)                           #a的元素也會改變
```

執行結果：

```
[11, 55, 33]
[11, 55, 33]
```

◆ 刪除串列中的元素

在 Python 當中，可以使用 remove() 函式來刪除串列中指定的元素，如果同時指定串列中的兩個元素，例如元素中有兩個為「1」的元資料，而使用 remove() 函式時，就只會針對第一個找到的元素進行刪除動作。範例的語法和程式碼如下：

```
串列.remove(元素)
```

程式碼教學範例：

```
1  My_list = [1, 2, 3, 1]
2  My_list.remove(1)
3  print(My_list)
```

執行結果：

```
[2, 3, 1]
```

上述提到的方式皆是根據串列內的資料進行單一改動，而如果要將串列內的元素一次性清除時，也可以使用 Python 提供的 clear() 函式，來清空串列內的元素。範例的語法和程式碼如下：

```
串列.clear()
```

程式碼教學範例：

```
1  My_list = [0, 1, 2, 3]        #宣告一串列
2  My_list.clear()               #清空元素變成空字串
3  print(My_list)
```

執行結果：

```
[]
```

在處理具有相同資料型態的集合時，我們會使用 Python 資料型態中的容器型態來暫存資料，除了能提升資料搜尋的速度外，還能更有效率來處理暫存的資料，如同我們在使用 Excel 表記帳的時候，會將每個頁籤以帳務型態為單位來進行記錄，這樣在核對的時候才能更有效率地找到對應的記帳資訊。除了上述提到有關 Python 對於容器型態操作的函數，以下我們將介紹有關容器型態之間的共同操作方式以及可使用於容器型態的函式。

◆ 容器型態的共同操作與函式

在 Python 當中，如果要判斷兩個容器型態當中的元素是否相同，這個時候

可以使用比較元素來進行，透過使用比較運算子來判斷兩個容器型態當中的元素是否相同，或者使用 is 與 is not 來判斷兩個容器型態是否指向同一個記憶體位址。

程式碼教學範例：

```
1  a = [45, 86, 92]
2  b = [45, 86, 92]
3  print( a == b)
4  #a與b的串列元素雖然相同，但指向的記憶體位址是不同的。
5  print( a is b)
```

#執行結果：

```
True
False
```

小提示：Python 的容器型態是使用「傳址」的方式儲存，當兩個串列內的元素都相同時，因為比較運算子只在意「值」是否相同，因此在使用比較運算子判斷時會回傳「True」，而使用「is」來判斷兩個串列時，「is」所在意的是「記憶體位址」是否相同，這時候由於兩個串列是分別宣告出來的，因此才會得到「False」的結果，如同上述範例所示。

Python 中的比較運算子對於串列的比對不會因為順序改變而造成判斷失敗的情況，我們試著改變串列內元素的順序，並且使用比較運算子再次比對，可以發現結果依然相同。範例的程式碼如下。

程式碼教學範例：

```
1  a = [45, 86, 92]
2  b = [92, 45, 86]          #我們修改了 b 的元素順序
3  print( a == b)            #串列內的元素一樣，順序不同判斷結果就不相同
```

#執行結果：

```
False
```

程式碼教學範例：

```
1  a = [11, 22, 33]          #宣告串列a
2  b = a                     #將串列a指派給b
3  print( b)
4  print(a is b)             #a與b指向同一個記憶體位址
```

#執行結果：

```
[11, 22, 33]
True
```

1. 取得元素個數

在 Python 中，可以使用 len() 函式來取得容器元素所包含的長度，也就是容器內的元素個數。範例的語法如下：

```
len(容器)
```

程式碼教學範例：

```
1  My_list = ["A", "B", "C", "D", "E"]
2  print(len(My_list))
```

#執行結果：

```
5
```

2. 檢查是否具有某個元素

在 Python 中，可以使用 in 來判斷容器內是否有包含特定的元素，而使用 not in則可以判斷容器內是否不包含特定的元素。範例的語法和程式碼如下：

```
元素 in 容器
```

程式碼教學範例：

```
1  My_list = ["A", "B", "C", "D", "E"]
2  print("A" in My_list)          #判斷串列是否含有A元素
3  print("F" in My_list)          #判斷串列是否含有F元素
4  print("F" not in My_list)      #判斷串列是否不含有F元素
```

#執行結果：

```
True
False
True
```

3. 取得最大值與最小值

在 Python 中，可以使用 max() 和 min() 函式來取得串列當中的最大值與最小值。範例的語法和程式碼如下：

```
max(容器)              #取得最大值
min(容器)              #取得最小值
```

程式碼教學範例：

```
1  My_list1 = [12, 85, 49, 63, 8, 52, 101]
2  My_list2 = ["A", "Y", "P", "Z", "a", "z"]
3  print(max(My_list1))
4  print(min(My_list1))
5  print(max(My_list2))
6  print(min(My_list2))
   # ASCII碼a的值為97，A的值為65
```

小提示：使用 Python 函式來找最大或最小值的時候是根據第一個字的 ASCII 碼來進行的，如果第一個字的比對相同，則會依照第二個字進行比對，直到找出 ASCII 碼所代表值較大的那一方。

#執行結果：

```
101
8
z
A
```

4. 排序元素

在 Python 中，使用 sorted() 函式將容器內的元素排序後，會回傳一個排序後的新串列，而如果容器型態為字典時，這個時候就只會進行排序並且返回字典的鍵（key），並不會回傳一個新的串列。值得注意的是，串列還有一種排序方法為 sort() 函式可以使用，而這個函式是只有資料型態為串列的時候才能夠使用的，而 sort() 與 sorted() 使用於串列上的用法相同，差別就在於 sort() 函式只會將串列內的元素排序，而 sorted() 函式會將排序後的結果以一個新串列的方式回傳。範例的語法如下：

```
sorted(容器[, key=None, reverse=False])        #返回一個串列
串列.sort([key=None, reverse=False])            #直接排序串列
```

從上述的函式可以看到，透過傳入參數 key 來設定元素排序的依據；而傳入參數 reverse 可以用來設定排序方式，預設的排序方式為遞增排序，而如果要改為遞減排序時，則需要在呼叫函式時帶入 reverse=True。範例的程式碼如下：

程式碼教學範例：

```
1  My_list = [40, 20, 100, 0, 80]
2  My_list = sorted(My_list)                    #預設值為升序排列
3  print(My_list)
4
5  My_list = sorted(My_list, reverse=True)      #改成True為遞減排列
6  print(My_list)
```

執行結果：

```
[0, 20, 40, 80, 100]
[100, 80, 40, 20, 0]
```

程式碼教學範例：

```
1  My_list = ["B", "E","D","A","C"]
2  My_list.sort()
3  print(My_list)
4
5  My_list.sort(reverse=True)      #遞減排列
6  print(My_list)
```

執行結果：

```
['A', 'B', 'C', 'D', 'E']
['E', 'D', 'C', 'B', 'A']
```

3-2 字典（Dist）

Python 當中，字典是用來儲存一對的元素，即鍵（Key）與值（Value），就如同字典裡的字與字義，鍵比喻為字，值比喻為字義，我們查字典的方法是透過字，去查詢對應的內容，而不必翻閱整本字典，與 Python 的字典結構道理相同，只要搜尋鍵就可以取得相對應的值，在資料搜尋上顯得相對容易。

◆ 建立字典

在 Python 中，可以使用大括號來建立字典，鍵與值之間使用冒號的方式來建立，不同的鍵之間使用逗號隔開，而在 Python 中，也可以使用 dict() 函式來建立字典，建立字典的首要條件為鍵與值必須成雙成對，才能轉換成字典。範例的語法和程式碼如下：

```
變數名稱= {鍵1：值1 , 鍵2：值2...}
變數名稱= dict(容器)
```

```
My_dict1 = {}        #建立空字典
My_dict2 = {"a":57, "b":26, "c":38}
My_dict3 = {1:"one", 2:"two", 3:"three"}
```

程式碼教學範例：

```
1  My_dict1 = dict()    #返回一個空字典
2  print(My_dict1)
```

#執行結果：

```
{}
```

程式碼教學範例：

```
1  My_dict2 = dict([[1,"one"], [2,"two"]])
2  #將元素是一對的串列轉換成字典
3  print(My_dict2)
```

#執行結果：

```
{1: 'one', 2: 'two'}
```

◆ 取得字典中的元素

在 Python 中，可以使用字典的鍵來取得字典的值。範例的語法如下：

```
字典[鍵]
```

程式碼教學範例：

```
1  My_dict1 = {"a":57,"b":26, "c":38}
2  My_dict2 = {1:"one", 2:"two", 3:"three"}
3  print(My_dict1["a"])
4  print(My_dict2[2])
```

#執行結果：

```
57
two
```

在 Python 中，也可以使用 get() 函式來取得特定鍵所對應的值。範例的語法如下：

```
字典.get(鍵)
```

程式碼教學範例：

```
1  My_dict1 = {"a":57,"b":26, "c":38}
2  My_dict2 = {1:"one", 2:"two", 3:"three"}
3  
4  print(My_dict1.get("a"))
5  print(My_dict2.get(2))
```

#執行結果：

```
57
two
```

◆ 添加元素進字典

由於字典的鍵必須具有唯一性，因此如果加入了字典內已存在的鍵，這時則會以新指派的值來取代先前的值。範例的語法和程式碼如下：

```
字典[新增的鍵] = 值
```

程式碼教學範例：

```
1  My_dict = {"a":1, "b":2, "c":3}
2  My_dict["d"] = 3  #新增一對未在字典中的鍵值
3  print(My_dict)
```

#執行結果

```
{'a': 1, 'b': 2, 'c': 3, 'd': 3}
```

程式碼教學範例：

```
1  My_dict = {"a":1,"b":2,"c":3}
2  print(My_dict)
3  My_dict["a"] = 11 #以相同的鍵來取代原先字典內的鍵值
```

```
4  My_dict["b"] = "rose"
5  print(My_dict)
```

#執行結果：

```
{'a': 1, 'b': 2, 'c': 3}
{'a': 11, 'b': 'rose', 'c': 3}
```

程式碼教學範例：

```
1  My_dict = {"a":1, "b":2, "c":3}
2  My_dict["d"] = 3
3  My_dict["c"] = 6      #加入相同的"c"鍵
4  print(My_dict)
```

#執行結果

```
{'a': 1, 'b': 2, 'c': 6, 'd': 3}
```

對於更新字典內的元素操作可以使用 update() 函式來將另一個字典的鍵值，更新到原字典內。範例的語法和程式碼如下：

```
字典.update(另一個字典)
```

程式碼教學範例：

```
1  My_dict = {"a":1,"b":2,"c":3}
2  other_dict = {"d":4,"e":5,"f":6}
3  My_dict.update(other_dict)      #載入另一個字典
4  print(My_dict)
```

#執行結果：

```
{'a': 1, 'b': 2, 'c': 3, 'd': 4, 'e': 5, 'f': 6}
```

◆ 刪除字典中的元素

在 Python 中，可以使用 pop() 函式來刪除字典中的鍵與值，以下的範例將會示範使用 pop() 函式來刪除字典當中特定的鍵值，並且回傳已刪除字典中的鍵值。如果刪除的鍵在字典中不存在時，程式在執行的時候就會發生 Key Error 的錯誤訊息，這個時候可以透過傳入 pop 函式中的第二個參數來客製化程式出現的錯誤訊息。範例的語法和程式碼如下：

```
字典.pop(鍵[,返回值])
```

程式碼教學範例：

```
1  My_dict = {"A":1,"B":2, "C":3, "D":4}
2  print(My_dict.pop("A"))        #刪除"A"鍵並傳回其值
```

```
#執行結果
1
```

程式碼教學範例：

```
1  My_dict = {"A":1,"B":2, "C":3, "D":4}
2  My_dict.pop("A")
3  print(My_dict.pop("A","沒有資料"))
4  #My_dict字典內已沒有"A"鍵，傳回設定的回傳值
```

```
#執行結果
沒有資料
```

如果刪除了字典當中沒有鍵值，且沒有傳入第二個參數時，程式在執行上則會以 KeyError 的方式出現錯誤，範例的程式碼如下：

程式碼教學範例：

```
1  My_dict = {"A":1,"B":2, "C":3, "D":4}
2  My_dict.pop("A")
3  print(My_dict.pop("A"))
4  #My_dict字典內已沒有"A"鍵，未設定回傳值則發生異常
```

#執行結果：

```
KeyError: 'A'
```

在 Python 當中，字典用來清空資料的函式與串列相同，可以使用 clear() 函式來清空字典內的資料。範例的語法和程式碼如下：

```
字典.clear()
```

程式碼教學範例：

```
1 My_dict = {"a": 1,"b":2,"c":3}
2 My_dict.clear()
3 print(My_dict)
```

#執行結果：

```
{}
```

◆ 將字典轉換成其他容器

如同在 3-1 串列的部分有提到，在 Python 中可以使用 list() 函式將字典轉換成串列，這邊要特別注意的地方在於，將字典轉換為串列時，只會針對字典的鍵作為轉換對象，其值並不會一起轉換過來。範例的程式碼如下：

程式碼教學範例：

```
1 My_dict = {"A":"Alex","B":"Benny","C":"Candy","D":"David"}
2 print(list(My_dict))
```

#執行結果

```
['A', 'B', 'C', 'D']
```

3-3 元組（Tuple）

元組意思為元素的組合，被視為不能更改的串列，元組是有順序性的，同樣可以透過索引來取得元組內的元素，串列與元組的差異在於，元組是不可以變更的而串列是可以變更的，也就是說，建立完元組以後，對於內部的元素就無法進行更新與刪除的行為，只能刪除整個元組。元組是用於儲存無法進行改動的資料，可以確保這些資料不會遭到竄改

◆ 建立元組

在 Python 當中，是使用小括號來建立元組，元組內的元素是以逗號來進行分隔，此外，在建立元組時，也可以不使用小括號，並且只用逗號來分隔元素，這樣的宣告方式也會被 Python 視為元組結構，而元組內的元素可以是任何型態的資料。範例的語法和程式碼如下：

```
變數名稱 = (元素1,元素2)
變數名稱 = 元素1,元素2
```

程式碼教學範例：

```
1  My_tuple1 = ()      #建立空元組
2  My_tuple2 = (1, 2, 3, 4)
3  My_tuple3 = "A", "B", "C", "D"
```

在 Python 當中，也可以使用 tuple( ) 函式來建立元組，tuple( ) 函式會將其他容器型態轉換後回傳元組的資料型態。範例的語法和程式碼如下：

```
變數名稱 = tuple(容器)
```

程式碼教學範例：

```
1  My_tuple1 = tuple()                    #返回一個空元組
2  print(My_tuple1)
3
```

```
4   My_tuple2 = tuple("1234")           #將字串轉換成元組
5   print(My_tuple2)
6
7   My_tuple3 = tuple([12,15,16,21])    #將串列轉換成元組
8   print(My_tuple3)
```

```
#執行結果：
()
('1', '2', '3', '4')
(12, 15, 16, 21)
```

這邊要特別注意的地方在於，元組內的元素是無法進行修改的，因此如果有進行修改的行為，則會出現錯誤訊息。如下程式碼的範例所示：

```
程式碼教學範例：
1   My_tuple = ("A","B", "C", "D")
2   My_tuple[0] ="E"
```

```
#執行結果：
TypeError: 'tuple' object does not support item assignment
#元組型態不支持項目分配
```

在建立元組的時候，如果只有單一元素時，後面必須要以逗號隔開，如果沒有加入逗號隔開，Python 則不會將此宣告認定為元組型態。範例的程式碼如下：

```
程式碼教學範例：
1   My_tuple = (25,)        #一個元素須加上逗號，元組型態
2   print(type(My_tuple))
3
4   My_tuple = (25)         #沒加逗號是整數型態
5   print(type(My_tuple))
```

```
#執行結果：
<class 'tuple'>
<class 'int'>
```

◆ 取得元組中的元素

元組當中的元素可以使用索引值來取得特定元素。範例的語法和程式碼如下：

```
元組[索引值]
```

程式碼教學範例：

```
1  My_tuple =("tiramisu","waffle","sorbet","marshmallow","macaron")
2  print(My_tuple)        #取出全部的元素
3  print(My_tuple[2])     #取出第三個元素
4  print(My_tuple[-2])    #取出倒數第二個元素
```

```
#執行結果：
('tiramisu', 'waffle', 'sorbet', 'marshmallow', 'macaron')
sorbet
marshmallow
```

◆ 連接元組元素

各元組在連接時可以透過算術運算子來進行連接元組或重複元組的內的元素資料。範例的程式碼如下：

程式碼教學範例：

```
1  My_tuple = ("A",)
2  My_tuple = My_tuple + ("B",)     #可縮寫為My_tuple +=("B",)
3  print(My_tuple)
4
5  My_tuple *= 2
6  print(My_tuple)
```

#執行結果：

```
('A', 'B')
('A', 'B', 'A', 'B')
```

3-4 集合

集合是用於存放不具有順序且不重複的元素，與有序性的串列、元組並不相同的地方在於，集合無法透過索引值的方式來取得元素，而儲存在集合內的元素內容都是不具有重複的內容，因此可以確定轉換至集合內的元素資料具有唯一性。

◆ 建立集合

在 Python 當中，可以使用大括號或 set() 函數來宣告集合，set() 函數會將其他容器轉換後回傳一個新的集合。

```
變數名稱 = {元素 1, 元素 2...}
```

程式碼教學範例：

```
1  My_set1 = {1, 2, 2, 3, 3, 4}
2  print(My_set1)
3  My_set2 = {"a", "b", "c", "d"}
4  print(My_set2)
```

#執行結果

```
{1, 2, 3, 4}.      #重複的值會被刪除
{'b', 'd', 'c', 'a'}
```

由於在使用 set() 函數時，需要建立初始值，因此在宣告空集合時，如果未帶入任何資料時，則改集合會顯示 set()。範例的語法和程式碼如下：

```
變數名稱 = set(容器)
```

程式碼教學範例：

```
1  My_set1 = set()              #返回一個空集合
2  print(My_set1)
3
4  My_set2 = set("pretty")      #將字串轉換成集合
5  print(My_set2)               #重複的元素"t"會被剔除
6
7  My_set3 = set(["物理","化學","微積分","國文"]) #將串列轉換成集合
8  print(My_set3)
```

#執行結果：

```
set()
{'e', 'p', 't', 'y', 'r'}
{'化學', '微積分', '國文', '物理'}
```

由於集合具有無序的特性，因此沒有辦法透過索引值取得指定的元素資料。範例的程式碼如下：

程式碼教學範例：

```
1  My_set = {0, 1, 2, 3, 4, 5}
2  My_set[0]
```

#執行結果

```
TypeError: 'set' object is not subscriptable  #集合型態不支持索引
```

◆ 添加元素至集合

集合在新增資料時，可以使用 add() 函數來將元素新增至集合內。範例的語法和程式碼如下：

```
集合.add(元素)
```

程式碼教學範例：

```
1  My_set = set()
```

```
2    My_set.add(33)
3    My_set.add("abc")
4    print(My_set)
```

#執行結果：

```
{'abc', 33}
```

集合在修改資料時，可以使用 update() 函數來將一個容器型態的的資料加入集合中。範例的語法和程式碼如下：

```
集合.update(容器)
```

程式碼教學範例：

```
1    My_set = set()
2    My_set.update([1, 2])
3    My_set.update({3:0, 4:0})      #只會加入字典的鍵
4    My_set.update((5,6))
5    My_set.update({7,8})
6    print(My_set)
```

#執行結果：

```
{1, 2, 3, 4, 5, 6, 7, 8}
```

◆ 刪除集合中的元素

集合刪除資料的方式，可以使用 remove() 函式來刪除集合中的元素，特別要注意的是這個函式所要帶入的參數是該集合內的值。範例的語法和程式碼如下：

```
集合.remove(元素)
```

程式碼教學範例：

```
1    My_set = {1, 2, 3, 4, 5}
2    print(My_set)
3
```

```
4  My_set.remove(1)
5  print(My_set)
```

#執行結果：

```
{1, 2, 3, 4, 5}
{2, 3, 4, 5}
```

集合也可以使用 clear() 來清空集合內的所有資料。範例語法和程式碼如下：

```
集合.clear()
```

程式碼教學範例：

```
1  My_set = {1, 2, 3, 4, 5}
2  print(My_set)
3
4  My_set.clear()   #清空集合
5  print(My_set)
```

#執行結果：

```
{1, 2, 3, 4, 5}
set()              # 剩下空集合
```

◆ 測試成員之間關係

子集合：當一個集合只包含於另一個集合的元素當中，這時我們就稱此集合為另一個集合的子集合。範例的語法和程式碼如下：

```
a.issubset(b)
```

在 Python 當中，也可以使用比較運算子來判斷 a 集合是否為 b 集合的子集合。範例的程式碼如下：

```
a <= b
```

程式碼教學範例：

```
1  a = {"a","b","c"}
2  b = {"a","b","c","d","e"}
3  c = {"a","b","c","f"}
4
5  print(a.issubset(b))      #a包含b的元素
6  print(a <= b)
7  print(c <= b)             #c不包含b的元素
```

#執行結果

```
True
True
False
```

◆ 超集合

當一個集合具有另一個集合的所有元素，這時我們就稱此集合為另一個集合的超集合。範例的語法和程式碼如下：

```
a.issuperset(b)
```

在 Python 當中，也可以使用比較運算子來判斷 a 集合是否為 b 集合的超集合。範例的程式碼如下：

```
a >= b
```

程式碼教學範例：

```
1  a = {"a","b","c"}
2  b = {"a","b"}
3  c = {"a","b","d"}
4
5  print(a.issuperset(b))    #a具有b的所有元素
6  print(a >= b)
7  print(a >= c)             #a不具有c的所有元素
```

```
#執行結果
True
True
False
```

◆ 集合運算

1. 聯集

a.union(b) 會返回一個集合，其包含 a 集合與 b 集合所有的元素：

```
a.union(b)
```

也可以使用「 | 」運算子來達到與使用 union() 函式相同的結果。

```
a | b
```

以下列程式碼為範例，我們可以透過找出集合 a 與集合 b 的聯集來找出所有參加活動的人。範例的程式碼如下：

程式碼教學範例：

```
1  a ={"Adam","Dwan","Jack","Jenny","Loli","Mary","Tommy"}
2  b ={"Adam","Cherry","David","Iris","Jack","Jenny","Mary"}
3  print(a.union(b))
4  print(a | b)
```

```
#執行結果
{'Loli', 'Jack', 'Mary', 'Cherry', 'Adam', 'Iris', 'David', 'Jenny',
 'Dwan', 'Tommy'}
{'Loli', 'Jack', 'Mary', 'Cherry', 'Adam', 'Iris', 'David', 'Jenny',
 'Dwan', 'Tommy'}
```

2. 交集

a.intersection(b) 會返回一個集合，其包含 a 集合與 b 集合共有的元素

```
a.intersection(b)
```

也可以使用「&」運算子，來達到與使用 intersection() 函式相同的結果。

```
a & b
```

以下列程式碼為範例，我們可以透過找出集合 a 與集合 b 的交集來找出兩個活動都有參加的人。範例的程式碼如下：

程式碼教學範例：

```
1  a ={"Adam","Dwan","Jack","Jenny","Loli","Mary","Tommy"}
2  b ={"Adam","Cherry","David","Iris","Jack","Jenny","Mary"}
3  print(a.intersection(b))
4  print(a & b)
```

#執行結果

```
{'Mary', 'Adam', 'Jenny', 'Jack'}
{'Mary', 'Adam', 'Jenny', 'Jack'}
```

3. 差集

a.difference(b) 會返回一個集合，其包含 a 集合有但 b 集合沒有的元素

```
a.difference(b)
```

也可以使用「-」運算子，來達到與使用 difference () 函式相同的結果。

```
a - b
```

以下列程式碼為範例，我們可以透過找出集合 a 與集合 b 的差集來找出只參加 a 活動的人。範例的程式碼如下：

程式碼教學範例：

```
1  a ={"Adam","Dwan","Jack","Jenny","Loli","Mary","Tommy"}
2  b ={"Adam","Cherry","David","Iris","Jack","Jenny","Mary"}
3  print(a.difference(b))
4  print(a - b)
```

#執行結果

```
{'Loli', 'Dwan', 'Tommy'}
{'Loli', 'Dwan', 'Tommy'}
```

相同的道理，我們也可以找出只參加 b 活動的人。範例的程式碼如下：

程式碼教學範例：

```
1 a ={"Adam","Dwan","Jack","Jenny","Loli","Mary","Tommy"}
2 b ={"Adam","Cherry","David","Iris","Jack","Jenny","Mary"}
3 print(b.difference(a))
4 print(b - a)
```

#執行結果

```
{'Cherry', 'Iris', 'David'}
{'Cherry', 'Iris', 'David'}
```

4. 對稱差集

a.symmetric_difference(b) 會返回一個集合，其包含 a 集合有但 b 集合沒有的元素和 b 集合有但 a 集合沒有的元素

```
a.symmetric_difference(b)
```

也可以使用「^」運算子，來達到與使用 symmetric_difference() 函式相同的結果。

```
a ^ b
```

以下列程式碼為範例，我們可以透過找出集合 a 與集合 b 的對稱差集來找出只參加一個活動的人。範例的程式碼如下：

程式碼教學範例：

```
1 a ={"Adam","Dwan","Jack","Jenny","Loli","Mary","Tommy"}
2 b ={"Adam","Cherry","David","Iris","Jack","Jenny","Mary"}
```

```
3   print(a.symmetric_difference(b))
4   print(a ^ b)
5   print((a - b) | (b - a) )        #a與b和b與a的差集的聯集
```

#執行結果

```
{'Loli', 'Cherry', 'Iris', 'David', 'Dwan', 'Tommy'}
{'Loli', 'Cherry', 'Iris', 'David', 'Dwan', 'Tommy'}
{'Loli', 'Iris', 'David', 'Cherry', 'Dwan', 'Tommy'}
```

3-5 切片、range

針對有序的容器型態（可以使用索引值取值的容器）進行切片操作，切片如同索引般，使用中括號來獲得一個範圍內的元素資料，作用於取得特定部分的元素，主要針對字串做處理，能分割並擷取特定的資料。範例的語法和程式碼如下：

```
容器[開始：結束：步長]
```

開始及結束是指要取得的元素範圍，這邊要注意的就是，輸出的內容是不包含結束的索引值的，因此如果輸入 [0：2] 時，這個時候輸出串列內的兩個元素，並不會輸出至索引位址 2 的元素。

程式碼教學範例：

```
1   My_list = [0, 1, 2, 3, 4, 5, 6, 7]    #這三個結果是一樣的
2   print(My_list[2:6])
3   print(My_list[-6:-2])
4   print(My_list[-6:6])
```

#執行結果

```
[2, 3, 4, 5]
[2, 3, 4, 5]
[2, 3, 4, 5]
```

開始的預設值為索引值 0 的元素，結束的預設值為最後一個元素，也就是索引值 -1 的元素，而步長所指的是要間隔多少元素，其預設值為 1，如果步長的值大於零，則會以設定的間隔數來資料進行遞增排序的方式輸出，反之，若步長的值小於零，則是以遞減排序的方式輸出。範例的程式碼如下：

程式碼教學範例：

```
My_list = [0, 1, 2, 3, 4, 5, 6, 7]
print(My_list[:])
print(My_list[:5])
print(My_list[5:])
```

#執行結果

```
[0, 1, 2, 3, 4, 5, 6, 7]
[0, 1, 2, 3, 4]
[5, 6, 7]
```

程式碼教學範例：

```
1  My_list = [0, 1, 2, 3, 4, 5, 6, 7]
2  print(My_list[::])          #步長>0，以間隔1升序輸出
3  print(My_list[::2])         #步長>0，以間隔2升序輸出
4  print(My_list[::4])         #步長>0，以間隔4升序輸出
5  print(My_list[::-1])        #步長<0，以間隔1降序輸出
6  print(My_list[::-2])        #步長<0，以間隔2降序輸出
7  print(My_list[::-4])        #步長<0，以間隔4降序輸出
```

執行結果

```
[0, 1, 2, 3, 4, 5, 6, 7]
[0, 2, 4, 6]
[0, 4]
[7, 6, 5, 4, 3, 2, 1, 0]
[7, 5, 3, 1]
[7, 3]
```

在 Python 當中，使用 range() 函式可以產生出一個 range 類型的容器，內容為不可變之整數序列，通常用於設定迴圈中的循環次數。

使用 range() 函數時，可以設定的參數為開始、結束及步長的值，步長與切片的使用方式相同，預設的開始與步長值分別為 0 和 1，這邊要注意的是，開始值和步長值可省略不寫，但必須要設定結束的值。範例的語法和程式碼如下：

```
range(開始, 結束, 步長)
```

程式碼教學範例：

```
1  range(10)                        #產生一個range類型的容器
2  range(0, 10)
3  print(type(range(10)))
```

```
#執行結果
<class 'range'>
```

程式碼教學範例：

```
1  print(list(range(10)))
2  print(list(range(0, 12)))
3  print(list(range(12, 0, -1))) #如果步長為負，開始的值要大於結束的值
```

```
#執行結果
[0, 1, 2, 3, 4, 5, 6, 7, 8, 9]
[0, 1, 2, 3, 4, 5, 6, 7, 8, 9, 10, 11]
[12, 11, 10, 9, 8, 7, 6, 5, 4, 3, 2, 1]
```

4

條件判斷與迴圈

4-1 if 條件判斷

使用 if 條件式可以用來判斷是否需要執行特定區域的程式碼，當條件成立時，即會執行符合條件區域的程式碼，若條件不成立時，則會跳過該條件區域的程式碼，如下圖所示，當降雨機率大於 0.4 時，就會執行「顯示記得帶傘」的程式碼，如果降雨機率沒有大於 0.4 時，則不會執行「顯示記得帶傘」的程式碼。

```
if條件式：
    當條件式成立時執行程式
```

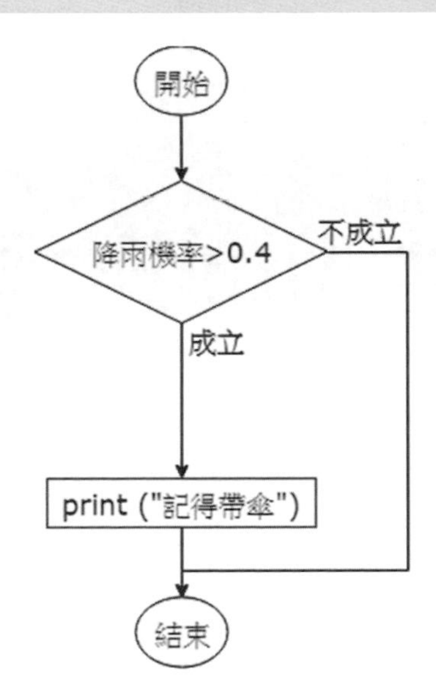

程式碼：test4-1-2.py

```
1  降雨機率 = float(input("請輸入降雨機率(範圍為0~1)："))
2  #輸入降雨機率(範圍為0~1)：0.8
3  if 降雨機率 > 0.4 :           #條件式的後方需要以冒號結尾
4      print("記得帶傘")         #將屬於該條件區域的程式碼縮排
```

#執行結果

```
輸入降雨機率(範圍為0~1)：0.8
記得帶傘
```

由於 Python 對於程式碼的縮排相當要求，對於 Python 而言，如果要執行符合條件（降雨機率 >0.4）的程式碼時，則需將要執行的程式碼（print(" 記得帶傘 ")）縮排至該條件區域內。

小提醒：Python 對於程式碼縮排雖然相當要求，但是對於縮排方式的要求不拘，只要將要執行的程式碼縮排至條件式底下即可，不過本書還是建議讀者可以使用 4 個空白長度或是以使用 tab 的方式來進行程式碼的縮排。

4-1-1 if…else…條件式

if…else 條件式適用於二選一的狀況，與前面所提到 if 條件式相似，程式碼會針對開發者所定義出的「兩」種情況來判斷，如果其中一個條件不符合，則會執行另一個條件下的程式碼。如下圖所示，當 if 條件式不成立時，就會跳過條件式，接著執行底下的 else 程式。

```
if條件式：
    如果條件式成立時執行程式
else：
    否則執行的程式
```

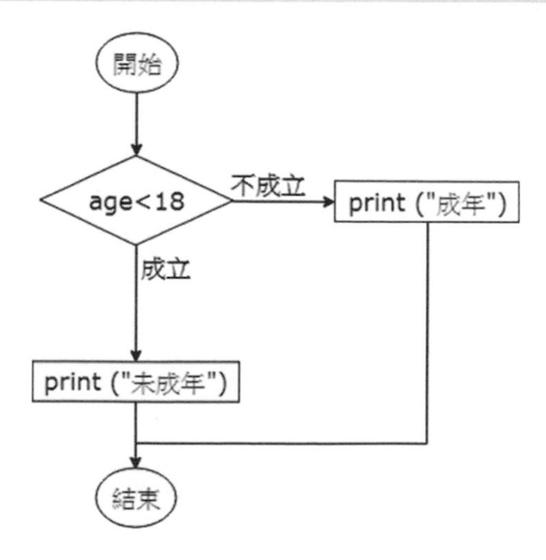

程式碼：test4-1-2.py

```
1  age = int(input("請輸入年齡: "))        #輸入年齡為11歲
2  if age >= 18 :                          #條件式的後方需要以冒號結尾
3      print("成年")                       #將屬於該條件區域的程式碼縮排
4  else :                                  #條件式的後方需要以冒號結尾
5      print("未成年")                     #將屬於該條件區域的程式碼縮排
```

#執行結果

```
請輸入年齡: 11
未成年
```

4-1-2 if…elif…else…

在 Python 當中，多重判斷的條件式是使用 elif 來進行判斷條件的擴充。多重判斷的條件式適用於多選一的情況，也就是說使用此種判斷式的時機在於，程式在執行時會有多種條件需要進行判斷的狀況，例如：BMI 值會有體重過輕、正常範圍和異常範圍三個條件需要進行判斷，這個時候就可以使用多重判斷來進行。多重判斷的執行條件為，只要有一個條件成立時，就會執行該條件式底下的程式碼，如以下圖所示，程式在執行時只要遇到條件成立的情況時，就會執行該條件底下的程式碼，並且跳出整個條件判斷。

```
If條件式1：
    # 當條件式1成立時，執行此區程式
elif條件式2：
    # 當條件式1不成立，但條件式2成立時，執行此區程式
else：
    # 當條件式1和2皆不成立時執行此區程式
```

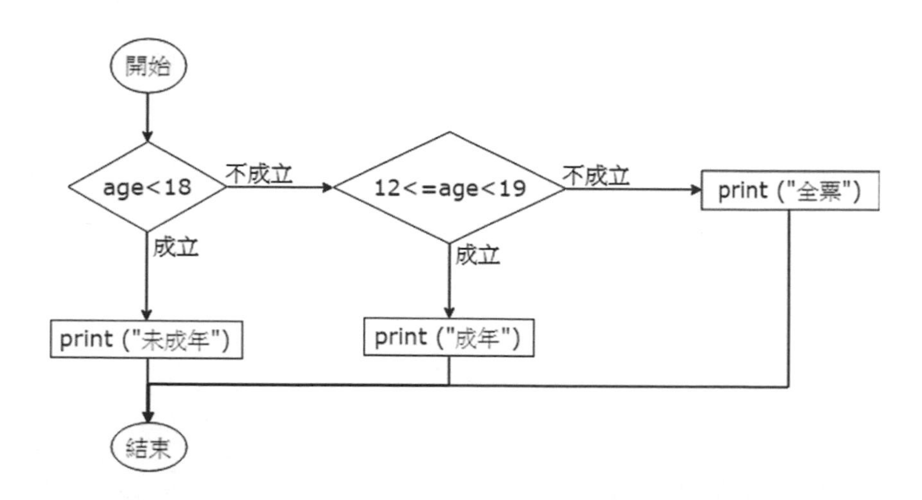

程式碼：test4-1-2.py

```
1  age = int(input("請輸入年齡: "))
2  if age >= 65 :
3      print("半票")
4  elif 12 <= age < 19 :
5      print("學生票")
6  else :
7      print("全票")
```

#執行結果

```
請輸入年齡：66
半票
請輸入年齡：18
學生票
請輸入年齡：22
全票
```

4-1-3 條件判斷的強制轉型

放置在條件式當中的內容可以是其他種類的資料型態，包括字串、數值和容器型態等等，而 Python 將會針對放置在條件式裡的資料型態執行強制轉型，使其變成布林值來判斷，以下的程式範例將會列出使用各種資料型態，來作為判斷的條件。

程式碼教學範例：

```
1  if "abc": # 當條件判斷為字串型態且不為空字串時，將會轉型為True
2      print("True")
3  else :
4      print("false")
5  if 111: # 當條件為數值型態且大於0 時，將會轉型為True
6      print("True")
7  else:
8      print("false")
9  if 0 : # 當條件為數值型態且等於0 時，將會轉型為False
10     print("True")
11 else :
12     print("false")
13 if [] : # 當條件為容器型態且為空串列時，將會轉型為False
14     print("True")
15 else :
16     print("false")
17 if "" : # 當條件為字串型態且為空字串時，將會轉型為False
18     print("True")
19 else :
20     print("false")
```

#執行結果

```
True
True
false
false
false
```

貼心提醒

- else 和 elif 不能獨立使用，只能出現在有 if 條件的情況。
- 一個 if 底下可以有好幾個 elif，但 else 只能有一個。
- 同一個條件底下的縮排要統一規則，不可出現縮排不一致的情況。

4-1-4 條件運算子

條件運算子又稱為三元運算子，是一種將條件判斷的程式碼，以一行的方式來呈現的撰寫方式，並可以使得程式碼的表達更為精簡。範例的語法和程式碼如下：

```
「條件成立時執行」if 判斷條件式 else 「條件不成立時執行」
```

在下面的範例當中，我們將使用三元運算子來進行條件上的判斷，而我們要判斷的條件內容為輸入數字的大小，當輸入的數字大於 0 的時候，畫面會顯示輸入的數字，反之，畫面會顯示 None。範例的程式碼如下：

程式碼教學範例：

```
1  a = int(input("輸入a="))
2  a = a if a > 0 else None
3  print(a)
```

#執行結果

```
輸入a=-2
None
```

不論是使用上述範例中所介紹的三元運算寫法，或者是使用本書在前面所介紹的條件式撰寫方法，程式都能夠順利的執行，在以下的範例當中，我們把上面範例當中，使用到三元運算子的部分改寫為一般條件式的寫法，從執行結果可以看到，程式依然能夠正常執行。範例的程式碼如下：

程式碼教學範例：

```
1  a = int(input("輸入a="))
2
3  if a > 0 :
4      a = a
5  else :
6      a = None
7      print(a)
```

#執行結果

```
輸入a=-2
None
```

小提醒：三元運算子的撰寫方式是屬於比較新的語法，因此對於 Python 在 2.5 版本以前的執行就會出現錯誤訊息。

★ 4-1 驗收成果 1- 判斷成績等第

請撰寫一程式，用來輸入成績，並且判斷該成績的等級，條件的規則為，成績大於 90 分時，判斷為 A；介於 80 至 89 分時，判斷為 B，介於 70 至 79 分時，判斷為 C，介於 60 至 69 分時，判斷為 D，成績小於 60 分時，判斷為 F，如果輸入的內容不是數值型態，或是不在 0-100 分的範圍時，則會出現錯誤訊息來提醒使用者。

輸入輸出範例

```
輸入成績：85
B
```

程式碼：test4-1-1.py

```
1  score=eval (input("輸入成績："))
2
3  if score>100 or score<0 :
4    print("輸入的成績有誤")
```

```
5   elif score>=90 :
6     print("A")
7   elif score>=80 :
8     print("B")
9   elif score>=70 :
10    print("C")
11  elif score>=60 :
12    print("D")
13  else:
14    print("E")
```

小提醒：如果只有使用 input 函式來取得使用者的輸入內容時，其資料型態皆會為「字串型態」，而在使用 eval 函式後，該函式會根據使用者輸入的內容自動轉換成「數值」、「字串」或「容器」型態。

程式碼 test4-1-1.py 說明

- 第 1 列　取得輸入的內容，轉換資料型態後，指派給 score 變數
- 第 3-4 列 判斷輸入的內容是否超出範圍，如果超出則輸出錯誤訊息
- 第 5-6 列 如果成績大於 90 分，則成績等級為 A
- 第 7-8 列 如果成績介於 80-89 分，則成績等級為 B
- 第 9-10 列 如果成績介於 70-79 分，則成績等級為 C
- 第 11-12 列 如果成績介於 60-69 分，則成績等級為 D
- 第 13-14 列 如果成績小於 60 分，則成績等級為 E

★ 4-1 驗收成果 2- 判斷資料型態

請撰寫一程式，要求使用者輸入一個字元，並且判斷該字元屬於何種資料型態。

輸入輸出範例
輸入字元：Y Y是字串

程式碼：test4-1-2.py

```
1  c=eval(input("請輸入內容："))
2
3  if type(c) == int:
4    print(c, "是數值型態")
5  elif type(c) == str:
6    print(c, "是字串型態")
7  else:
8    print(c, "是容器型態")
```

程式碼 test4-1-2.py 說明

- 第 1 列 取得輸入的內容，並指派給變數 c
- 第 3-4 列 判斷輸入的資料型態是否為數值型態
- 第 5-6 列 判斷輸入的資料型態是否為字串型態
- 第 7-8 列 輸入的資料型態既不是字串和數值時，則為容器型態

★ 4-1 驗收成果 3- 判斷閏年

請撰寫一程式，要求使用者輸入年份，並且判斷輸入的年份是否為閏年。

小提醒：判斷是否為閏年的規則為，任何能使用「4」、「100」和「400」整除的年份，其餘皆為平年。

輸入輸出範例

```
請輸入年份：2021
2021年不是閏年
```

程式碼：test4-1-3.py

```
1  year=eval(input("請輸入年份："))
2
3  if year % 400 == 0 or year % 100 ==0 or year % 4 == 0:
4      print("%d年是閏年" % year)
5  else:
6      print("%d年不是閏年" % year)
```

程式碼 test4-1-3.py 說明

- 第 1 列　取得輸入的內容，並指派給變數 year
- 第 3-4 列 判斷輸入的年份同時為 4、100 和 400 的倍數，即為閏年
- 第 5-6 列 其餘年份皆為平年

★ 4-1 驗收成果 4- 三角形判斷

請撰寫一程式，要求使用者輸入三個數字，並且根據輸入的內容來判斷這三個數字是否能夠組成一個三角形。

輸入輸出範例

```
請輸入三個數字（請以逗號隔開）：3,4,5
輸入的三個數字可以組成三角形
```

程式碼：test4-1-4.py

```
1  a,b,c = eval(input('請輸入三個數字（請以逗號隔開）：'))
2  
3  if a+b>c and b+c>a and c+a>b:
4      print("輸入的三個數字可以組成三角形")
5  else:
6      print("輸入的三個數字無法組成三角形")
```

程式碼 test4-1-4.py 說明

- 第 1 列　取得使用者輸入的內容，並分別指派給變數 a,b,c
- 第 3-4 列 使用三角形「任兩邊的和必定大於第三邊」的原理來進行條件的判斷
- 第 5-6 列 如果其中一個條件不符合，則無法組成三角形

4-1-5 pass 與 continue

pass 可以想像為是待作清單的概念，在撰寫程式的時候，想像功能的速度有時候會比實作的速度還要快，舉例來說，我們在撰寫程式碼的時候，會

定義一個處理特定狀況的函式，但是並沒有馬上要撰寫內部的功能，而這個時候就會使用 pass 來代替內部的功能，作為是一個待作清單，來提醒我們需要來完成這個功能的實作。範例的語法如下：

```
if True：
    pass        #不做任何事
```

程式在執行的時候，如果遇到需要跳過目前流程的情況時，可以使用 continue 來進行。在以下面的範例中可以看到，在迴圈當中使用 if 條件式搭配 continue 時，當迴圈的數字為偶數時，這個時候就會跳過當下的迴圈，直接執行下一次的迴圈。

程式碼教學範例：

```
1  for i in range(10,20):
2      if i%2==0:
3          continue     #當i是偶數時跳過這輪迴圈
4      print(i)
```

#執行結果

```
11
13
15
17
19
```

4-2 for 迴圈

在程式的世界裡，使用迴圈控制可以將程式需要執行特定次數的部分反覆執行，直到滿足當初設定的執行次數，舉例來說，要在畫面上輸出 1 到 100 的數字時，這個時候，我們就可以使用撰寫迴圈的方式來依序印出數字，相較於寫 100 次 print 函式來說，使用迴圈控制的方式可以讓我們更有效率的撰寫程式。

4-2-1 for…in…

在 Python 當中，迴圈的撰寫方式是將可迭代的物件放置於關鍵字「in」後方，並且宣告一個變數放置於關鍵字「in」前方，如此一來就能夠「依序」取得後方可迭代物件中的資料，其中在這邊所指的可迭代物件是指能夠儲存多筆資料的「容器」資料型態。範例的語法如下：

```
for [單數變數] in [可迭代物件] :
    迴圈內容
```

以上述的語法來說，當迴圈在執行的時候，會先判斷是否有下一個元素需要取得，如果有則會執行迴圈內部的程式碼，反之，則會跳出迴圈控制。

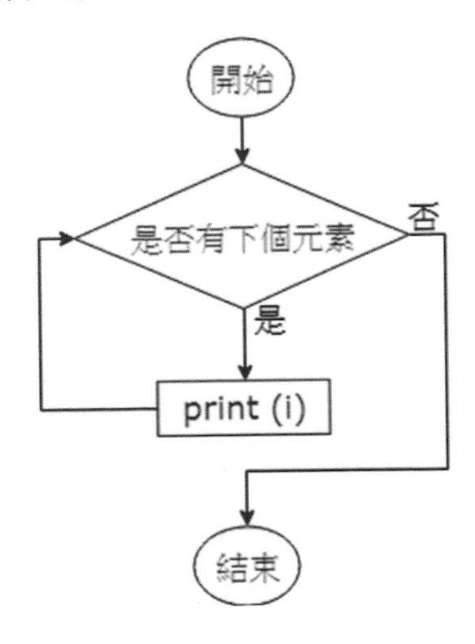

在 Python 當中，字串的資料型態也能當作可迭代的物件來放入迴圈控制裡，以下面的範例來看，我們宣告了一個字串型態的變數 a，並且使用迴圈控制的語法來依序印出這個字串的資料。範例的程式碼如下：

程式碼教學範例：

```
1  a = "abcdef"
2  for i in a:
3      print(i)          #迴圈每次要執行內容
```

#執行結果

```
a
b
c
d
e
f
```

在 Python 當中，除了事先宣告可迭代物件來控制迴圈的執行次數之外，還可以使用 range 函式來設定迴圈的執行次數。在下面的範例當中，我們使用了 range 函式來設定迴圈的執行次數為 5 次，並且在每次執行的時候印出目前執行到的數字，從執行結果可以看到，迴圈在執行的順序上是從 0 開始執行，並且在執行完 5 次之後跳出迴圈。

程式碼教學範例：

```
1  for i in range(5):
2      print(i)
```

#執行結果

```
0
1
2
3
4
```

當迴圈的可迭代物件為串列時，迴圈的控制方式會以串列索引值的方式來針對每個元素來執行，以下面的範例來看，我們宣告了一個長度為「3」的串列，並且使用迴圈控制來依序輸出串列當中的元素至畫面中。範例的程式碼如下：

程式碼教學範例：

```
1  My_list = ["python","js","SQL"]
2  for i in My_list:
3      print(i)
```

```
#執行結果
python
js
SQL
```

4-2-2 for…in…else…

Python 對於迴圈的控制語法上，還有一個特殊的寫法，那就是在迴圈語法之後，加上 else 來執行迴圈結束後的程式區塊，使用這個語法可以讓讀者在撰寫程式碼的時候，了解迴圈控制的執行狀況。範例的語法和程式碼如下：

```
for 迴圈變數 in 某個集合：
    迴圈內容
else：
    執行完迴圈後要執行的程式
```

程式碼教學範例：

```
1  for i in range(5):
2        print(i)
3  else:
4      print("結束")
```

```
#執行結果
0
1
2
3
4
結束
```

如果在迴圈當中傳入的可迭代物件長度為 0，則迴圈要執行的次數就會是 0，以下面的範例來看，由於串列的長度是 0，因此程式在執行的時候會認為該迴圈不需要執行，因此直接跳出該迴圈控制，並且執行後面的程式。範例的程式碼如下：

程式碼教學範例：

```
for i in []:          # 串列長度為0，所以不會執行迴圈
    print(i)
else:                 # 跳出迴圈控制，執行else程式
    print("結束")
```

#執行結果

```
結束
```

4-2-3 break

當迴圈在執行的時候，有時候會遇到需要判斷當找到特定元素時，就要將整個迴圈控制流程結束執行的情況，而這個時候就需要使用到 break 關鍵字，來讓迴圈知道需要停止執行迴圈控制。在迴圈當中使用 break 會使程式在執行的時候跳出迴圈，並且執行後續的程式碼，這邊要注意的地方在於，當程式跳出迴圈控制後，並不會接著迴圈控制內的 else 內容，這是因為在 Python 當中，else 也是屬於迴圈語法中的一種，因此當程式跳出迴圈控制的時候，也會一併將 else 的內容跳出。範例的程式碼如下：

註：有關 break 的說明，本書將會在後面的章節進行詳細的介紹。

程式碼教學範例：

```
1  score_list = [60,99,15,77,55,13,59,78]
2  a = int(input("請輸入要找的分數(0到100間)："))
3  
4  for i in score_list :
5      if i == a :
6          print("有%d分" % a)
7          break
8  else :
9      print("沒有%d分" % a)
```

#執行結果

```
請輸入要找的分數(0到100間)：60
有60分
```

4-2-4 巢狀迴圈

顧名思義，巢狀迴圈在程式當中就是指多層迴圈的意思，並且迴圈設計之間有階層的關係，巢狀迴圈執行流程會先將最內層的迴圈全部執行完畢後，然後在回到外層的迴圈執行一次，直到所有外層的迴圈都執行完畢之後，程式才會繼續往下執行。範例的流程與程式碼如下：

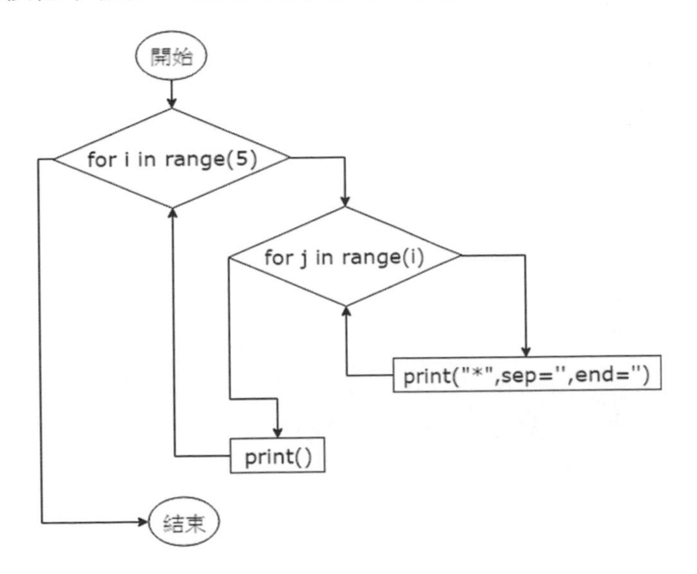

程式碼教學範例：

```
1  for i in range(5):
2      for j in range(i):
3          print("*",sep="",end="")
4      print()
```

輸出結果：

```
*
**
***
****
```

★ 4-4 驗收成果 1- 九九乘法表

請使用巢狀迴圈的方式撰寫一程式，並且在畫面上顯示九九乘法表。

輸入輸出範例

```
1x1=1 1x2=2  1x3=3  1x4=4  1x5=5  1x6=6  1x7=7  1x8=8  1x9=9
2x1=2 2x2=4  2x3=6  2x4=8  2x5=10 2x6=12 2x7=14 2x8=16 2x9=18
3x1=3 3x2=6  3x3=9  3x4=12 3x5=15 3x6=18 3x7=21 3x8=24 3x9=27
4x1=4 4x2=8  4x3=12 4x4=16 4x5=20 4x6=24 4x7=28 4x8=32 4x9=36
5x1=5 5x2=10 5x3=15 5x4=20 5x5=25 5x6=30 5x7=35 5x8=40 5x9=45
6x1=6 6x2=12 6x3=18 6x4=24 6x5=30 6x6=36 6x7=42 6x8=48 6x9=54
7x1=7 7x2=14 7x3=21 7x4=28 7x5=35 7x6=42 7x7=49 7x8=56 7x9=63
8x1=8 8x2=16 8x3=24 8x4=32 8x5=40 8x6=48 8x7=56 8x8=64 8x9=72
9x1=9 9x2=18 9x3=27 9x4=36 9x5=45 9x6=54 9x7=63 9x8=72 9x9=81
```

程式碼：test4-4-1.py

```
1  for i in range(1,10):
2    for j in range(1,10):
3      print("%dx%d=%d" % (i,j,i*j), end="\t")
4    print()
```

程式碼 test4-4-1.py 說明

- 第 1 列 設計外層迴圈，並且從 1 開始執行 9 次
- 第 2 列 設計內層迴圈，並且從 1 開始執行 9 次
- 第 3 列 輸出變數 I,j 和 i*j 的內容，並以一個 tab（跳脫字元為 \t）作為結尾換行。
- 第 4 列 在畫面上輸出空白字元控制畫面的排版方式。

★ 4-4 驗收成果 2- BMI 表

請使用巢狀迴圈的方式來撰寫程式，並且在畫面上顯示體重 40-90 公斤，且身高 150-190 公分的 BMI 表，而身高和體重的顯示以每 5 公斤或公分為間隔。

輸入輸出範例

```
kg\cm| 150  155  160  165  170  175  180  185  190
-----+---------------------------------------------
   40|17.8 16.6 15.6 14.7 13.8 13.1 12.3 11.7 11.1
   45|20.0 18.7 17.6 16.5 15.6 14.7 13.9 13.1 12.5
   50|22.2 20.8 19.5 18.4 17.3 16.3 15.4 14.6 13.9
   55|24.4 22.9 21.5 20.2 19.0 18.0 17.0 16.1 15.2
   60|26.7 25.0 23.4 22.0 20.8 19.6 18.5 17.5 16.6
   65|28.9 27.1 25.4 23.9 22.5 21.2 20.1 19.0 18.0
   70|31.1 29.1 27.3 25.7 24.2 22.9 21.6 20.5 19.4
   75|33.3 31.2 29.3 27.5 26.0 24.5 23.1 21.9 20.8
   80|35.6 33.3 31.2 29.4 27.7 26.1 24.7 23.4 22.2
   85|37.8 35.4 33.2 31.2 29.4 27.8 26.2 24.8 23.5
   90|40.0 37.5 35.2 33.1 31.1 29.4 27.8 26.3 24.9
```

程式碼：test4-4-2.py

```
1   print("kg\cm|" ,end="")
2   
3   for i in range(150,191,5):
4       print("%4d " % i ,end="")
5   print("\n-----+---------------------------------------------")
6   
7   for i in range(40,91,5):
8       print("%5d|" %i ,end="")
9       for j in range(150,191,5):
10          bmi=i/(j/100)**2
11          print("%2.1f " % bmi ,end="")
12      print()
```

程式碼 test4-4-2.py 說明

- 第 1 列 輸出 kg\cm 排版文字
- 第 2 列 設計外層迴圈，並且從 150 開始間隔為 5，執行 8 次
- 第 3 列 輸出身高的數值
- 第 4 列 輸出排版的分隔線
- 第 5 列 設計外層迴圈，並且從 40 開始間隔為 5，執行 8 次
- 第 6 列 輸出體重的數值
- 第 7 列 設計內層迴圈，並且從 150 開始間隔為 5，執行 8 次，作為身高
- 第 8 列 計算 BMI 的數值 體重 / 身高 (公尺)^2
- 第 9 列 在畫面上輸出 BMI 數值
- 第 10 列 在畫面上輸出空白字元控制畫面的排版方式

★ 4-4 驗收成果 3- 數值排序

請使用迴圈的方式來撰寫程式，要求使用者輸入五個數字，並且在畫面顯示由大到小的輸入內容。

輸入輸出範例

```
num 1：23
num 2：45
num 3：67
num 4：52
num 5：11
交換後：
67
52
45
23
11
```

程式碼：test4-4-3.py

```
1   nums=[]
2
3   for i in range(5):
4     num=eval(input("num %d：" % (i+1)))
5     nums.append(num)
6   for i in range(5):
7     for j in range(5):
8       if nums[i]>nums[j]:
9         temp=nums[i]
10        nums[i]=nums[j]
11        nums[j]=temp
12  print("交換後:")
13  for i in range(5):
14    print(nums[i])
```

程式碼 test4-4-3.py 說明

- 第 1 列 宣告儲存數字的串列變數 nums
- 第 3 列 設計迴圈執行 5 次
- 第 4-5 列 取得使用者輸入的內容，並且儲存至串列 num 中
- 第 6 列 設計外層迴圈執行 5 次
- 第 7 列 設計內層迴圈執行 5 次
- 第 8 列 設定當串列中出現較大數字的條件式
- 第 9-11 列 將較大與較小的數交換位置
- 第 13-14 列 設計迴圈來依序輸出串列中的內容至畫面

★ 4-2 驗收成果 1- 印出 1-n 中的完全平方數

請撰寫一程式，要求使用者輸入一個數字，並且根據使用者輸入的數字，輸出所有小於該數字的完全平方數，例如輸入的數字為 20，則需要在畫面上輸出所有小於 20 的完全平方數（例如：1,4,9,16）。

輸入輸出範例

```
請輸入n：20
1
4
9
16
```

程式碼：test4-2-1.py

```
1  n=eval(input("請輸入n："))
2
3  for i in range(1,n+1):
4      if i**2 <= n:
5          print(i**2))
6      print("輸入的三個數字無法組成三角形")
```

程式碼 test4-2-1.py 說明

- 第 1 列 取得輸入的數字，並指派給變數 n
- 第 3 列 設定迴圈的執行次數為輸入數字的次數
- 第 4 列 將每個數字平方比較比較是否大於輸入的數字
- 第 5 列 輸出符合條件的完全平方數

小提醒：由於例題中的條件需要從 1 開始找尋平方的完全數，因此在使用 range 函式時，需要設定「1」來當作迴圈開始的起點，而使用 range 函式來指定區間的時候，迴圈的執行次數會是「n-1」次，也就是說當輸入的區間為 1-20 時，迴圈的執行會變成「20-1」次，為了補足缺少的這一次，所以我們在終點的地方加一來補足。

★ 4-2 驗收成果 2- 階乘迴圈

請撰寫一程式，要求使用者輸入一個數字，並且使用迴圈的方式，在畫面上輸出 1 到輸入數字的階乘計算結果。

輸入輸出範例

```
請輸入n：5
1!=1
2!=2
3!=6
4!=24
5!=120
```

程式碼：test4-2-2.py

```
1  n=eval(input("請輸入n："))
2
3  for i in range(1,n+1):
4    factorial=1
5    for j in range(1,i+1):
6      factorial*=j
7    print("%d!=%d" % (i,factorial))
```

程式碼 test4-2-2.py 說明

- 第 1 列 取得輸入的內容，並指派給變數 n
- 第 3 列 設定迴圈的執行次數為變數 n 次
- 第 4 列 設定預設的階乘基數為 1
- 第 5 列 設定第二層迴圈的執行次數，作為各階層需要計算的次數
- 第 6 列 將階層基數乘上目前迴圈的執行次數
- 第 7 列 輸出結果至畫面

★ 4-2 驗收成果 3- 偶數總和

請撰寫一程式，要求使用者輸入一個數字 n，並且將 1 - n 之間的偶數相加之後輸出至畫面。

輸入輸出範例

```
請輸入n：10
1-10間，偶數總和為 30
```

程式碼：test4-2-3.py

```
1  n=eval(input("請輸入n："))
2  sum=0
3  
4  for i in range(1,n+1):
5    if i%2==0:
6      sum+=i
7  print("1-{}間，偶數總和為".format(n),(sum))
```

程式碼 test4-2-3.py 說明

- 第 1 列 取得輸入的內容，並指派給變數 n
- 第 2 列 設定加總的變數初始值為 0
- 第 4 列 設定迴圈的執行次數為變數 n 次
- 第 5 列 設定條件式，當該數字可以能夠 2 整除，該數字即為偶數
- 第 6 列 將符合條件的偶數與負責加總的變數 sum 相加
- 第 7 列 輸出 sum 的內容至畫面

★ 4-2 驗收成果 4- 找出最大值

請撰寫一程式，讓使用者輸入 5 個數，並印出其中的最大值。

輸入輸出範例

```
num 1：94
num 2：23
num 3：7
num 4：6
num 5：19
最大值=94
```

程式碼：test4-2-4.py

```
1  maxNum=0
2
3  for i in range(5):
4    n=eval(input("num %d：" % (i+1)))
5    if n>maxNum:
6      maxNum=n
7  print("最大值=%d" % maxNum)
```

程式碼 test4-2-4.py 說明

- 第 1 列 宣告一個變數，用來儲存最大值
- 第 3 列 設定迴圈的執行次數為 5 次
- 第 4 列 取得使用者輸入的內容，並指派給變數 n
- 第 5 列 設定當輸入的數值大於最大值時執行條件式
- 第 6 列 將目前最大值的變數指派給使用者輸入的數值
- 第 7 列 輸出最大值的數字

4-3 while 迴圈

4-3-1 while 條件式迴圈

while 是屬於具有條件式判斷的迴圈，在執行特定區塊內的程式碼之前，會先判斷條件是否符合，當條件符合的時候，就會執行特定條件內的程式碼，直到不符合條件時，程式才會跳出此迴圈。範例的語法和程式碼如下：

```
while條件式:
    迴圈內容
```

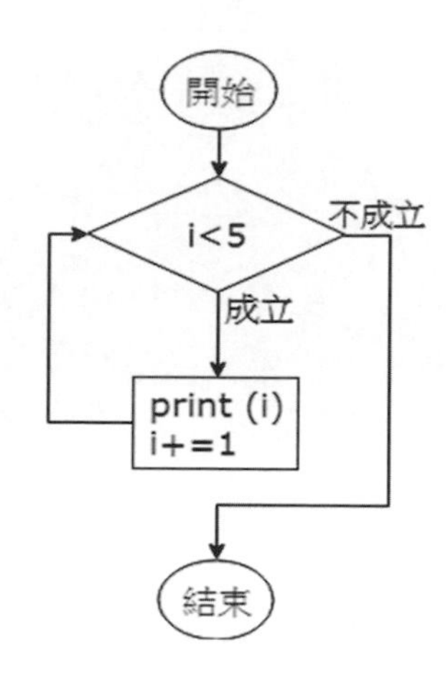

在下面的範例中可以看到，我們設計了一個迴圈，並且設定條件為，當數值小於 5 的時候，則會執行條件內的程式碼，直到該數值大於 5 的時候才會跳出此迴圈。

程式碼教學範例：

```
1  i = 0
2  while i < 5 :   #從0跑到4，因為5沒有小於5，所以跳出
3      print (i)   #印出迴圈內容
4      i+=1        #將i加1,
```

```
#執行結果
0
1
2
3
4
```

4-3-2 while…else…

while 條件式迴圈與 if 條件判斷相同，都可以搭配 else 關鍵字來使用，而對於程式在執行時的效果一樣，else 會在另一個條件不符合的時候執行。範例的語法如下。

```
while條件式：
    迴圈內容
else：
    當條件式不成立時執行的程式
```

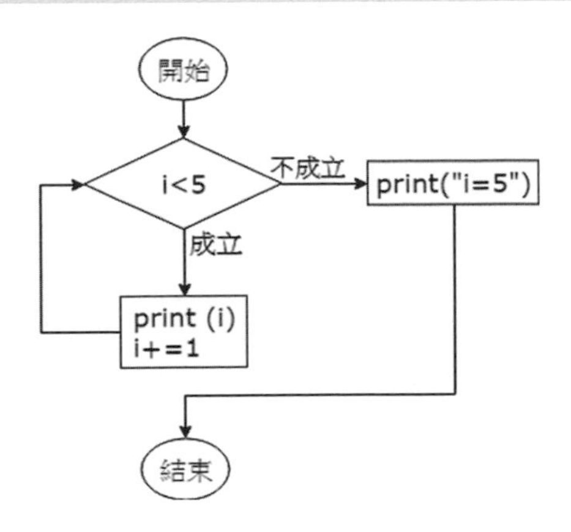

在下面的範例當中，我們為前一個範例的程式碼加上了 else 條件式，並且當程式跳出該 while 迴圈時，就會執行 else 條件式中的程式碼。

程式碼教學範例：

```
1  i=0
2  while i < 5:    #從 0 跑到 4，因為5沒有小於5，所以跳出
3      print(i)
4      i +=1
5  else:           #跳出迴圈執行else
6    print("結束")
```

#執行結果

```
0
1
2
3
4
結束
```

while…else 同樣可以搭配 break 關鍵字作使用，但是當程式在進入迴圈的時候有執行到 break 的情況，這個時候就會跳出整個迴圈，而不會再繼續執行 else 條件式當中的程式碼。

程式碼教學範例：

```
1  i = 0
2  while i < 5:
3      print (i)
4      break              #執行到break會直接跳出
5  else:
6      print("結束")      #跳出後不會執行
7
```

#執行結果

```
0
```

4-3-3 無窮迴圈（infinite loop）

在使用 while 迴圈的時候要特別注意的地方在於，如果設定的條件永遠都是成立的情況，這個時候就會發生無窮迴圈的情況，造成執行的程式碼永遠不會停止，直到電腦因為記憶體不足時，才會結束該程式碼的執行，而如果程式不小心執行到無窮迴圈時，這時候可以按下「ctrl+c」來強制中斷程式碼的執行。範例的程式碼如下：

程式碼教學範例：

```
1  a,b = 3,3
2  while a == b: # a永遠等於 b ，並且沒有a不等於b的程式執行
3      print("a等於b")
```

#執行結果

```
a等於b
a等於b
```

```
a等於b
a等於b
a等於b
a等於b
a等於b
a等於b   # 造成無窮迴圈時可以按下ctrl+c 來強制中斷程式執行
Traceback (most recent call last):
  File "", line 3, in

KeyboardInterrupt
```

而為了避免程式出現無窮迴圈的狀況時，可以搭配 if 條件式和 break 關鍵字來使用，讓程式在執行到特定條件的時候能夠跳出迴圈。範例的程式碼如下：

程式碼教學範例：

```
1  while True:
2      a = input("輸入4結束迴圈：")
3      if a=="4":
4          break
5      print("輸入的是",a)
```

#執行結果

```
輸入4結束迴圈：a
輸入的是 a
輸入4結束迴圈：5
輸入的是 5
輸入4結束迴圈：4      #輸入4直接結束迴圈
```

★ 4-3 驗收成果 1- 印出 1-n 中的完全平方數 (改良版)

請使用 while 迴圈撰寫一程式，要求使用者輸入一個整數，並且在畫面顯示所有小於該數字的完全平方數（例如：1、4、9、16）。

輸入輸出範例

```
請輸入n：20
1
4
9
16
```

程式碼：test4-3-1.py

```
1  n=eval(input("請輸入n："))
2  
3  i=1
4  while i**2<=n:
5    print(i**2)
6    i+=1
```

程式碼 test4-3-1.py 說明

- 第 1 列 取得使用者輸入的內容，並指派給變數 n
- 第 3 列 設定平方數的計算基數為 1
- 第 4 列 設定迴圈條件為 i 的平方小於輸入的內容時結束
- 第 5 列 輸出完全平方數 i
- 第 6 列 在每次輸出數字時將平方數的計算基數加 1

★ 4-3 驗收成果 2- 位數總和

請使用 while 迴圈撰寫一程式，要求使用者輸入一個整數，並且在畫面中顯示所有數字加總結果。

輸入輸出範例

```
請輸入n：123456789
45
```

程式碼：test4-3-2.py

```
1  n=eval(input("請輸入n："))
2  sum=0
```

```
3
4  while n>0:
5    sum+=n%10
6    n=int(n/10)
7
8  print(sum)
```

程式碼 test4-3-2.py 說明

- 第 1 列 取得使用者輸入的內容，並指派給變數 n
- 第 2 列 設定加總的預設值為 0
- 第 4 列 設定迴圈的條件為，當變數 n 小於 0 時結束
- 第 5 列 將變數 sum 加上變數 n 除以 10 的餘數
- 第 6 列 將變數 n 重新指派給 除以 10 後的整數
- 第 8 列 輸出加總的數字

★ 4-3 驗收成果 3- 整數反轉

請使用 while 迴圈撰寫一程式，要求使用者輸入一個整數，並且在畫面中顯示反向的輸入內容。

輸入輸出範例

```
n：1234567890
0987654321
```

程式碼：test4-3-3.py

```
1  n=int(input("n："))
2  ans=""
3
4  while n>0:
5    ans+=str(n%10)
6    n=int(n/10)
7
8  print(ans)
```

程式碼 test4-3-3.py 說明

- 第 1 列 取得使用者輸入的內容，並指派給變數 n
- 第 2 列 設定空字串來儲存文字
- 第 4 列 設定迴圈的條件為，當變數 n 小於 0 時結束
- 第 5 列 將變數 ans 加上變數 n 除以 10 的餘數（字串型態）
- 第 6 列 將變數 n 重新指派給 除以 10 後的整數
- 第 8 列 輸出加總的文字

4-4 生成式 Comprehensions

4-4-1 串列生成式 List Comprehensions

在 Python 當中，可以使用串列生成式，來讓串列的建立方式變得更為簡便，並且能夠在不降低程式碼可讀性的方式來進行。範例的語法如下：

```
[運算式 for 項目 in 可迭代項目]
```

以下面的範例來看，我們將舊的分數串列使用迴圈控制，將原始成績以開根號乘以 10 的計算方式加入另一個串列。

程式碼教學範例：

```
1  score=[10,20,30,40,50]
2  new_score=[]
3  for i in score:
4      new_score.append(int(i**0.5*10))
5  print(new_score)
```

#執行結果

```
[31, 44, 54, 63, 70]
```

而在上面的範例中，我們使用 for 迴圈的撰寫方式，明顯需要較長的程式碼

結構來撰寫，在這個時候，我們可以透過串列生成式來進行程式碼的改寫，並且在不失去可讀性的情況下讓程式碼變得更為精簡。從下方的範例和執行結果可以看到，使用串列生成式來進行改寫時，程式在執行上依然與上面的範例相同，並沒有出現錯誤訊息。

程式碼教學範例：

```
1  score=[10,20,30,40,50]
2  new_score=[i*0.6+30 for i in score]
```

#執行結果

```
[31, 44, 54, 63, 70]
```

在使用串列生成式時，還可以在可迭代項目的後方加入條件式的判斷，並且可以加入一個以上的迴圈控制語法。範例的語法如下：

```
[要放入迭代項目中的參數 for 變數名稱 in 可迭代項目 if 條件]
```

程式碼教學範例：

```
1  print([i for i in range(1,10) if i%2==0])
2  #使用巢狀，可以建立出全部的排列組合
3  print([a+b for a in "abc" for b in "123"])
```

#執行結果

```
[2, 4, 6, 8]
['a1', 'a2', 'a3', 'b1', 'b2', 'b3', 'c1', 'c2', 'c3']
```

4-4-2 集合生成式 set comprehensions

集合生成式與串列生成式的定義方式大致相同，兩者之間的差別只在於，集合生成式需要使用大括號的方式來建立。範例的語法和程式碼如下：

```
{要生成的元素 for 變數名稱 in 可迭代項目 }
{要生成的元素 for 變數名稱 in 可迭代項目 if 條件}
```

程式碼教學範例：

```
1  print({i for i in range(1,10) if i%2==0})
2  print({a+b for a in "abc" for b in "123"})
```

#執行結果

```
{8, 2, 4, 6}
{'c3', 'b3', 'c1', 'c2', 'a2', 'a3', 'a1', 'b2', 'b1'}
```

4-4-3 字典生成式 dict comprehensions

字典生成式與上面介紹的生成式相同，主要的目的都是為了能夠在不影響程式碼可讀性的情況下，精簡程式碼的撰寫，與集合生成式相同，都是用大括號的方式來建立，而字典與集合生成式不同的地方在於，字典是以鍵（Key）值（Value）為一對的方式存在，因此在字典的建立上，每個鍵都需要搭配一個值才能完成建立。範例的語法如下：

```
{鍵運算式：值運算式 for 變數名稱 in 可迭代項目}
{鍵運算式：值運算式 for 變數名稱 in 可迭代項目 if 條件}
```

以下列的範例來說，我們使用字典生成式搭配條件式來篩選字典內的元素值，並且設定只回傳數字大於 59 的鍵值。範例的程式碼如下：

程式碼教學範例：

```
1  dt={1:24, 2:86, 3:44, 4:79, 5:100, 6:56, 7:97, 8:59, 9:88, 10:10}
2  print({k:v for k,v in dt.items() if v>59})  # 回傳大於59的鍵值
```

#執行結果

```
{2: 86, 4: 79, 5: 100, 7: 97, 9: 88}
```

我們也可以使用字典生成式，來將字典當中的鍵值進行調換。範例的程式碼如下：

程式碼教學範例：

```
1  My_dict = {1:"Mary",2:"Tom",3:"Jenny"}
2  print({v:k for k,v in My_dict.items()})
```

#執行結果

```
{'Mary': 1, 'Tom': 2, 'Jenny': 3}
```

★ 4-6 驗收成果 1- 成績統計

請撰寫一程式，輸入成績直到 -1，顯示成績平均，並由大到小排序印出。

輸入輸出範例

```
成績：98
成績：80
成績：88
成績：66
成績：58
成績：-1
平均=78.0
由大到小排列：
98
88
80
66
58
```

程式碼：test4-6-1.py

```
1  scoreList=[]
2  score=0
3  
4  while True:
5    score=eval(input("成績："))
6    if score==-1:
7      break
8    scoreList.append(score)
```

```
9
10  average=sum(scoreList)/len(scoreList)
11  print(“平均=%s” % average)
12
13  scoreList=sorted(scoreList)[::-1]
14  print(“由大到小排列：”)
15  for i in range(len(scoreList)):
16    print(scoreList[i])
```

程式碼 test4-6-1.py 說明

- 第 1 列用來儲存全部成績
- 第 2 列儲存成績
- 第 4 列迴圈直到 break
- 第 5 列讓使用者輸入成績
- 第 6 列如果成績等於 -1 則結束回圈
- 第 7 列結束迴圈
- 第 8 列將成績加入 scoreList 中
- 第 10 列計算平均
- 第 11 列印出平均
- 第 13 列將 scoreList 由小到大排序並反轉
- 第 15 列遍歷 scoreList
- 第 16 列將所有值一一印出

★ 4-6　驗收成果 2- 尋找眾數

請撰寫一程式，輸入十個整數，然後顯示眾數（整數中出現最多次數的數字），假設眾數只有一個。

輸入輸出範例

```
number 1:1
number 2:2
number 3:2
number 4:3
number 5:3
number 6:3
number 7:4
number 8:4
number 9:5
number10:5
{1: 1, 2: 2, 3: 3, 4: 2, 5: 2}
眾數為3，出現3次
```

程式碼：test4-6-1.py

```
1   nums={}
2
3   for i in range(10):
4     n=eval(input("number%2d:" % (i+1)))
5     if n in nums:
6       nums[n]+=1
7     else:
8       nums[n]=1
9
10  print(nums)
11
12  maxKey=0
13  maxVal=0
14  for i in nums:
15    if nums[i]>maxVal:
16      maxVal=nums[i]
17      maxKey=i
18
19  print("眾數為%d，出現%d次" % (maxKey,maxVal))
```

程式碼 test5-2.py 說明

- 第 1 列 nums={} 使用字典來存放數字
- 第 3 列迴圈 i 跑 10 次
- 第 4 列輸入 n
- 第 5 列若 n 有在 nums 裡面
- 第 6 列 nums 中 key 為 n 的值加一
- 第 7 列若 n 不在字典 nums 中
- 第 8 列則將 key 為 n 的值設為 1
- 第 10 列印出字典
- 第 12 列最大值的 key
- 第 13 列最大值的 value
- 第 14 列 i 迴圈依序造訪 nums 中的值
- 第 15 列若 nums[i] 的值大於目前最大值的 value
- 第 16 列將最大值的 value 設為 nums[i]
- 第 17 列將最大值的 key 設為 i
- 第 19 列印出結果

5

函數

5-1 def 定義函式

在撰寫程式的時候，時常會發現某段功能相同的程式碼，散落在各個區塊的情況，這樣的情況被稱為程式碼重複（duplicate code），而這樣的情況就可以透過定義函式來解決。透過使用函式的方式來將功能相同的程式碼封裝起來，以實現不撰寫重複程式碼的情形，而將程式碼封裝起來的好處在於，能夠只在需要使用到該部分的功能時透過呼叫函式來完成。這樣一來不但能夠減少撰寫重複程式碼的狀況，二來是當該功能出現需要進行改動的時候，也只要修改一個地方即可，以此達到對程式碼改動的最小幅度。

一、函式定義方式

在 Python 當中，對於函式的定義為使用「def」關鍵字來進行，這邊要特別注意的地方在於，對於函式的定義來說，需要在函式名稱後方加入一對小括號。範例的語法如下：

```
def 函式名稱():
    程式碼區域
```

首先，我們使用 def 來進行函式的宣告，並且以一個空白間隔來為該函式命名，這邊我們將函式的名稱定義為「hello」，接著，開始撰寫該函式所提供的功能，使用上需要特別注意的地方在於，必須將要在該函式執行的程式碼，向內縮排至我們宣告的函式當中，並且透過輸入該函式的名稱並加上一對小括號來完成呼叫。範例的程式碼如下：

程式碼教學範例：

```
1  def hello():                  # 宣告函式
2      print("easy coding")      # 函式提供的功能，需縮排至定義的區塊內
3  hello()                       # 呼叫以執行定義的函式
```

#執行結果

```
easy coding
```

從上述執行結果可以看到，我們所宣告的函式是執行在螢幕印出「easy coding」的功能，一般來說，我們會在小括號當中放入參數，來讓函式的執行變得更具有彈性，例如：在實作兩數相加的功能時，我們會在函式中放入兩個參數，並且在功能的實作上回傳這兩個參數的相加結果。以下我們將介紹有參數注入的函式是如何撰寫與設計的。

二、參數注入

對於有參數注入的函式來說，需要在定義函式時，在後方的括號中放入參數，並且以逗號隔開，如果該函式只允許傳入一個參數時，則不需要使用逗號。範例的語法和程式碼如下：

```
def 函式名稱(參數1,參數2,...):
    程式碼區域
```

程式碼教學範例：

```
1  def hello(a):
2      print(a)
3  hello(3)
```

#執行結果

```
3
```

在使用參數注入的函式時，要注意呼叫該函式的時候，放入與定義函式時相同數量的參數，否則程式在執行的時候就會出現錯誤。範例的程式碼如下：

程式碼教學範例：

```
1  def hello(a):
2      print(a)
3  hello(3)
4  hello()
```

#執行結果

```
Traceback (most recent call last):
  File "", line 11, in
TypeError: hello() missing 1 required positional argument: 'a'
#錯誤:hello()函式少了1個參數
```

當有多個參數需要傳入時，需要透過逗號來進行分隔，這邊要特別注意的地方在於，函式中的參數是有順序性的，因此在呼叫相同的函式時，執行結果會根據放入的參數順序不同，而在執行上呈現不同的結果。範例的程式碼如下：

程式碼教學範例：

```
1  def hello(a,b):
2  print(a)
3  print(b)
4  hello(2,3) #這個時候a=2 , b=3
5  hello(3,2) #這個時候a=3 , b=2
```

#執行結果

```
2
3
3
2
```

從上述範例的執行結果，我們可以觀察到，參數在注入時的位置會直接影響程式的執行，如果不想受到函式在參數位置上的排列順序時，這個時候我們可以使用關鍵字（Keyword）的方式來指定特定變數給函式當中的特定參數，這樣的方式我們稱之為位置參數（positional argument)。範例的程式碼如下：

程式碼教學範例：

```
1  def hello(a,b):
2      print(a)
3      print(b)
4  hello(b=3, a=2) # 直接指定特定變數給特定參數
```

#執行結果

```
2
3
```

三、回傳值

上述在定義函式功能都是以實作「輸出字串至畫面」的方式進行，這樣不回傳值的函式我們稱之為 void（不回傳值），而如果要讓函式在執行完結果的時後回傳，這個時候就需要用到 return 關鍵字，return 關鍵字可以出現函式裡面的任何地方，來讓該函式知道執行結束的地方，並且不會再執行 return 以後的所有事情。在下列範例當中，我們實作了一個比大小的函式，在邏輯判斷的地方，我們設計該函式會回傳輸入參數中比較大的部分，並且在函式內部的 return 後方加上「輸出字串至畫面」的功能。範例的程式碼如下：

程式碼教學範例：

```
1  def max(a, b):
2      if(a>b):
3          return a   # 傳入的第一個參數比較大時回傳
4      else:
5          return b   # 傳入的第二個參數比較大時回傳
6          print(222)# 由於程式碼已經回傳結果（return），因此不會被執行
7  a = max(3,58) # 宣告一個參數來取得函式回傳結果
9  print(a)
```

#執行結果

```
58
```

當函式當中 有使用 return 關鍵字來回傳值的時候，函式會回傳一個空值（None）來表示。範例的程式碼如下：

程式碼教學範例：

```
1  def hello():
2      print("easy coding")
3  a = hello()
4  print(a)
```

#執行結果

```
easy coding
None
```

5-2 參數

根據前面所提到的位置參數，本章節將會針對函數定義所注入的參數進行更進一步的說明與範例演示，包括預設參數（Default Argument）、可變長度參數（Arbitrary Argument）兩種。

一、預設參數（Default Argument）

在函式設計上，有時候我們會需要特定幾個參數來實現程式執行的功能，但是又不一定會在每次呼叫時注入，這個時候我們就可以在函式設計時，給予參數預設值，如此一來當函式被呼叫時，也不會因為沒有傳入該參數而造成程式執行上的錯誤。範例的語法和程式碼如下：

```
def 函式名稱(位置參數, 預設參數1=預設值, 預設參數2=預設值,...):
    程式碼區塊
```

以下方的範例來說，我們實作了一個用來計算 x 的 n 次方函式，這個時候我們將函式中的第二個參數，設定預設值「2」，用來表示當程式在呼叫該函式時，如果沒有傳入第二個參數時，這時候就會以預設值「2」來進行計算。範例的程式碼如下：

程式碼教學範例：

```
1  def power(x, n=2):
2      return x ** n #次方的計算可以使用 Python提供的 ** 來方法來進行
7  print(power(2))
8  print(power(2, 3))
9  print(power(2, 4))
```

#執行結果

```
4
8
16
```

二、可變長度參數（Arbitrary Argument）

在 Python 當中，對於函式注入的參數設計上，能夠使用星號「*」來增加設計上的彈性，有時候我們會傳入不同數量的參數到函式當中，這個時候就可以使用可變長度參數來表示。範例的語法如下：

```
def 函式名稱( *可變長度參數) :
程式碼區塊
```

在下面的範例當中，我們實作了一個能夠根據輸入的參數長度，並且會依照參數的類型與數值顯示於輸出畫面。範例的程式碼如下：

程式碼教學範例：

```
1  def show_type(*args):
2      for i in args:
3  # 使用 __name__ 來輸出資料型態
4          print(i, "：", type(i).__name__)
5  show_type(200, 3.5, "sss")
```

#執行結果

```
200 : int
3.5 : float
sss : str
```

在下面的範例當中，我們分別宣告了函式與串列，並且在呼叫函式的時候，傳入帶有星號「*」的串列，如此一來我們就可以將宣告的變數，以「可變長度參數」的型式注入函式當中，作為該函式所需要的參數內容，這邊要注意的地方在於，範例中的函式需要注入的參數數量為「2」，因此如果要以串列的資料型態注入這個函式時，串列的長度必須為「2」，程式在執行上才不會出現錯誤。範例的程式碼如下：

程式碼教學範例：

```
1  def show(a, b):
2      print(a)
3      print(b)
4  a = [2, 3]
5  show(*a) # 加上星號時，會以 a[0] a[1] 的方式傳入函式
```

#執行結果

```
2
3
```

在 Python 當中，以一個星號為首的參數所表示的涵義為「可變長度參數」，可以傳入任意長度的變數到函式當中，來使得函式在設計上保有彈性；而以兩個星號為首的參數所表示的涵義為「可變長度關鍵字參數」，其中「關鍵字」的概念與前面所提到的位置參數有關，可以在傳入參數的時候以指定「參數名稱」的方式來傳入函式當中。範例的語法如下：

```
def 函式名稱(**可變長度關鍵字參數):
```

在下面的範例中，我們實作了一個以「可變長度關鍵字參數」作為參數注入的函式，這個函式將會提供學生計算平均成績的功能，而我們將會使用前面介紹過的「位置參數」來呼叫，並且將參數傳入該函式當中，在計算結束之後，輸出平均成績至畫面，其中可變長度關鍵字參數的資料型態是字典。範例的程式碼如下：

程式碼教學範例：

```
1  def avg(**kwargs):
2      result = 0
3      for i in kwargs:
4          result += kwargs[i]
5          print(i, ":", kwargs[i])
6      print("平均:", result/len(kwargs) ,"分")
7      print(type(kwargs))
8  avg(國文=90, 英文=80, 數學=70)
```

#執行結果

```
國文 : 90
英文 : 80
數學 : 70
平均: 80.0 分
<class 'dict'>
```

★ 5-1 驗收成果 - 質數表

請撰寫一程式，將小於 30 內質數相乘形成質數表。

提示：請先定義一個函式方法來回傳傳入的參數是否為質數。

解題思路：先將小於 30 的質數找出，再將其互乘的到值數表。

輸入輸出範例

```
i\j|  2   3   5   7  11  13  17  19  23  29
---+----------------------------------------
  2|  4   6  10  14  22  26  34  38  46  58
  3|  6   9  15  21  33  39  51  57  69  87
  5| 10  15  25  35  55  65  85  95 115 145
  7| 14  21  35  49  77  91 119 133 161 203
 11| 22  33  55  77 121 143 187 209 253 319
 13| 26  39  65  91 143 169 221 247 299 377
 17| 34  51  85 119 187 221 289 323 391 493
 19| 38  57  95 133 209 247 323 361 437 551
 23| 46  69 115 161 253 299 391 437 529 667
 29| 58  87 145 203 319 377 493 551 667 841
```

程式碼：test5-1.py

```
1   def isPrime(n):
2     for i in range(2,int(n**0.5)+1):
3       if n%i==0:
4         return False
5     return True
6   
7   prime=[]
8   for i in range(2,30):
9     if isPrime(i):
10      prime.append(i)
11  
12  print("i\j|" ,end="")
13  for i in prime:
14    print("%3d " % i ,end="")
15  print("\n---+----------------------------------------")
16  
17  for i in prime:
18    print("%3d|" % i ,end="")
19    for j in prime:
20      print("%3d " % (i*j) ,end="")
21    print()
```

程式碼 test5-1.py 說明

- 第 1 列 - 宣告 isPrime 函式，回傳 n 是否為質數
- 第 2 列 – 給出要篩數值的範圍 n，找出以內的質數
- 第 3 列 - n 若能被 2 到根號 n 之間任一數整除，
- 第 4 列 - 能被整除即為和數，
- 第 5 列 - 不能整除反之為質數。
- 第 7 列 - 用來儲存質數
- 第 9 列 - 判斷 i 是否為質數
- 第 10 - 列若 i 為質數，則將 i 加入 prime 中
- 第 12 列 - 用途排版
- 第 17 列 - i 依序造訪 prime 中所有值
- 第 18 列 - j 依序造訪 prime 中所有值
- 第 20 列 - 將 i 乘以 j 的值印出
- 第 21 列 - 用途換行

★ 5-2 驗收成果 - 回傳面積的函式

請設計一個函式，能夠計算並回傳相對應的面積，當輸入的參數只有一個時，則回傳圓面積的計算結果；當輸入的參數有兩個時，則回傳長方形面積的計算結果；當輸入的參數滿足三個時，則回傳三角形面積的計算結果。

輸入輸出範例

輸入：

```
x：3
y：4
z：5
```

輸出結果：

```
圓面積28.26
矩形面積12
三角形面積6.0
```

程式碼 test5-2.py

```
1  def getArea(x,y=None,z=None):
2     area=0
3     if y!=None and z!=None:
4     s=(x+y+z)/2
5        area=(s*(s-x)*(s-y)*(s-z))**0.5
6        return area
7     elif y!=None:
8        area=x*y
9        return area
10    area=x**2*3.14
11    return area
12 x=eval(input("x："))
13
14 y=eval(input("y："))
15 z=eval(input("z："))
16
17 print('圓面積'+str(getArea(x)))
18 print('矩形面積'+str(getArea(x,y)))
19 print('三角形面積'+str(getArea(x,y,z)))
```

程式碼 test5-2 說明

- 第 1 列 - 設定 getArea 函式，預設參數 y、z 為 None
- 第 2 列 - 宣告 area 變數用來存放面積
- 第 3 列 - 判斷是否有收到 y 及 z 參數
- 第 4-5 列 - 利用海龍公式得到三角形面積，並將值傳給變數 area
- 第 6 列 - 回傳面積
- 第 7 列 - 判斷是否有收到 y 參數
- 第 8 列 - 計算長方形面積
- 第 9 列 - 回傳面積
- 第 10 列 - 計算圓面積並將值傳給變數 area

- 第 11 列 - 回傳面積
- 第 13 列 - 輸入變數 x
- 第 14 列 - 輸入變數 y
- 第 15 列 - 輸入變數 z
- 第 17 列 – 傳入一個參數呼叫 getArea 函式並將其印出
- 第 18 列 - 傳入兩個數呼叫 getArea 函式並將其印出
- 第 19 列 - 傳入三個參數呼叫 getArea 函式並將其印出

5-3 高階函式

一、函式變數（function variable）

在程式的世界裡，函式也可以當作變數來注入的參數，因此我們能夠將函式以參數的方式傳入其他函式來執行，程式也不會出現錯誤的情形。在下面的範例當中，我們將 print 函式傳入我們設定的函式當中，在傳入的參數方面，我們傳入的第一個參數為串列，第二個參數為 print 函式，當函式執行的時候，將根據傳入的串列長度，逐次執行 print。範例的程式碼如下：

程式碼教學範例：

```
1  def my_map(iter,func):
2          for i in iter:
3                  func(i)
4  my_map([1,2,3],print)
```

#執行結果

```
1
2
3
```

接下來，我們將傳入用來產生亂數的函式來查看程式在執行上的結果，在下面的範例當中，我們引入了 randint 函式來為我們隨機產生 0 – 100 區間的數字，其方法與上述範例相同，我們定義了一個函式，並分別將 randinit 函式和「可變長度參數」傳入。範例的程式碼如下：

程式碼教學範例：

```
1  from random import randint
2  def pack(func, *args):
3          return func(*args)
4
5  print(pack(randint, 0, 100))
```

#執行結果

```
72        #由於是隨機亂數的關係，因此每次結果皆為不同
```

註：randint 函式的用法是透過傳入的兩個參數來當作區間範圍，並回傳一個在區間範圍內的隨機整數亂數。

二、裝飾器（decorator）

在上面的範例當中，我們將函式當作參數，傳入另一個函式後也能夠正常執行，除了將函式當作參數來傳送之外，在 Python 當中，還能夠在函式名稱前面加上 @ 符號後來放置在另一個函式上面，而這樣的使用方法稱為裝飾器，其主要是用來為其他函式進行功能上的擴充。範例的語法如下：

```
@裝飾器名稱(裝飾器的參數)
def 函式名稱(參數):
    程式碼區塊
```

在下面的範例當中，我們將實作一個用檢查輸入的參數是否為整數的函式來作為裝飾器，並且放置在另一個函式上，以擴充其函式對於輸入參數的檢查功能。範例的程式碼如下：

程式碼教學範例：

```
1  def int_required(func):
2      def result(n):
3          if isinstance(n, int):
4              return func(n)
5          return "請輸入整數"
6      return result
7  @int_required
8  def is_prime(n):
9      if n<2:
10         return False
11     for i in range(2,n):
12         if n % i == 0:
13             return False
14     return True
15 
16 print(is_prime(2))
17 print(is_prime(3))
18 print(is_prime(4))
19 print(is_prime(2.3))
20 print(is_prime("2"))
```

#執行結果

```
True
True
False
請輸入整數
請輸入整數
```

★ 5-3 驗收成果 1- 猜數字

請撰寫一個程式，並且隨機產生 1-100 之間的數字來讓使用者猜測該數字，如果輸入的數字太大需要給予「數字太大」的提示，如果輸入的數字太小則需要給予「數字太小」的提示，直到使用者猜到該數字，並且在使用者猜到數字的時候，顯示進行的次數。

輸入與輸出

```
猜數字 n=46
數字太小
猜數字 n=58
數字太小
猜數字 n=70
數字太大
猜數字 n=65
數字太小
猜數字 n=68
數字太大
猜數字 n=67
BINGO！！一共猜了6次
```

程式碼 test5-3-1.py

```
1   from random import randint
2   ans=randint(1,100)
3   cnt=0
4   n=0
5
6   while n!=ans:
7       n=eval(input("猜數字n="))
8       cnt+=1
9       if n>ans:
10          print("數字太大")
11      elif n<ans:
12          print("數字太小")
13
14  print("BINGO！！一共猜了%d次" % cnt)
```

程式碼 test5-3-1 說明

- 第 1 列 - 引入 randint 函式用來產生亂數
- 第 2 列 - 產生 1-100 的亂數
- 第 3 列 - 用來計算使用者猜了幾次

- 第 4 列 - 用來記錄使用者輸入的數字
- 第 6 列 - 如果使用者輸入的數字與答案不符就一直執行迴圈
- 第 7 列 - 輸入使用者猜的數字
- 第 8 列 - 使用者猜後 cnt 增值 1
- 第 9 列 - 如果使用者猜的數字太大
- 第 10 列 - 則提示使用者數字太大
- 第 11 列 - 如果使用者猜的數字太小
- 第 12 列 - 則提示使用者數字太小
- 第 14 列 - 提示使用者猜對了，並告訴使用者猜了幾次

★ 5-3 驗收成果 2 - 大樂透

請設計一個函式來隨機產生六個 1-49 的整數，並且將結果輸出至畫面。

輸入與輸出

輸出結果：

```
[34, 32, 31, 25, 10, 9]
```

程式碼 test5-3-2.py

```
1  import random
2  def random_create(x,y,z):
3      print(random.sample(range(x,y), z))
4  
5  random_create(1,49,6)
```

程式碼 test5-3-2 說明

- 第 1 列 – 引入 random 函式庫來產生隨機亂數
- 第 2 列 – 宣告一隨機產生數字的函式，可接收亂數範圍參數 x,y 及亂數個數 z
- 第 3 列 – 使用迴圈控制來重複執行 6 次
- 第 5 列 – 呼叫宣告的函式

5-4 匿名函式

上一個章節中，我們提到了將函式作為參數來注入到其他函式當中的使用方式，在使用上雖然方便，但是也存在了一些問題，而這些問題與程式在進行維護與修改上有著很大的關聯，當程式碼的閱讀變得困難時，對於修改程式碼的改動就會造成困難，並且會出現非預期效果的改動，這個時候，就可以使用匿名函式來解決這個問題，使用匿名函式不但能夠節省額外的函式定義之外，還能夠讓程式碼變得更加精簡，對於程式碼的閱讀也能變得更加容易。以下的範例將使用 Python 的匿名函式 sort() 來進行。在使用 sort 函式時，我們使用關鍵字 key 來帶入排序的規則，因此我們額外定義了一個函式來回傳該串列長度，並且指定該排序的規則需要依照串列中的元素數量。範例的程式碼如下：

程式碼教學範例：

```
1  a = [(2,5,9,8,7),(1,6,8),(6,3),(4,4,4,4)]
2  def sort_tuple_by_len(tup):
3     return len(tup)
4  a.sort(key=sort_tuple_by_len)
5  print(a)
```

#執行結果

```
[(6, 3), (1, 6, 8), (4, 4, 4, 4), (2, 5, 9, 8, 7)]
```

從以上的範例當中，在使用時還是需要先定義一個新的函式才能夠使用，但隨著 Python 程式語言的發展，出現了更為精簡的寫法—lambda，以下我們將為讀者介紹 lambda 函式的使用方式。範例的語法如下：

```
函式名稱 = lambda參數：函式內容
```

在下面的範例當中，我們使用 lambda 來定義一個計算兩數平均的函式，在使用 lambda 函數時，需要定義傳入的參數，以下面的範例來說我們定義傳入的參數為 2 個（a 和 b），並且在冒號隔開的後面，需要撰寫應該要實作的功能（），接著下來，就讓我們來看一下程式的執行結果。範例的程式碼如下：

程式碼教學範例：

```
1  avg = lambda a,b: (a+b)/2
2  print(avg(2,3))
```

#執行結果

```
2.5
```

從上面範例與執行結果可以看到，在使用 lambda 函式的時候，其實不需要透過 return 關鍵字來回傳內容，lambda 就能夠在程式結束時將執行完成的內容做回傳，在程式撰寫上也能夠更加精簡。

小提醒：lambda 函式在使用上是有所限制的，lambda 對於在函式內容的實作上，無法進行迴圈控制以及條件判斷等複雜的操作。

接著下來，我們試著使用 lambda 函式來改寫前面的範例。範例的程式碼如下：

程式碼教學範例：

```
1  a = [(2,5,9,8,7),(1,6,8),(6,3),(4,4,4,4)]
2  a.sort(key=lambda tup:len(tup))
3  print(a)
```

#執行結果

```
[(6, 3), (1, 6, 8), (4, 4, 4, 4), (2, 5, 9, 8, 7)]
```

從上面的範例程式碼可以看到，我們透過使用 lambda 函式來減少額外定義函式的流程，使得程式碼能夠以精簡易懂的方式呈現，如此一來，對於日後在閱讀和改動程式碼的時候，也能夠減少猜測程式碼的時間。

5-5 遞迴

我們在前面介紹了多種 Python 對於函式的用法，讓讀者能夠更理解函式在 Python 當中的使用方法。在這一個章節當中，本書將會介紹函式自己呼叫自己的使用方法，在程式的世界裡，我們把函式自己呼叫自己的行為稱之為遞迴（Recursion），遞迴的定義為「透過重複將問題分解為同類的子問題而解決問題的方法」，以下我們將透過範例程式碼，來讓讀者理解遞迴應用於費氏數列的計算方法，這邊先讓我們回顧一下費氏數列的定義。

$$
\begin{aligned}
&F_0 = 0\\
&F_1 = 1\\
&F_n = F_{n-1} + F_{n-2}
\end{aligned}
$$

$$0, 1, 1, 2, 3, 5, 8, 13, 21, 34, 55$$

費氏數列在計算上是將前兩項位置的數值加總，使其成為第三個位置的數值，接著再將第二個位置的數值與第三個位置的數值加總，使其成為第四個位置的數值，依此類推，直到完成某個特定位置的計算，以下我們將前面的數學公式轉換為程式碼來實現。範例的程式碼如下：

程式碼教學範例：

```
1  def Fib(n):
2      if n == 0:
3          return 0
4      if n == 1:
5          return 1
6      return Fib(n-1) + Fib(n-2)
7  def power(x,a):
8      if a == 0:
9          return 1
```

```
10
11  print(Fib(10))
12  ans = [str(power(2,i)) for i in range(11)]
13  print( ',' .join(ans))
```

#執行結果

```
55
1,2,4,8,16,32,64,128,256,512,1024
```

★ 5-5 驗收成果 - 階乘遞迴

請撰寫一個函式，並且使用遞迴的方式來設計程式，讓使用者輸入一個數字 n，並且在畫面上依序輸出從 1 到 n 階乘所代表的數字。

解題思路：

```
5! = 5 * 4!  => factorial(5) = 5*factorial(4)
4! = 4 * 3!  => factorial(4) = 4*factorial(3)
3! = 3 * 2!  => factorial(3) = 4*factorial(2)
2! = 2 * 1!  => factorial(2) = 4*factorial(1)
1! = 1 * 0!  => factorial(1) = 4*factorial(0)
0! = 1       => factorial(0) = 1
```

輸入與輸出範例

輸入：

```
n=5
```

輸出結果：

```
1!=1
2!=2
3!=6
4!=24
5!=120
```

程式碼 test5-5.py

```
1  def factorial(n):
2     if n==0:
3        return 1
4     else:
5        return n*factorial(n-1)
6  n=eval(input("n="))
8  for i in range(1,n+1):
9     print("%d!=%d" % (i,factorial(i)))
```

程式碼 test5-5 說明

- 第 1 列 - 宣告 factorial 函式
- 第 2 列 - 當 n 等於 0，即為 factorial(0)
- 第 3 列 - 則回傳 1（True）
- 第 5 列 - 當 n 不等於 n 時，回傳 n * factorial(n-1)
- 第 7 列 - 輸入 n
- 第 8 列 - 迴圈控制 1 到 n+1 次
- 第 9 列 - 印出結果

6

物件導向

Python 屬於物件導向程式語言（Object-Oriented Programming, OOP）的一種，它是一個具有物件（Object）概念的程式開發方式，能夠提高程式的重用性（Reusability）、擴充性（Expandability）及維護性（Maintainability），以現代開發大型應用程式的角度來看，具有物件導向的程式語言能夠更有效率地管理程式碼，並且對於程式的設計能更具有彈性，使得在應用程式有額外功能需要的時候進行擴充。物件導向程式設計從名詞的角度來看就可以知道，它是以物件為單位的方式在程式當中運作，可以視為程式當中的基本單位，其中包含三大特性，分別為封裝（Encapsulation）、繼承（Inheritance）和多型（Polymorphism），這三個特性是具有順序性，如果沒有封裝，則不會有繼承以及多型的特性，我們將在接下來的章節依序為讀者介紹這三種特性。

6-1 封裝（Encapsulation）

物件導向中的第一個特性為「封裝」，而封裝的概念在於，將物件內部的屬性隱藏起來，使用者只能透過物件本身提供的函式，來進行物件的操作，對於直接存取屬性來進行操作或改變的行為，都會使得程式在執行的時候發生錯誤。簡單來說，封裝的概念指導著我們只需要瞭解物件的使用方式即可，並不需要理解內部的細節和演算規則，就能夠順利地執行程式，這邊以駕駛汽車來舉例，駕駛人只要知道在踩油門的時候會讓車子移動（物件提供的方法），而不需要理解汽車對於油門的設計。

一、類別（Class）與物件（Object）

對於物件導向程式語言來說，類別（Class）可以視為物件（Object）的藍圖，類別在定義的時候可以同時包含屬性和函式，當類別透過呼叫來建立的時候，這個時候我們定義的類別就會以物件的形式產生，而透過物件的方式，能讓我們使用該類別中定義的屬性及函式。讀者可以想像成當一棟房子在興建時，一定需要有設計圖才有辦法將房子依照業主的需求來興建出來，以這個舉例來說，我們可以將類別的功能視為設計圖，而透過類別所產生出來的物件就可以視為蓋好的房子，這個時候如果有多個房子需要興建的時候，我們就可以再次呼叫類別來建立另一個新的物件，這樣一來只要當房子要興建的時候，我們都可以呼叫這個類別來進行，並且根據功能的不同來分別對產生出來的物件進行修改。以下我們將帶領讀者實際建立出一個類別，並且實作在這個類別中宣告屬性和函式。

Python 在建立類別的時候，是使用 class 關鍵字來進行定義的，通常在類別的命名習慣上，我們會以首字大寫的方式來進行。範例的語法如下：

```
class 類別名稱()：
```

在下面的範例當中，我們使用 MyClass 的名稱來建立類別，在類別的定義上與函式的定義相同，都需要在結尾的地方以冒號來表示，並且將屬於這個類別的變數和函式縮排至內部。範例的程式碼如下：

```
class MyClass：
```

這邊我們以「物以類聚」這個成語來檢視類別與物件的關係，這句成語所要表達的意義與物件導向程式所要傳達的意義相同，也就是說，我們會將相似的事物以一個類別來表示，再以物件的方式建立出來並使用，在類別當中我們可以定義屬性以及函式，並且在物件建立出來的時候，使用「.」來取得我們在類別當中所定義的屬性和函式，在下面的範例當中，我們定義了一個類別，並且分別定義了屬性和函式。範例的程式碼如下：

程式碼教學範例：

```
1  class MyClass:
2      i = 0
3      def sayHello(self):
4          return "Hello."
```

當我們需要使用到該類別當中所定義的屬性或方法時，我們需要先將這個類別以該類別名稱為呼叫的方式來建立出物件，在透過使用這個物件配合「.」來取得內部的屬性與方法來做使用。範例的語法如下：

```
物件.屬性名稱/方法名稱
```

在下面的範例當中，我們實際以呼叫 MyClass 類別的方式來建立出物件，並且指派這個物件給變數 Jack，這個時候因為 Jack 變數成為了 MyClass 建立出來的物件，所以在後續的程式當中使用「.」來取得 MyClass 類別當中的屬性和方法。

程式碼教學範例：

```
1  class MyClass:
2      i = 0
3      def sayHello(self):
4          return "Hello."
5  jack = MyClass()
6  print(jack.i)
7  print(jack.sayHello())
```

#執行結果

```
0
Hello.
```

上面透過使用「.」的方式來取得類別當中定義的屬性，我們稱之為屬性引用，我們也可以透過屬性引用的方式，來重新指派取得物件內的特定屬性。範例的程式法如下：

程式碼教學範例：

```
1  class MyClass:
2      i = 0
3      def Say_Hello(self):
4          return "Hello."
```

```
5  jack = MyClass()
6  print(jack.i)
7  jack.i = 5
8  print (jack.i)
```

#執行結果

```
0
5
```

6-1-1 私有變數、函式

在物件導向程式當中，我們可以在類別中定義私有和公開的屬性來限制物件存取或指派新的資料，在屬性的宣告時，Python 使用兩個底線「__」的方式來將宣告的屬性定義為私有變數，而私有變數所代表的意義為，無法透過物件直接存取的變數。範例的語法如下：

```
變數名稱.__變數名稱
```

在下面的範例當中，我們在類別裡分別宣告了一個私有屬性、一個私有函式以及一個公開函式，並呼叫這個類別來建立物件之後，指派給變數 a，接著嘗試使用屬性引用的方式來取得私有屬性的內容。範例的程式碼如下：

程式碼教學範例：

```
1  class MyClass:
2     __x = 0
3     def __addx(self):
4        self.__x += 1
5     def add(self):
6        self.__addx()
7  a = MyClass()
8  print(a.__x)          # 無法存取
```

#執行結果

```
AttributeError: 'MyClass' object has no attribute '__x'
```

同樣地，我們也透過物件來呼叫這個物件當中的私有函式「__addx(self)」，從執行結果也可以看到，不論是私有的屬性或函式，都無法使用「.」的方式來呼叫。範例的程式碼如下：

程式碼教學範例：

```
1  class MyClass:
2      __x = 0
3      def __addx(self):
4          self.__x += 1
5      def add(self):
6          self.__addx()
7  a = MyClass()
8  print(a.__addx())        # 無法存取
```

#執行結果

```
AttributeError: 'MyClass' object has no attribute '__addx'
```

由上面兩個範例的執行結果可以看到，只要屬性或函式設定為私有，我們就不能夠直接進行存取，這是因為在設計類別中的函式或屬性時，有些函式或屬性是不希望使用者透過物件屬性引用的方式來指派內容，所以這個時候我們必須透過呼叫執行「公有」函式的方式，來重新指派私有屬性或執行私有函式的內容。範例的程式碼如下：

程式碼教學範例：

```
1  class MyClass:
2      __x = 0
3      def __addx(self):
4          self.__x += 1
5      def add(self):
6          self.__addx()
7      def getData(self):
8          return self.__x
9  a = MyClass()
```

```
10  a.add()
11  a.add()
12  print(a.getData())
```

#執行結果

```
2
```

小提醒：在上面的範例當中，我們在宣告函式時有設計一個參數需要傳入，但是在呼叫方法時，就算沒有傳入參數，程式依然能夠順利執行，這是因為在 Python 當中，如果在函式當中使用 self 作為傳入的參數時，這個時候 self 所代表的意義為實體物件的參考，也就是會指目前的物件，而這個 self 會告訴類別目前正在設定哪一個物件的屬性，這也就是程式在呼叫方法時，能夠順利執行的原因。

6-1-2 建構式（Constructor）

當我們在呼叫類別來建立物件的時候，會希望在建立的同時以參數傳入的方式先行設定屬性內的內容，這個時候就需要使用到程式的建構式，建構式為程式初始化時執行的函式，也就是說，當程式有使用到建構式的時候，會在程式開始執行前，優先執行建構式內的程式碼，每個程式語言對於建構式的名稱都有所不同，但是對於功能上都是相同的，在 Python 當中，是使用「__init__」的函式名稱作為建構式。

在下面的範例當中，我們實作建構式的程式碼，並且將傳入的參數指派給類別當中的屬性，作為變數內容，最後使用 showContent 函式來將建構式內指派的變數內容回傳，並且輸出至畫面。範例的程式碼如下：

程式碼教學範例：

```
1  class Cake:
2      def __init__(self, name, flavor, filling):
3          self.name = name
4          self.flavor = flavor
5          self.filling = filling
6      def showContent(self):
7          return [self.name,self.flavor,self.filling]
8
9  a = Cake('天使', '香草', '水果')
10 b = Cake('波士頓', '草莓', '奶油')
11 print(a.showContent())
12 print(b.showContent())
```

#執行結果

```
['天使', '香草', '水果']
['波士頓', '草莓', '奶油']
```

6-1-3 實體方法（Instance Method）

Python 的類別當中，在定義函式的時候，至少需要傳入一個 self 的參數，讓這個函式可以使用 self 來呼叫所建立出來物件的內容，而這樣的方法我們稱為「實體方法」，其中 self 參數所代表的意義為整個物件的內容，這也是讓我們能夠讓建立出來的物件成為獨立個體，讓任何新增、修改或指派新屬性的操作，都不會影響到原本類別內部的結構，使開發者不需要擔心因為更改某個物件內容時，會影響到其他物件的內容。

在下面的範例當中，我們會分別使用變數 a 和 b 來取得物件的內容，並且在類別當中定義一個 bonus 變數，用來作為將 score 執行動態加減分的準備，而當我們指派新的內容給特定物件中的 bonus 變數時，這個時候由於兩個物件屬於獨立個體，因此並不會影響到另一個物件的內容，所以不會造成程式在修改上所發生的連鎖反應。範例的程式碼如下：

程式碼教學範例：

```
1  class Student:
2      bonus = 0
3      def __init__(self,score):
4          self. score= score
5      def getScore(self): # 實體方法
6          return "你的分數是"+str(self.score+ self.bonus) +"分"
7
8  a = Student (90)
9  b = Student (80)
10 print(a.getScore())
11 print(b.getScore())
12 a.bonus = 10
13 print(a.getScore())
14 print(b.getScore())
```

#執行結果

```
你的分數是90分
你的分數是80分
你的分數是100分
你的分數是80分
```

6-1-4 類別方法（Class Method）

Python 的類別當中，在函式上方放入具有 @classmethod 的裝飾詞（Decorator），這樣的使用方式相較於實體方法來說，實體方法使用的是 self 參數，並且以物件為指向目標，而類別方法可以透過自定義參數，並且以類別為指向目標，在下面的範例當中，我們在類別方法中，定義了 cls 作為參數名稱，來指向類別。範例的程式碼如下：

程式碼教學範例：

```
class MyClass:
    i = 0
    def __init__(self):
        MyClass.i += 1
    def subtract(self):
        MyClass.i -= 1
    @classmethod
    def show(cls):
        return "I : "+str(cls.i)
a = MyClass()
print(a.show())
b = MyClass()
print(b.show())
a.subtract()
print(a.show())
```

#執行結果

```
i : 1
I : 2
I : 1
```

6-1-5 靜態方法（Static Method）

Python 的類別當中，在函式上方放入具有 @staticmethod 的裝飾詞（Decorator），則代表這個函式屬於靜態方法，由於靜態方法中，並不具有 self 及自定義參數可以指向物件或類別，因此使用靜態方法時，無法改變類別及物件的狀態，而也因為這樣的設計方式，在程式開發上可以避免開發者意外地改變類別或物件狀態，而影響到類別的原始設計。範例的程式碼如下：

程式碼教學範例：

```
1  class MyClass:
2      @staticmethod
3      def Say_Hello():
4          return "Hello."
5  print(MyClass.Say_Hello())
6  a = MyClass()
7  print(a.Say_Hello())
```

#執行結果

```
Hello.
Hello.
```

6-2 繼承（Inheritance）

物件導向中的第二個特性為「繼承」，而繼承的概念在於，可以在原有類別的基礎上，在延伸出另外一個新的類別，並且同時擁有原有類別的屬性和方法，這個時候，我們將原有的類別稱之為「父類別」，並且將延伸出來的新類別稱之為「子類別」，透過繼承原有的類別這樣的特性，能夠以延伸類別的方式來達到新增程式功能的目的，並且在不影響原有類別的情況下，提高程式的擴充性。

在 Python 當中，實作類別的繼承方式是透過括號的方式，來傳入要繼承的父類別名稱，並且以逗號隔開要繼承的多種類別。範例的語法如下：

```
class類別名稱(要繼承的類別名稱):
```

當子類別要取得父類別的函式或屬性時，這個時候就需要透過 super 函式來取得父類別的內容。範例的程式碼和語法如下：

```
super().父類別的類別或函式
```

程式碼教學範例：

```
1  class A:
2     def A_method(self, arg):
3        return arg
4     def add(self, num):
5        return num + 1
6  class B(A):
7     def method(self, arg):
8        return super().A_method(arg)      #呼叫基礎類別的函式
9  b = B()
10 print(b.method(23))
11 print(b.add(23))
```

#執行結果

```
23
24
```

當一個子類別會有多個父類別需要繼承時，這個時候就需要以逗號的方式隔開父類別，並且依序在括號中放入父類別名稱。範例的語法如下：

```
class類別名稱(要繼承的類別名稱1,要繼承的基礎類別名稱2,…):
```

★ 6-1 驗收成果 - 汽車繼承

請以物件導向程式設計為基礎，撰寫一個程式來讓使用者可以輸入車子的數量，並且要求輸入使用者姓名以及是否需要更改顏色，當使用者有更改顏色的需求時，每更改一台需加價 1 萬，最後輸出使用者的姓名、車子顏色以及車子的價錢，其中在類別的設計裡，使用者的姓名預設為 None，車子顏色預設為黑色，價錢預設為 80 萬，並且需要使用「printCar」來作為函式名稱，將結果輸出至畫面。

輸入輸出範例

輸入：

```
車子數量：2
Car1購買人姓名：John
是否改顏色(y/n)：n
Car2購買人姓名：Merry
是否改顏色(y/n)：y
顏色：Blue
```

輸出結果:

```
車主    顏色    價錢
John    black   800000
Merry   Blue    810000
```

程式碼教學範例：test6-.py

```
1  class Car:
2     name="none"
3     color="black"
4     price=800000
5     def __init__(self,name):
6        self.name=name
7     def setColor(self,color):
8        self.color=color
9        self.price+=10000
10    def printCar(self):
11       print("%s\t%s\t%d" % (self.name,self.color,self.price))
12 carList=[]
13 n=eval(input("車子數量："))
14 for i in range(n):
15    name=input("Car%d購買人姓名：" % (i+1))
16    c=Car(name)
17    colorSet=input("是否改顏色 (y/n)：")
18    if colorSet=="y":
19       color=input("顏色：")
20       c.setColor(color)
21    carList.append(c)
22 print("\n車主\t顏色\t價錢")
23 for i in carList:
24    i.printCar()
```

程式碼 test6-1.py 說明

- 第 1 列 宣告汽車類別
- 第 2-4 列 宣告使用者姓名、車色及價錢
- 第 5-6 列 宣告建構式來設定使用者姓名
- 第 7-9 列 宣告設定車子顏色的函式，當函式執行時，將目前的顏色更改為傳入的參數，並將價錢往上加 10000
- 第 10-11 列 宣告 printCar 函式，用來輸出使用者、車色及價錢相關資訊
- 第 12 列 宣告 carList 串列來儲存程式要輸出的資訊
- 第 13 列 取得使用者輸入的車子數量，並指派給變數 n
- 第 14-21 列 根據變數 n 來決定迴圈的執行次數，並且依序要求使用者輸入姓名，並且呼叫類別來為不同使用者建立物件，以及根據是否需要更改車子的顏色來決定車子價錢，最後將內容寫入 carList 串列當中
- 第 22-24 列 依序將 carList 串列當中的內容透過迴圈控制的方式輸出至畫面

6-3 多型（Polymorphism）

物件導向中的第三個特性為「多型」，而多型的概念在於，使用同一個函式方法，以操作不同的物件。多型在物件導向的操作上主要是用來提高程式的可維護性，簡單來說，多型在物件導向程式當中，允許擁有繼承關係的類別或者在相同的類別當中，定義相同的函式名稱，來進行物件的操作，而多型的特性也衍伸了多載（Overloading）和覆寫（Overriding）的概念，而在 Python 當中，預設是不支援多載的寫法，因此本書將只針對覆寫的概念進行範例的演示。

覆寫（ Overriding）

覆寫的概念就是在子類別當中，透過定義與父類別相同的函式名稱，來重新實作父類別所繼承下來的函式。範例的程式碼如下：

程式碼教學範例：6.2.4.py

```
1   class A:
2       def method(self):
3           return '啾啾啾'
4   class B(A):
5       def method(self):
6           return '嘎嘎嘎'
7   a = A()
8   print(a.method())
9   b = B()
10  print(b.method())
```

#執行結果

```
啾啾啾
嘎嘎嘎
```

7

檔案管理與 JSON

7-1 檔案和目錄管理

有時候，當我們在撰寫程式中會需要使用者輸入相對應的資料，當程式取得輸入的資料時，會開始執行一連串的演算邏輯，最後在畫面上輸出執行結果給使用者，而這樣的程式只能取得程式執行當下的結果，無法檢視特定時間的執行結果，這個時候我們除了可以使用資料庫來儲存程式的執行結果以外，還可以將程式執行結果以寫入至檔案的方式來進行，例如，在撰寫記帳系統的程式時，需要將每次輸入的結果都加以儲存，這個時候就可以使用寫入檔案的方式來進行，並且在需要檢視紀錄的時候，可以透過讀取檔案的方式來取得記帳的資訊。對於處理檔案管理的部分，Python 提供的函式庫包括 os、shutil 及 glob 等模組，接著下來，我們將帶領讀者操作 Python 檔案管理的函式，並且一探 Python 的檔案管理方式。

7-1-1 檔案

有關檔案管理的操作，讀者可以想像為日常在使用 Word 寫報告的行為，當要使用 Word 寫報告之前，首先要先能夠開啟檔案，才能夠進行報告內容的撰寫，再來就是要將寫好的報告存檔，並且把檔案關閉後，才能進行後續上傳報告的操作，如此一來才能算是完成一份報告的撰寫。而程式對於檔案的管理上，與上述的步驟相同，當要操作特定檔案的時候，需要經過將檔案開啟、撰寫內容和關閉檔案等流程，而對於以上各個流程中，Python 都有提供相對應的函式來讓我們使用，以下我們將會帶領讀者使用 Python 來進行檔案的操作，並且會以範例的方式來呈現與說明。

一、開啟及關閉檔案

Python 在開啟檔案時，需要使用 open 函式，而該函式允許傳入兩個參數來進行呼叫，其中第一個參數為檔案名稱，屬於「必填」參數；第二個參數為檔案的開啟模式，屬於「選填」參數，因此在呼叫 open 函式的時候，必須將要開啟的檔案名稱作為第一個參數傳入，才能夠順利執行該函式，而第二個參數在預設當中，會以「唯讀模式」的方式來帶入，因此在呼叫函式時，如果沒有放入第二個參數的內容，程式在執行上也不會出錯。範例的語法如下：

```
open(檔名 , mode= '模式' )
```

小提醒：Python 的 open 函式會根據呼叫時所傳入的第二個參數作為檔案的開啟模式，本書將帶領讀者以表格的方式來認識這些開啟模式。

開啟模式	說明
r	唯讀模式，檔案開啟的預設模式，只能夠讀取檔案的內容，無法對進行寫入或修改，當開啟的檔案不存在時，程式會產生例外錯誤。
w	寫入（覆寫）模式，會在開啟檔案的路徑底下直接覆蓋掉原本的檔案，當指定的檔案路徑或名稱不存在時，這時候會就新增一個新的檔案。
a	寫入（續寫）模式，檔案使用此模式的方式開啟時，寫入內容會以新增的方式進行，而不是覆蓋內容的方式進行。

Python 在執行檔案關閉的操作時，只需要將當初指派給 open 函式的變數，透過呼叫 close 函式，就可以將所開啟的檔案進行關閉。範例的語法如下：

```
變數名稱.close()
```

在下面的範例當中，我們將帶領讀者實作以「覆寫模式」的方式開啟檔案，並且寫入一串內容至檔案，最後將檔案關閉。範例的程式碼如下：

程式碼教學範例：

```
1  f=open('example.txt','w')
2  f.write(" Hello\n Give it a try\n Welcome Python World!\n")
3  f.close()
```

程式碼說明

- 第 1 列 呼叫 open 函式，以覆寫模式（w）開啟 example.txt，並指派給變數 f
- 第 2 列 呼叫 write 函式來將內容寫入開啟的檔案中
- 第 3 列 呼叫 close 函式來將檔案關閉

執行完上述程式碼後，即可在程式碼執行的檔案位置下找到 example.txt 的檔案，將檔案開啟後，可以看到檔案的內容為剛才呼叫 write 函式時所寫入的內容。

```
#執行結果
Hello
Give it a try
Welcome Python World!
```

接著下來我們透過「唯讀模式」的方式開啟，並且使用迴圈控制的方式來將檔案的內容輸出至畫面上。範例的程式碼如下：

程式碼教學範例：

```
1  f=open('example.txt','r')
2  for row in f:
3      print(row,end="")
4  f.close()
```

程式碼說明

- 第 1 列 呼叫 open 函式，以唯讀模式（r）開啟 example.txt，並指派給變數 f
- 第 2-3 列 將檔案內容透過迴圈的方式輸出至畫面
- 第 4 列 呼叫 close 函式來將檔案關閉

#執行結果

```
Hello Give it a tryWelcome Python World!
```

Python 在進行檔案的管理上，提供了許多函式來讓我們操作與使用，其中包括了對檔案內容的讀取、寫入、以及檢視的方法，以下我們以表格的方式列出幾種常用的方法。

方法	說明
close()	將開啟的檔案關閉。
read([size])	依照輸入的的數字來讀取檔案內容，如果在呼叫時未傳入參數，預設會使讀取全部的檔案內容。
readline()	以一行的方式來讀取檔案內容。
readlines()	以行的方式讀取整個檔案內容。
write(str)	寫入檔案內容，輸入的參數需要以字串型態方式傳入。
writeable()	檢查該檔案是否能進行寫入的操作。
seek()	搜尋指定檔案內容的位置，如果需要從檔案內容的第二個字元開始，則需要傳入參數「2」。
tell()	回傳檔案目前所在的指標位置。
next()	移至下一行。

以下我們將帶領讀者使用 Python 提供的檔案操作函式，來針對檔案內容進行操作。範例的程式碼如下：

程式碼教學範例：

```
1  f=open('example.txt','r')
2  str=f.read(5)
3  print(str)
4  f.close()
```

程式碼說明

- 第 1 列 呼叫 open 函式，以唯讀模式（r）開啟 example.txt，並指派給變數 f
- 第 2-3 列 呼叫 read 函式，並且讀取檔案內容中的前五個字元，並輸出至

畫面上

➢ 第 4 列 呼叫 close 函式來將檔案關閉

#執行結果

```
Hell
```

程式碼教學範例：

```
1 f=open('example.txt','r')
2 text=f.readlines()
3 print(text)
4 f.close()
```

程式碼說明

➢ 第 1 列 呼叫 open 函式，以唯讀模式（r）開啟 example.txt，並指派給變數 f

➢ 第 2-3 列 呼叫 readlines 函式來讀取檔案內容，並輸出至畫面上

➢ 第 4 列 呼叫 close 函式來將檔案關閉

#執行結果

```
['Hello\n' , 'Give it a try\n' , 'Welcome Python World\n']
```

小提醒：使用 readlines 函式會將檔案內容全部讀取，並且以串列的方式進行輸出，因此如果要針對輸出的內容進行排版上的處理時，可以使用迴圈控制的方式來進行喔！

7-1-2 os 函式庫

在 Python 當中，可以透過引入 os 函式庫的方式，來對檔案和目錄進行新增、刪除、修改、讀取的操作，並且能夠執行與作業系統介面溝通的指令，例如，在 Windows 作業系統中，可以在命令提示字元當中，使用 ipconfig 來檢視目前的 ip 位址。os 函式庫為 Python 內建的函式庫，當特定程式在執行的時候，需要使用 os 函式庫中的方法時，就必須要在特定的程式中引入。

引入的語法如下：

```
import os.
```

以下我們將帶領讀者實作 os 函式庫當中，比較常見的函式方法，來進行檔案的操作與管理。範例的程式碼如下：

程式碼教學範例：

```
1 import os
2 list= os.getcwd()
3 print(list)
```

程式碼說明

- 第 1 列 引入 os 模組
- 第 2 列 呼叫 os 的 getcwd 函式來取得目前檔案路徑，並指派給變數 list
- 第 3 列 輸出 list 變數內容至畫面上

#執行結果

```
C:\Users\User\Desktop\book\python\ch7
```

小提醒：取得的檔案路徑會根據不同電腦的名稱以及存放位置，而有不同的輸出結果！

程式碼教學範例：

```
1 import os
2 os.mkdir( "dirtest" )
```

程式碼說明

- 第 1 列 引入 os 模組
- 第 2 列 呼叫 os 的 mkdir 函式來建立資料夾，並傳入一個字串來作為該資料夾的名稱

執行完上述的程式碼以後，回到程式執行的檔案目錄底下可以發現，多了

一個名為「dirtest」的資料夾。這邊要注意的地方在於，使用 mkdir 函式來建立資料夾的方式與我們一般在建立資料夾的方式相同，如果在同一個檔案目錄底下，出現相同的檔案名稱時，就會出現無法建立資料夾的錯誤，而在下面的範例中可以看到，我們使用條件判斷的方式，來檢查同一個檔案目錄底下是否存在相同名稱的資料夾。

程式碼教學範例：

```
1  import os
2  dir= "dirtest"
3  if not os.path.exists(dir):
4      os.mkdir(dir)
5  else:
6      print (dir + "目錄已存在! ")
```

程式碼說明

- 第 1 列 引入 os 模組
- 第 2 列 宣告一字串，並指派給變數 dir
- 第 3-4 列 撰寫「如果該檔案路徑不存在」時，則建立該資料夾
- 第 5-6 列 當「該檔案路徑存在」時，則輸出錯誤訊息至畫面

#執行結果

```
dirtest目錄已存在!
```

程式碼教學範例：

```
1  import os
2  dir = "dirtest"
3  if os.path.exists(dir):
4     os.rmdir(dir)
5  else:
6     print (dir + "目錄不存在! ")
```

程式碼說明

- 第 1 列 引入 os 模組
- 第 2 列 宣告一字串，並指派給變數 dir
- 第 3-4 列 撰寫「如果該檔案路徑存在」時，則呼叫 rmdir 函式來將該資料夾刪除
- 第 5-6 列 當「該檔案路徑不存在」時，則輸出訊息至畫面

程式碼教學範例：

```
1  import os
2  file="filetest.txt"
3  if os.path.exists(file):
4      os.remove(file)
5  else:
6      print (file + "檔案不存在!")
```

程式碼說明

- 第 1 列 引入 os 模組
- 第 2 列 宣告一字串，並指派給變數 file
- 第 3-4 列 撰寫「如果該檔案路徑存在」時，則呼叫 remove 函式來將該檔案刪除
- 第 5-6 列 當「該檔案路徑不存在」時，則輸出訊息至畫面

程式碼教學範例：

```
1  import os
2  nowpath= os.path.dirname(__file__)  #取得目前的檔案路徑
3  os.system("ipconfig /all")           #使用命令提示字元輸出網路卡資訊
4  os.system("cls")                     #將輸出在的命令提示字元的內容清除
5  os.system("mkdir dir")               #建立名為dir的資料夾
6  #複製Ossystem.py檔案到dir資料夾並命名為newOssystem.py
7  os.system("copy Ossystem.py dir\newOssystem.py ")
8  os.system("notepad word.txt ")      #使用記事本開啟 word.txt的檔案
```

小提醒：上述使用到與「作業系統介面溝通的指令」是以 Windows 作業系統為主，因此在不同的作業系統下，有些指令會出現執行錯誤的訊息出現，這是因為對於不同的作業系統來說，在指令上的使用也會有些許的不同，例如：在 Windows 作業系統當中，複製的指令為 copy，而在 Linux 作業系統當中，複製的指令則為 cp；而在建立資料夾的部分則都是使用 mkdir。

Python 內建的 os 函式庫當中，提供了相當多對於「檔案路徑」的操作方法可以呼叫。本書將幾種常見的函式方法以表格的方式進行整理，並列出該函式提供的方法說明。

方法	說明
abspath()	回傳檔案的完整路徑
exists()	檢查檔案或路徑是否存在
getsize()	回傳檔案的大小，並以 Bytes 顯示
isfile()/isdir()	檢查是否為檔案 / 目錄
basename()	回傳包括檔案的名稱與副檔名
dirname()	回傳特定檔案的完整路徑
isabs()	檢查檔案是否為完整路徑
split()	將特定檔案以路徑和檔名進行拆分
splitdrive()	將特定檔案以所在磁碟位置和路徑名稱拆分
join()	將路徑和檔案名稱組合成為完整路徑

在下面的範例當中，我們將帶領讀者實作常見的檔案路徑使用方法，並且將程式執行的結果，以截圖方式來呈現給讀者參考。範例的程式碼如下：

程式碼教學範例：

```
1  import os.path
2  abs=os.path.abspath("ch07.py")
3  if os.path.exists(abs):
4      print("完整路徑:"+abs)
5      print("檔案大小:",os.path.getsize(abs),"Bytes")
```

```
6   print("是否為目錄:",os.path.isdir("abs"))
7   base=os.path.basename(abs)
8   print("純粹包含副檔名的檔案名稱:",base)
9   current=os.path.dirname(__file__)
10  print("現在目錄路徑:"+current)
11  spl_path,filename=os.path.split(abs)
12  print("分解檔案路徑為目錄路徑:"+spl_path)
13  print("分解檔案路徑為檔名:"+filename)
14  drive,spl_dr_path=os.path.splitdrive(abs)
15  print("分解檔案路徑為磁碟機:"+drive)
16  print("分解檔案路徑為路徑名稱:"+spl_dr_path)
17  completepath=os.path.join(spl_path+"\\"+filename)
18  print("合併後路徑="+completepath)
```

```
[Running] python -u "c:\Users\ASUS\Desktop\PythonPractice\ch07.py"
完整路徑:c:\Users\ASUS\Desktop\PythonPractice\ch07.py
檔案大小: 839 Bytes
是否為目錄: False
純粹包含副檔名的檔案名稱: ch07.py
現在目錄路徑:c:\Users\ASUS\Desktop\PythonPractice
分解檔案路徑為目錄路徑:c:\Users\ASUS\Desktop\PythonPractice
分解檔案路徑為檔名:ch07.py
分解檔案路徑為磁碟機:c:
分解檔案路徑為路徑名稱:\Users\ASUS\Desktop\PythonPractice\ch07.py
合併後路徑=c:\Users\ASUS\Desktop\PythonPractice\ch07.py

[Done] exited with code=0 in 0.076 seconds
```

7-1-3 shutil 函式庫

在 Python 當中，shutil 函式庫屬於進階的檔案處理模組，這個模組最大的優點在於，它提供了對於跨平台的檔案和資料夾處理，包括檔案和資料夾的複製、移動和刪除功能等等。我們在前一個章節介紹了 os 函式庫所提供的多種函式以及該函式的使用方式，並且可以透過使用 os 函式庫中的函式，來執行與作業系統介面溝通的指令，例如：使用 copy 來執行檔案的複製。

然而這樣的操作會受限於特定的作業系統，使得程式需要根據不同作業系統來進行更改。與 os 函式庫相比，本章節所要介紹的 shutil 函式庫是一個進階，而且具有高度彈性的模組，加上支援跨平台的函式提供給開發者使用，使得在改動程式的時候，能夠保有最小幅度的變更，接著下來，我們將帶領讀者使用 shutil 模組來實作檔案處理的相關範例。

程式碼教學範例：

```
1  import shutil
2  src = " C:\\practice.txt "
3  dst = "C:\\pybook "
4  shutil.copy (src, dst)
```

程式碼說明

- 第 1 列 引入 shutil 模組
- 第 2 列 宣告一檔案路徑，並指派給 src 變數
- 第 3 列 宣告一檔案路徑，並指派給 dst 變數
- 第 4 列 呼叫 shutil.copy 函式來執行將 src 的檔案路徑下的檔案及權限複製到 dst 的檔案路徑

在 Python 內建的 shutil 函式庫當中，同樣提供了多種函式，讓我們可以根據不同的檔案處理需求，使用不同的檔案處理函式來解決問題，以下我們以表格的方式整理並列出 shutil 函式中常用的方法供讀者參考。

方法	說明
copy(prev,next)	複製 prev 檔案及權限到 next
copyfile(prev,next)	複製 prev 檔案到 next
copymode(prev, next)	複製 prev 檔案權限到 next
copytree(prev,next)	複製 prev 所有檔案及目錄到 next
move(prev,next)	移動 prev 檔案或目錄到 next
rmtree(path)	刪除目錄 path 及其包含的所有檔案

7-1-4 glob 函式庫

在 Python 當中，glob 函式庫用於檔案搜尋的功能，這樣的功能與 Windows 作業系統的檔案總管功能相同，可以針對特定檔案名稱或副檔名進行搜尋的功能，特別的是，這個函式庫所提供的函式，可以支援使用正規表示式（Regular Expression）來進行檔案的搜尋。在以下的範例當中，我們將帶領讀者使用 glob 函式庫中的函式，來進行檔案的搜尋。範例的程式碼如下：

小提醒：正規表示式（Regular Expression）是使用數字、符號和字串的方式所組合而成，並且用於訂定特定字串搜尋時的規則，而當程式在執行的時候，便會根據所訂定的規則來進行搜尋。

程式碼教學範例：

```
1 import glob
2 currentfile=glob.glob("*.py")+glob.glob("*.jpg")
3 for files in currentfile:
4 print(files)
```

程式碼說明

- 第 1 列 引入 glob 模組
- 第 2 列 呼叫 glob.glob 函式取得檔案目錄底下所有副檔名為 py 和 jpg 的檔案，並將結果指派給變數 currentfile
- 第 3-4 列 使用迴圈控制將變數內容依序輸出至畫面上

#執行結果

```
7.1.1.1.py
7.1.1.2.py
7.1.1.3.py
7.1.1.4.py
7.1.2.1.py
7.1.2.2.py
7.1.2.3.py
```

```
7.1.2.4.py
7.1.2.5.py
7.1.2.6.py
7.1.3.py
```

7-2 例外處理

程式在執行的時候，有時候會發生預期以外的錯誤，例如：遇到數字除以 0 的情形時，程式就會發生非預期的錯誤，而這個錯誤通常發生於使用者輸入的兩個數字，並且執行將兩數相除的狀況。當這些錯誤在程式執行的時候沒有對應的處理方式時，程式就會在這個錯誤當中卡住，使得程式無法繼續往下執行，造成程式無法執行結束的情況發生，因此在撰寫程式的時候，有時候就需要使用例外處理，來解決程式在執行時遇到的例外狀況。

7-2-1 標準例外介紹

程式在撰寫階段時，我們可以根據特定情況來設想可能會發生的錯誤，並且使用一些例外狀況的處理方式，來解決程式在執行時可能衍生的錯誤內容，並且給予相對應的處理方式。以撰寫計算機的程式來舉例，我們會提示使用者應該輸入數值型態的資料來進行計算，但是我們並沒有限制使用者輸入的內容，而在這個時候就可能會出現使用者輸入字串型態的資料，使得程式在執行的時候，發生資料型態錯誤的例外狀況。本書為讀者以表格的方式整理出三類的例外狀況，分別為語言例外、數學例外和輸出 / 入例外。

語言例外

名稱	說明
ImportError	匯入錯誤
SyntaxError	語法錯誤
NameError	識別字錯誤
TypeError	資料型態錯誤
IndexError	索引錯誤

數學例外

名稱	說明
OverflowError	超過最大值錯誤
ZeroDivisionError	除以 0 錯誤
FloatingPointError	浮點運算錯誤

輸出 / 入例外

名稱	說明
FileNotFoundError	找不到檔案錯誤
IOError	輸出入錯誤
PermissionError	權限錯誤

7-2-2 try…except…else…finally 語法及使用

程式在執行例外處理的時候，讀者可以想像為另一種 if 條件式的使用方法，只是使用例外處理的方式，能夠確保程式在執行的時候，不會因為預期以外的錯誤，導致於程式中斷。在 Python 當中，可以在撰寫例外處理的程式碼時，搭配 else 和 finally 來使用，其中 finally 內的程式碼會在任何情況下執行的程式碼，而 else 內的程式碼會在沒有例外錯誤發生時執行。範例的語法如下：

```
try:
要檢查的程式區塊
except 例外錯誤:
    例外發生時處理的程式區塊
except:
    其他所有例外發生時處理的程式區塊
else:
    沒有例外發生時處理的程式區塊
finally:
    一定會執行的程式區塊
```

在下面的範例當中，我們將帶領讀者實作例外處理的語法，並且搭配使用 else 和 finally 的範例來呈現。範例的程式碼如下：

程式碼教學範例：

```
1   v = eval(input("請輸入大於5的數字："))
2   try:
3      text = '輸入的數字比5大' if v > 5  else '輸入的數字比5小'
4      print(text)
5   except TypeError:
6       print("資料型態錯誤：必須輸入整數")
7   except:
8       print("其他錯誤")
9   else:
10      print("輸入的資料型態正確")
11  finally:
12          print("一定會執行的程式")
```

程式碼說明

- 第 1 列 取得使用者輸入的資料
- 第 2-4 列 設定要嘗試執行的程式，這邊使用三元運算子來判斷輸入數字的大小，並且輸出相對應的內容至畫面

- 第 5-6 列 設定資料型態的例外處理，當輸入的資料無法進行大小的比對時，則會執行這個區域的程式碼
- 第 7-8 列 如果錯誤不屬於資料型態的例外錯誤時，則會統一在這邊進行錯誤的處理
- 第 9-10 列 當程式在執行時沒有發生例外錯誤需要處理時，則會執行這個區域的程式碼
- 第 11-12 列 不會有沒有出現例外錯誤，這個區域的程式碼都會執行

#執行結果一第一次

```
請輸入大於5的數字：8
輸入的數字比5大
輸入的資料型態正確
一定會執行的程式
```

#執行結果一第二次

```
請輸入大於5的數字："123"
資料型態錯誤：必須輸入整數
一定會執行的程式
```

★ 7-2-2 驗收成果 - 偵測計算平均數值程式的錯誤

請使用例外處理的方式來設計一計算除法的程式，需要求使用者輸入兩個數字，並且程式在執行的時候要能夠根據例外錯誤的不同，輸出不同錯誤訊息至畫面，且不論程式在執行時有無發生例外錯誤，都需要輸出相同的內容。

輸入輸出範例

範例1

```
5
a
發生輸入非數值的錯誤!
一定會執行的程式!
```

```
範例2
3
0
發生 division by zero 的錯誤!
一定會執行的程式!
```

程式碼：test-7-2-2.py

```
1  try:
2     n1 = int(input())
3     n2 = int(input())
4     avg=n1/n2
5     print(avg)
6  except ValueError:
7     print("發生輸入非數值的錯誤!")
8  except Exception as e:
9     print("發生",e,"的錯誤!")
10 else:
11    print("平均為"+str(avg))
12 finally:
13    print("一定會執行的程式!")
```

程式碼 test-7-2-2.py 說明

- 第 1-5 列 將使用者輸入的資料轉換為整數型態，並且將兩數相除的結果輸出至畫面
- 第 6-7 列 設定 ValueError 的例外錯誤來處理使用者輸入非數值型態的資料，並且將結果輸出至畫面
- 第 8-9 列 設定 Exception 來處理其他的例外錯誤，並且將內容指派給變數 e 來將錯誤輸出至畫面
- 第 10-11 列 當程式在執行的時候沒有例外錯誤發生時，則會執行這個區塊的程式碼
- 第 12-13 列 設定程式無論有無發生例外錯誤都會執行的程式碼區域

7-3 requests 函式庫

在 Python 當中，我們可以使用 requests 函式庫中的函式，來撰寫取得特定網站內容的程式，進而達到自動瀏覽網站的目的，而這樣透過程式來自動瀏覽或取得特定網站內容的行為，我們稱之為網路爬蟲（web crawler）或網路蜘蛛（spider）。在資訊發達的現在，有時候需要蒐集大量的資料來解決或分析特定的資訊時，這個時候就需要透過網路爬蟲來自動化的蒐集特定網站內容中的資料，如此才能夠達到減少資料蒐集時間，進而提高分析資訊分析的效率。

◆ 如何做到爬蟲

爬蟲的行為如同我們一般人在瀏覽網站時的行為相同，舉例來說，我們在蒐集資料的時候，會使用關鍵字的方式來進行搜尋，並且瀏覽特定幾個我們所需要的網站內容，最後將這些蒐集到的資料彙整起來，成為我們所需要使用到的資訊，而使用爬蟲來蒐集資料的時候，雖然同樣也是透過關鍵字的方式來進行，不過爬蟲與我們不同的地方在於，它所搜尋的資訊為 HTML 的標籤以及內容，並且將我們設定要取得的「標籤」及「內容」回傳給我們。

◆ 爬蟲前準備

使用 Python 來撰寫爬蟲程式時，除了使用 requests 函式庫中的方法來取得目標網站的內容以外，還可以使用 BeautifulSoup 函式庫的方法，來將目標網站內容的程式碼加以分析。以下我們將帶領讀者認識以上兩種函式庫中常見的方法。

```
1. requests.get(url)
```

使用 requests 函式庫當中的 get 函式，可以取得特定網頁內容的 HTML 程式碼，其中括號內的參數需要傳入要取得網頁內容的網址。

```
2. BeautifulSoup(content, method)
```

使用 BeautifulSoup 函式可以將網站內容進行解析，其中放入函式中的第一個參數為要解析的網頁內容，第二個參數為解析網頁內容的方式。

```
3. find()
```

使用 BeautifulSoup 函式庫中的 find 函式，可以取得特定網頁內容中的第一個符合搜尋條件的 HTML 節點，例如：我們傳入「"h1"」參數來尋找網頁內容時，就只會回傳該網頁內容當中，出現的第一個 h1 標籤及內容。

```
4. find_all():
```

與 find 函式不同的地方在於，使用 find_all 函式會回傳所有符合搜尋條件的 HTML 節點，例如：我們傳入「"li"」參數來尋找網頁內容時，這個時候就會以串列的資料型態，回傳特定網頁內容當中，所有 li 的標籤及內容。

```
5. get_text():
```

使用 BeautifulSoup 函式庫中的 get_text 函式，可以將取得的內容以純文字的方式回傳，並且不包含其找到的標籤和其他屬性的參數。

★ 7-3 驗收成果 - 爬蟲範例 (Yahoo 新聞)

接著下來，我們將撰寫一爬蟲程式來取得 Yahoo 新聞的網頁內容，在以下的範例當中，我們會一步步地帶領讀者來撰寫程式，並且以截圖的方式搭配範例來呈現程式的執行結果。

Step 1 引入 requests 以及 BeautifulSoup 函式庫。

Step1 程式碼教學範例：7-3-yahoo.py

```
1  import requests
2  from bs4 import BeautifulSoup
```

小提醒：由於 requests 和 BeautifulSoup 函式庫皆不屬於 Python 內建的函式庫，因此在第一次使用的時候需要分別在終端機使用 pip install requests 和 pip install beautifulsoup4 來將這兩個函式庫安裝於執行的電腦上，後續才能夠順利地引入並使用該函式庫提供的方法來撰寫程式。

Step 2 使用 requests 函式庫中的 get 函式來取得 Yahoo 新聞網站的內容（https://tw.news.yahoo.com/archive），並指派給變數 request。

Step2 程式碼教學範例：7-3-yahoo.py

```
1  request=requests.get('https://tw.news.yahoo.com/archive')
```

Step 3 將 Step2 取得的網頁內容使用 BeautifulSoup 函式來進行解析。將變數中的網頁內容資料（request.content）以 HTML 的解析型態（"html.parser"）來做為內容的解析方式，並且指派給變數 html。

Step3 程式碼教學範例：7-3-yahoo.py

```
1  html=BeautifulSoup(request.content, "html.parser")
```

Step 4 設定要取得資料的規則，這個時候我們需要開啟瀏覽器，並且到該網站當中，在網頁空白處點擊滑鼠右鍵 > 檢查，或是使用 F12 快捷鍵來開啟開發人員模式。這個時候只要點擊 符號，並且找到想要取得的網頁內容後，點擊滑鼠左鍵，即可找到該網站中相對應的標籤及內容，如下圖所示。

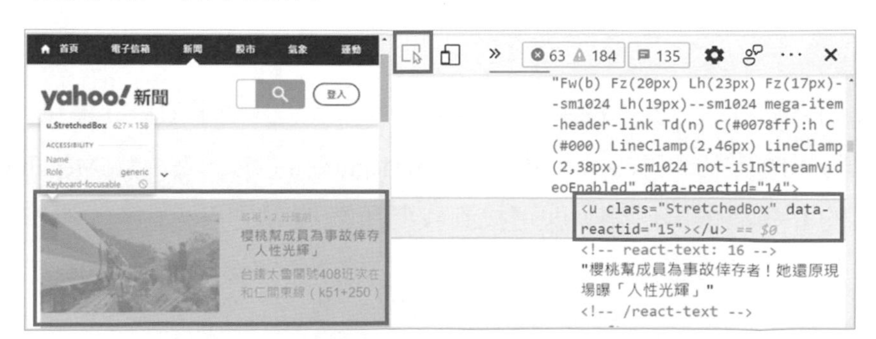

Step 5 根據這段程式碼區塊，順著階層向外搜尋，可以發現這個區塊的程式碼內容是由 ul 的標籤所包覆，而這個標籤正是我們要取得的網頁內容，我們將透過這個標籤在這個網頁當中的 id（stream-container-scroll-template）來進行網路爬蟲的程式撰寫。

Step 6 使用 find 函式，取得這個網頁內容當中 id 為 stream-container-scroll-template 的 ul 標籤，並指派給變數 allNews。

Step6 程式碼教學範例：7-3-yahoo.py

```
1  allNews=html.find('ul',{'id':'stream-container-scroll-template'})
```

Step 7 如下圖所示，我們找到的 ul 標籤當中包括了其他子項目 li 標籤，讀者可以將其中一個 class 名稱為 StreamMegaItem（class="StreamMegaItem"）的 li 標籤依序展開，即可找到我們所要搜尋的目標內容—「新聞標題」、「新聞內容」和「新聞連結」，其中新聞標題是以 h3 標籤呈現；

新聞內容是以 p 標籤呈現；新聞連結是以 a 標籤呈現。

```
▼<ul id="stream-container-scroll-template" class data-reactid="3"> == $0
  ▶<li class="StreamMegaItem" data-reactid="4">…</li>
  ▶<li class="StreamAd" id="ad-35591987431" data-reactid="27">…</li>
  ▶<li class="StreamMegaItem" data-reactid="48">…</li>
  ▶<li class="StreamMegaItem" data-reactid="71">…</li>
  ▶<li class="StreamMegaItem" data-reactid="94">…</li>
  ▶<li class="StreamAd" id="ad-36166401300" data-reactid="117">…</li>
  ▶<li class="StreamMegaItem" data-reactid="138">…</li>
  ▶<li class="StreamMegaItem" data-reactid="161">…</li>
  ▶<li class="StreamMegaItem" data-reactid="184">…</li>
  ▶<li class="StreamAd" id="ad-36503420342" data-reactid="207">…</li>
```

如下圖所示，在這個區塊的內容當中，新聞標題是使用 h3 標籤來呈現。

```
▼<h3 class="Mb(5px)" data-reactid="13"> == $0
  ▼<a href="/%E9%AD%82%E6%96%B7%E7%95%B0%E9%84%89-%E6%B3%95%E5%9C%8B%E7%94%B7%E8%BF%BD…6%8A-%E6%89%8B%E7%89%BD%E6%89%8B%E
```

如下圖所示，在這個區塊的內容當中，新聞內容是使用 p 標籤來呈現。

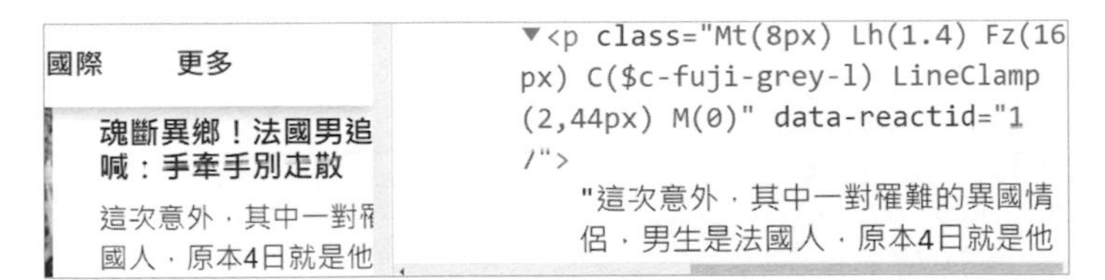

如下圖所示，在這個區塊的內容當中，新聞連結內容是使用 a 標籤來呈現。

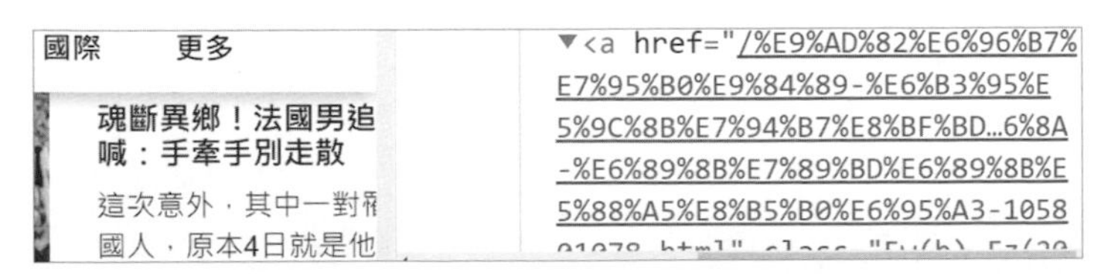

Step 8 使用 find_all 函式來進一步將 Step6 取得的網頁內容，篩選出 class 名稱為 StreamMegaItem 的 li 標籤，並且指派給變數 allNewList。

Step8 程式碼教學範例：7-3-yahoo.py

```
1  allNewsList=allNews.find_all('li',{"class":"StreamMegaItem"})
```

Step 9 宣告 newsTitle、newsContent 及 newsLink 三個串列來分別儲存新聞標題、內容及連結。

Step9 程式碼教學範例：7-3-yahoo.py

```
1  newsTitle=[]
2  newsContent=[]
3  newsLink=[]
```

Step 10 使用迴圈控制的方式，依序將 Step8 取得的內容放入新聞標題、內容和連結的串列當中，最後根據新聞標題的數量，來依序將三個串列的內容輸出至畫面上。

Step10 程式碼教學範例：7-3-yahoo.py

```
1  for i in allNewsList:
2  #取得標題並存入newsTitle中
3      title=i.find('h3')
4      newsTitle.append(title.get_text())
5  #取得內容並存入newsContent中
6      content=i.find('p')
7      newsContent.append(content.get_text())
8  #取得連結並存入newsLink中。
9      link = i.find('a')
10     newsLink.append(link['href'])
11 #最後分別印出每篇文章
12 for i in range(len(newsTitle)):
13     print("標題："+newsTitle[i])
14     print("內文："+newsContent[i])
15     print("網址：https://tw.news.yahoo.com/"+newsLink[i]+"\n")
```

```
#執行結果
標題：NBA灰熊8球員得分上雙 守住主場踢走灰狼
內文：（中央社曼菲斯2日綜合外電報導）美國職籃NBA曼菲斯灰熊今天在主場迎戰明尼蘇
達灰狼，灰熊有8名球員得分達到雙位數，且全隊三分球命中率逼近50%，終場就以120比
108擊敗灰狼。
網址：https://tw.news.yahoo.com/nba%E7%81%B0%E7%86%8A8%E7%90%83%E5%9
3%A1%E5%BE%97%E5%88%86%E4%B8%8A%E9%9B%99-%E5%AE%88%E4%BD%8F%E4%B8%B
B%E5%A0%B4%E8%B8%A2%E8%B5%B0%E7%81%B0%E7%8B%BC-084859894.html
// 略
```

小提醒：讀者可以透過以下短網址連結，來查看範例程式的執行結果中，第一則的新聞連結：https://reurl.cc/MA1aMn

7-4 JSON

JSON 資料格式與語言無關，即使這個資料格式源自於 JavaScript，但目前大部分的程式語言都支援 JSON 格式的資料和解析方式。JSON（JavaScript Object Notation）屬於一種物件的表示方法，由道格拉斯·克羅克福特構想和設計出來的輕量級資料交換語言，這個語言的優勢在於其容易閱讀的文字基礎，並且可以傳輸物件（與 Python 的字典相同）或陣列（與 Python 的串列和元組相同）的資料格式。

在下面的範例當中，我們可以看到 JSON 資料格式在定義的時候，是使用一對大括號來將內容包覆起來，接著我們使用 data 作為 key 的方式，存放一個串列的內容，而這個串列中的每個元素皆為字典的資料型態。

程式碼教學範例：7.4.1.json

```
1  {
2      "data":[
3          {
4              "name":"John",
5              "height":180,
6              "weight":75.5
7          },
8          {
9              "name":"Jean",
10             "height":170,
11             "weight":65.4
12         },
13         {
14             "name":"Marry",
15             "height":160,
16             "weight":55.3
17         }
18     ]
19 }
```

7-5 Python 的 JSON 應用

在 Python 當中，我們可以使用內建的 json 函式庫，來進行對 JSON 資料格式的應用，以下我們將帶領讀者認識 json 函式庫中常用的兩種函式：

- json.loads()

  將資料以字串的方式作為參數傳入 loads 函式，該函式會將傳入的字串轉型為 JSON 的資料格式。

- json.dumps()

  與 loads 函式相反，需要將 JSON 資料作為參數傳入 dumps 函式，該函式會將傳入的 JSON 資料解析為字串後回傳。

7-5-1 JSON 轉換應用

在下面的範例當中，我們將會宣告一個字串型態的串列，並且使用 loads 函式來將這個字串型態的串列轉換成 JSON 的資料格式，並且將轉換的內容指派給變數 jsonObject，最後將執行結果輸出至畫面。

程式碼教學範例：7.5.1.py

```
1  import json
2  # 宣告字串型態的串列
3  jsonString='[ \
4    { \
5      "name": "John", \
6      "height": 180, \
7      "weight": 75.5 \
8    }, \
9    { \
10     "name": "Jean", \
11     "height": 170, \
12     "weight": 65.4 \
13   }, \
14   { \
15     "name": "Marry", \
16     "height": 160, \
17     "weight": 55.3 \
18   } \
19 ]'
20 # 呼叫 loads函式來轉換宣告的字串
21 jsonObject = json.loads(jsonString)
22 # 輸出轉換後的結果
23 print(jsonObject)
24 print(jsonObject[0]["name"])
```

小提醒：如果要在 Python 當中寫入副檔名為 json 的檔案時，傳入的參數必須要是 JSON 的資料格式，否則程式在執行上就會出現錯誤喔！

#執行結果

```
{'name': 'John', 'height': 180, 'weight': 75.5}
John
```

7-5-2 JSON 檔案讀取

接著下來，我們將帶領讀者連結前面所介紹到 JSON 的資料格式，並且實際使用一個 json 檔案來載入 Python 當中，並且新增一筆資料內容至這個 json 檔案當中。範例的程式碼如下：

Step 1 建立一個 data.json 檔案，輸入的內容如下。

程式碼教學範例：data.json

```
1  {
2     "data":[
3        {
4           "name":"John",
5           "height":180,
6           "weight":75.5
7        },
8        {
9           "name":"Jean",
10          "height":170,
11          "weight":65.4
12       }
13    ]
14 }
```

程式碼教學範例：7.5.3.py

```
1  import json
2  # 使用唯獨模式開啟data.json，並指派給變數data
3  with open("data.json","r",newline="") as jsonFile:
4    data=json.load(jsonFile)
5  # 新增一筆資料到data中
```

```
6  data.append({ \
7    "name": "Marry", \
8    "height": 160, \
9    "weight": 55.3 \
10 })
11 # 使用覆寫模式開啟data.json，並且呼叫write函式來將data寫入
12 with open("data.json","w",newline="") as jsonFile:
13   jsonFile.write(json.dumps(data))
```

小提醒：我們在上面的程式碼範例中使用了 with 關鍵字來開啟檔案，當使用 with 的方式來開起檔案時，程式會自動的幫我們執行 close 的函式來將檔案關閉，以此避免程式出現檔案讀寫的例外錯誤。

程式碼教學範例：data.json

```
1  {
2     "data":[
3        {
4           "name":"John",
5           "height":180,
6           "weight":75.5
7        },
8        {
9           "name":"Jean",
10          "height":170,
11          "weight":65.4
12       },
13       {
14          "name":"Marry",
15          "height":160,
16          "weight":55.3
17       }
     ]
  }
```

★ CH7 驗收成果 - 新增刪除檔案內容

請撰寫一程式，要求使用者選擇輸入的模式，分別為新增、刪除、查看和結束四種模式。當使用者選擇新增時，使用者在輸入其姓名、體重及身高後，需要將內容寫入 json 檔案中；使用者選擇刪除時，使用者在輸入其姓名時，需要將 json 檔案內的該筆資料刪除；當使用者選擇查看時，需要目前 json 檔案中的內容印出，並且計算 BMI 值；當使用者選擇結束時，則會中止程式的執行。

輸入輸出範例

```
#執行結果
mode(1.新增，2.刪除，3.查看，4.結束)：1
name：John
height：180
weight：75.5
```

data.json 檔案快照

```
[
  {
    "name": "John",
    "height": 180,
    "weight": 75.5
  }
]
```

```
mode(1.新增，2.刪除，3.查看，4.結束)：1
name：Jean
height：170
weight：65.4
mode(1.新增，2.刪除，3.查看，4.結束)：1
name：Marry
height：160
weight：55.3
# data.json 檔案快照
```

```
[
  {
    "name": "John",
    "height": 180,
    "weight": 75.5
  },
  {
    "name": "Jean",
    "height": 170,
    "weight": 65.4
  },
  {
    "name": "Marry",
    "height": 160,
    "weight": 55.3
  }
]
```

```
mode(1.新增，2.刪除，3.查看，4.結束)：2
name：Jean
```

```
# data.json 檔案快照
[
  {
    "name": "John",
    "height": 180,
    "weight": 75.5
  },
  {
    "name": "Marry",
    "height": 160,
    "weight": 55.3
  }
]
```

```
mode(1.新增，2.刪除，3.查看，4.結束)：3
# 執行結果
name      height    weight  BMI
John      180.00    75.50   23.30
Marry     160.00    55.30   21.60
```

程式碼教學範例：test7.py

```
1  import json
2  open("data.json", mode='a')
3  while True:
4    f=open("data.json","r")
5    try:
6      file=json.load(f)
7    except:
8      file=[]
9    f.close()
10   mode=input("mode(1.新增，2.刪除，3.查看，4.結束)：")
11
12   if mode=="1":
13     name=input("name：")
14     height=eval(input("height："))
15     weight=eval(input("weight："))
16     data={
17       "name":name, \
18       "height":height, \
19       "weight":weight \
20     }
21     file.append(data)
22     f=open("data.json","w")
23     f.write(json.dumps(file))
24     f.close()
25   elif mode=="2":
26     name=input("name：")
27     f=open("data.json","w")
28
29     fileSize=len(file)
30     i=0
```

```
31      while(i<fileSize):
32        if file[i]["name"]==name:
33          file.remove(file[i])
34          fileSize-=1
35        else:
36          i+=1
37      f.write(json.dumps(file))
38      f.close()
39
40    elif mode=="3":
41      if file==[]:
42        print("尚未有資料")
43      else:
44        for i in file:
45          bmi=i["weight"]/(i["height"]/100)**2
46          print("%-10s%-3.2f\t%-3.2f\t%-2.2f"%(i["name"],i["height"],
    i["weight"],bmi))
47    elif mode=="4":
48      break
```

程式碼範例 test7.py 說明：

- 第 2 列 使用續寫模式來開啟檔案，如果檔案不存在則會執行檔案的新增
- 第 3 列 設計一 while 迴圈來讀取和寫入檔案
- 第 4 列 使用唯獨模式開啟檔案，並且指派給 f 變數
- 第 5-9 列 使用例外處理的方式來取得檔案的內容
- 第 10 列 取得使用者的輸入模式
- 第 12-24 列 將使用者輸入的內容寫入 data.json 檔案中
- 第 25-38 列 根據使用者輸入的姓名，來刪除 data.json 檔案中的內容
- 第 40-46 列 將 data.json 檔案的內容透過迴圈控制的方式依序計算 BMI 值，並且輸出至畫面上
- 第 47-48 列 跳出 while 迴圈

8

認識 Microsoft Azure 雲端平台與認知服務

8-1 Azure 認知服務（Cognitive Service）

8-1-1 什麼是 Azure ？

Azure 是微軟的公用雲端服務（Public Cloud Service）平台，是微軟線上服務（Microsoft Online Services）的一部份，該服務於 2010 年 2 月正式推出，提供了橫跨 IaaS 基礎設施及服務（Infrastructure as a Service）、PaaS 平台即服務（Platform as a Service）和 SaaS 軟體即服務（Software as a Service）三種雲端運算服務，讓使用者在建置服務時有多種方案可以選擇，除此之外，Azure 還整合了開發、測試、部署及管理應用程式時所需要使用到的雲端服務至平台中，並且在全球提供了 66 座雲端資料中心，以提供全球使用者所需要的資源。

相較於以往，在架設網站或者部署應用程式的時候，通常需要使用租賃或購買伺服器的方式來進行，而其中光是購置硬體以及後續維護的成本，對於許多中小型企業的負擔來說並不小，除了要考慮硬體建置和維護成本之外，對於應用程式在部署時的配置問題，也是其中需要考量的問題，當硬體資源配置不平衡時，可能會造成應用程式在執行時的載入時間變長，甚至會導致伺服器資源過度消耗，使得執行效率降低的情況發生。

這個時候，就可以使用 Azure 提供的雲端服務，作為問題的解決方案，Azure 提供的雲端服務超過了 100 種，其雲端服務的內容從伺服器的建置、雲端運算、儲存裝置到機器學習方法等，皆可以依照使用者的需求來使用，並且使用「用多少付多少（Pay-As-You-Go）」的彈性消費方式，讓使用者能夠根據使用到的雲端服務進行費用的支付。使用 Azure 雲端服務來進行伺服器的建置，不但可以減少初期在硬體購置的成本，對於硬體上的維護來說，也為企業減少了不小的負擔。

8-1-2 什麼是認知服務？

認知服務是由微軟以 IBM 認知計算為基礎所提出來的，是指基於文字、語意以及圖片等作為輸入方式，經過人工智慧分析後的一種服務，舉例來說，使用認知服務來進行分析時，可以讓我們透過輸入照片的方式，來判斷照片中人物的年齡區間，並且透過持續的機器學習，來增加認知服務的判斷精準度，使得分析結果的識別率愈加精確。

Azure 提供的認知服務讓所有開發人員可以透過呼叫 API 的方式來使用 AI，並且不需要機器學習的專長，就能將 AI 的服務內嵌至應用程式當中。Azure 的認知服務可大致分為決策、語言、語音和辨識等四大面向，不同的面向所提供的認知服務，皆擁有不同的功能及使用方式，開發者可以根據不同的需求，選擇不同面向的認知服務，來作為問題的解決方案，舉例來說，使用者可以透過使用「決策」面向的認知服務來開發有關圖片、影片或文字內容的審核，並且在不適當的內容出現時，認知服務回應的內容能夠給予相對應的訊息，如此一來，開發者就只需要專注於程式邏輯的開發上即可。

本書為讀者整理了 Azure 所提供的認知服務，根據服務的面向來進行分類，並且列出數種常見的認知服務。彙整的表格所下所示：

服務面向	認知服務
決策	■ 內容仲裁 ■ 個人化工具 ■ 異常偵測
語言	■ 文字分析 ■ 製作問與答的人員 ■ 語言理解 ■ 翻譯工具

服務面向	認知服務
語音	■ 語音轉換文字 ■ 文字轉換語音 ■ 語音翻譯 ■ 說話者辨識
辨識	■ 電腦視覺 ■ 自訂視覺 ■ 臉部

8-2 Azure 註冊教學

Azure 提供了兩種訂閱方案，分別為一年具有額度限制的帳戶以及一個月免費點數使用的帳戶，除此之外，Azure 也提供學生版的免費帳號，不需要經過信用卡驗證，即可取得一年 100 美金的使用額度，其中 Azure 還有提供了多達 25 項的免費服務，並且可以每月免費額度的方式使用。以下我們將依序進行「一般帳號」與「學生帳號」的註冊流程介紹。

8-2-1 一般帳號註冊

Step 1 經由 https://azure.microsoft.com/zh-tw/free/ 連結，進入 Microsoft Azure 的官方網站後，點擊「開始免費使用」。

Step 2 選擇使用現有帳戶登入或是註冊 Microsoft 帳戶。

Step 3 輸入個人資料後，點擊「下一步」。

您的設定檔
國家/地區
台灣
請選擇符合帳單地址的位置。您無法於稍後變更這項選擇。若您的國家/地區不在清單中，代表供應項目未在您的區域提供。深入了解
名字
姓氏
電子郵件地址
@ .tw
電話
範例: 912-345-678
下一步

Step 4 輸入稅務資訊，如果不需填寫則可跳過，點擊「下一步」。

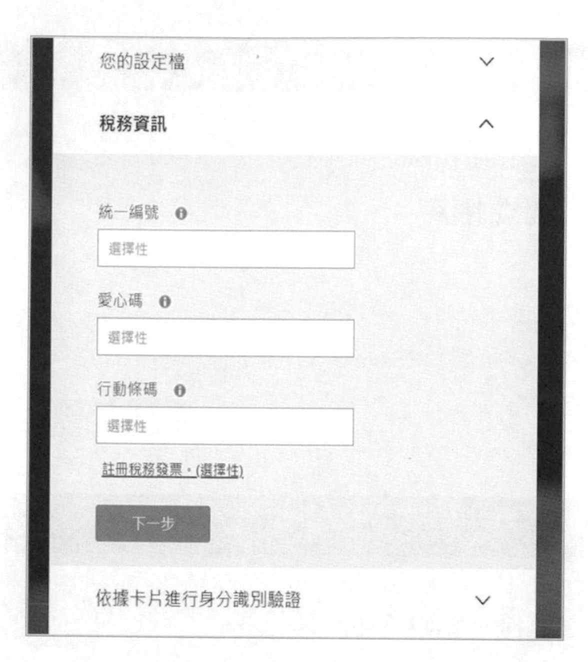

Step 5 填寫信用卡資料，並點擊「下一步」。

我們會對此卡片暫時授權，但是**只有在您升級後才需支付費用**。

我們接受下列卡片:

VISA

持卡人姓名

卡號

到期日

月 年

CVV

什麼是 CVV?

地址 1

Step 6 將協議下方的選項勾選後，即可點擊「註冊」來完成 Azure 帳戶的註冊。

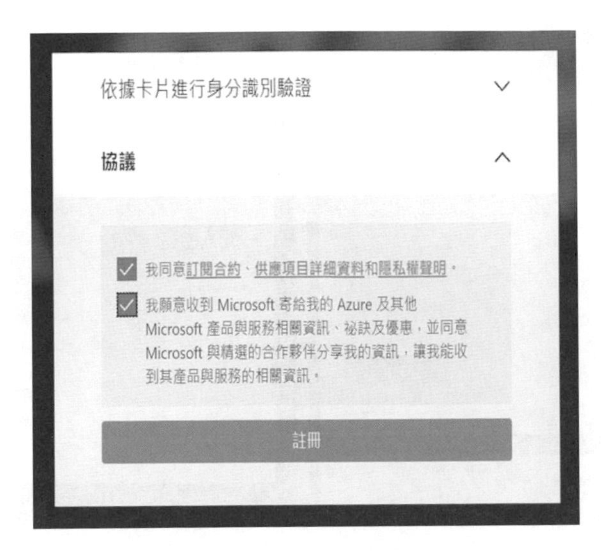

8-2-2 學生帳號註冊

Step 1 經由 https://azure.microsoft.com/zh-tw/free/students/ 連結，進入 Microsoft Azure 的官方網站後，點擊「立即啟用」。

Step 2 選擇登入或建立 Microsoft 帳戶，也可以使用各級學校所開通的 Microsoft 帳戶或來 GitHub 帳戶進行登入。

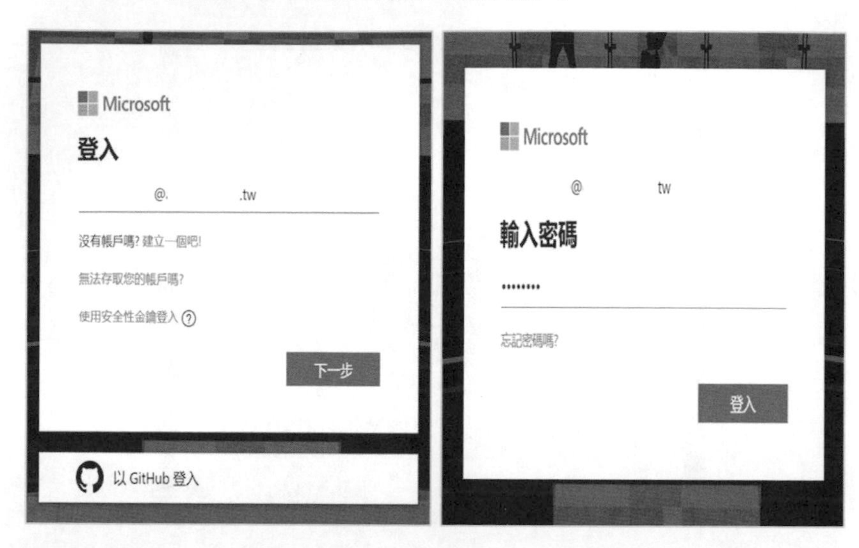

Step 3 首次登入或帳戶建立成功時，系統會自動跳轉至驗證身分的網址進行身分驗證，並要求輸入電話號碼進行驗證。

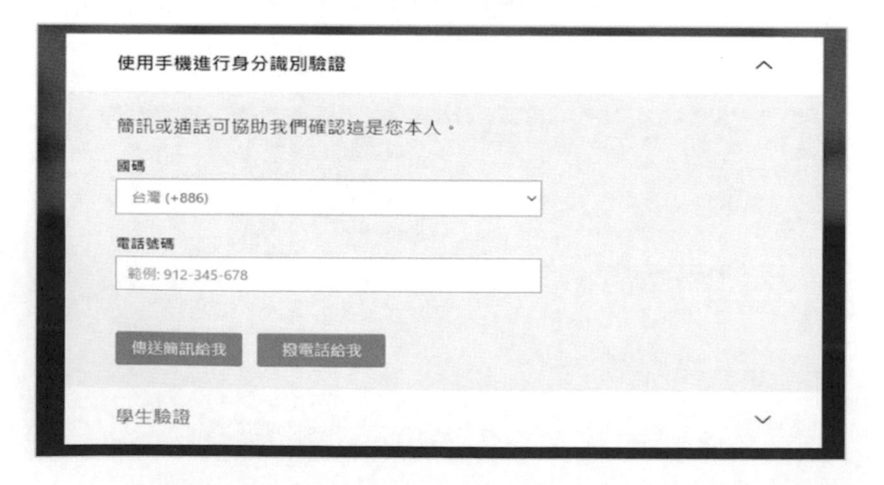

Step 4 在學生驗證的部分，電子郵件需要輸入包含 edu 的信箱網址進行驗證後，並點擊「驗證學術狀態」。

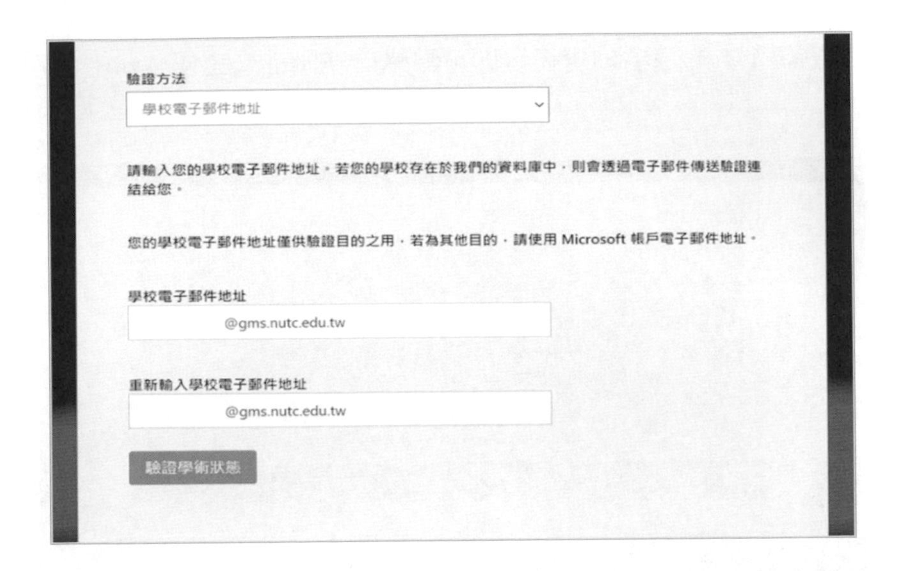

Step 5 系統會傳送含有連結的驗證信至上面所輸入的電子郵件地址。

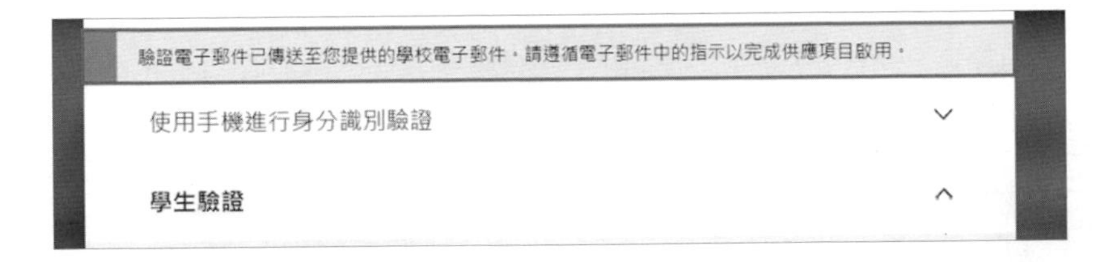

Step 6 至上方所填寫的電子郵件位址，即可看到 Microsoft 帳戶的驗證信，點擊下面連結即會跳轉至驗證帳戶的網站。

Step 7 將協議下方的選項勾選後，即可點擊「註冊」來完成 Azure 帳戶的註冊。

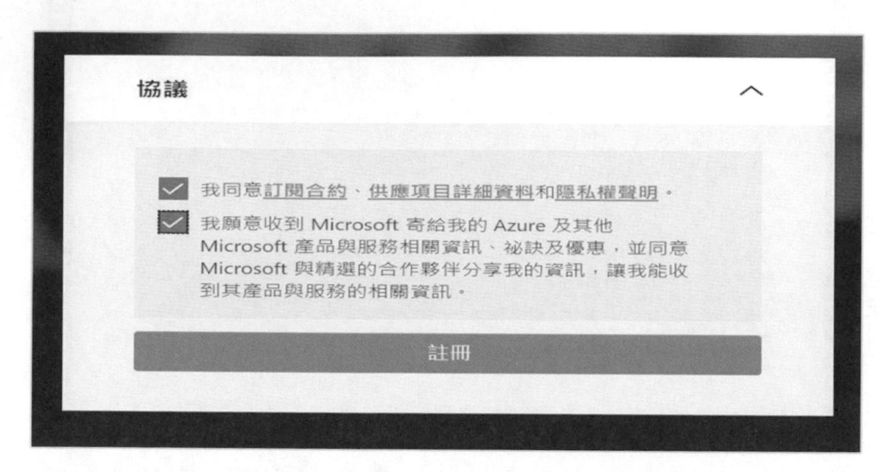

Step 8 當學生帳號註冊完成時，即會出現以下畫面。

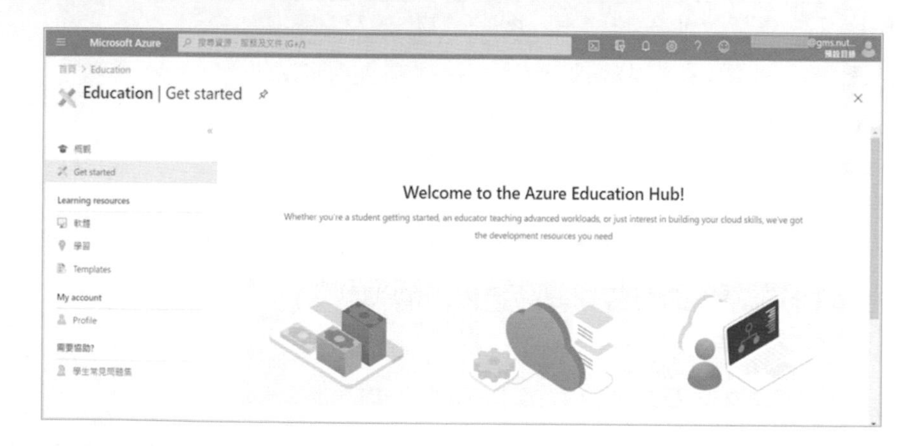

9

Azure 認知服務 -
文字分析

9-1 什麼是文字分析

文字分析是 Azure 提供的一種雲端運算服務，可以針對原始的文字提供進階的自然語言處理，也就是說，使用文字分析可以用來對文字進行檢測，並且根據文字的敘述，來取得特定文字在句子中所代表的意義。Azure 的文字分析服務分為四種功能，其中包括情感分析、關鍵片語擷取、語言偵測及具名實體辨識，Azure 的文字分析是透過自然語言處理（NLP）的分析方法，針對使用者輸入的句子進行文字和語意上的分析，並且將分析的結果做好標記及分類，當分析的結果足夠龐大時，往後針對文字的語意分析就能夠更加精確。舉例來說，人類在學習語言的時候，需要接收相當大量的詞彙和字詞用法，才能夠真正學習該語言，相對地，要能使自然語言處理能夠更加精確，就必須投入大量的詞彙和用法作為訓練，並且反覆經過訓練和測試後，才能達到正確分析文字的目的，而 Azure 所提供的雲端運算服務，能夠讓我們透過使用 API 的方式，直接將輸入的文字進行語意上的分析，相較於前面所提到的自然語言處理的訓練方式來說，使用 Azure 提供的雲端運算服務，可以說是相當方便。

接著下來，本書將帶領讀者認識 Azure 雲端運算服務當中，文字分析所包含的四種功能，並且將依序為讀者進行介紹與說明。

1. **語言偵測**：偵測輸入的文字是使用什麼語言來撰寫的，並且能夠依照所輸入的文件回傳單一的語言代號，其中語言代號各自有一個標記分數，用於表示其特徵，除此之外，Azure 的語言偵測還包含了多種不同的語言、方言、變體以及某些區域性和文化語言。

2. **情感分析**：藉由分析原始文字以取得該文字的正面或負面的情感，Azure 的情感分析會根據句子中的字詞，並且回傳 0 到 1 的情感分數，以表示正面、中性和負面的情感，分數趨近 0 表示該句子的情感較為負面，反之，分數趨近 1 則表示該句子的情感較為正面。

3. **關鍵片語擷取**：可以透過擷取關鍵片語，以快速識別句子當中的重點字詞，舉例來說，如果輸入的文字為「This shop makes me feel very warm because of the enthusiastic staff」，這個時候關鍵片語就會擷取「shop」和「enthusiastic staff」進行回傳。
4. **具名實體辨識**：可以將文字當中的特定詞彙分類為人員、位置、組織、時間、數量、百分比和貨幣等等，並且能夠將已知的特定字詞識別後，連結至其他地方來取得更進一步的資訊。

9-2 建立文字分析 API 服務與網路測試工具

接著下來，我們將帶領讀者實際使用 Azure 提供的文字分析服務來進行範例的演示，在範例開始進行之前，我們需要先向 Azure 取得授權金鑰，並且在呼叫特定雲端運算服務的 API 時帶入此授權金鑰，這樣才能夠根據官方提供的技術文件來使用 Azure 提供的雲端運算服務，並且取得相對應的分析結果，以下我們將取得授權金鑰的流程分為兩個步驟。

1. 使用 Azure 入口網站建立認知服務資源及建立文字分析 API
2. 使用 Azure 提供的 Online API 測試工具

一、建立並取得文字分析的授權金鑰與端點資訊

使用 Azure 的服務時，需要根據不同的雲端運算服務進行建立以及申請服務相對應的授權金鑰，才能夠順利地在程式當中呼叫 Azure 提供的雲端運算服務。

Step 1 在認知服務的 Marketplace 中搜尋「Text analysis」，並點選建立。這邊要注意的地方在於，認知服務會根據版本的更新而在功能上會有所不同。

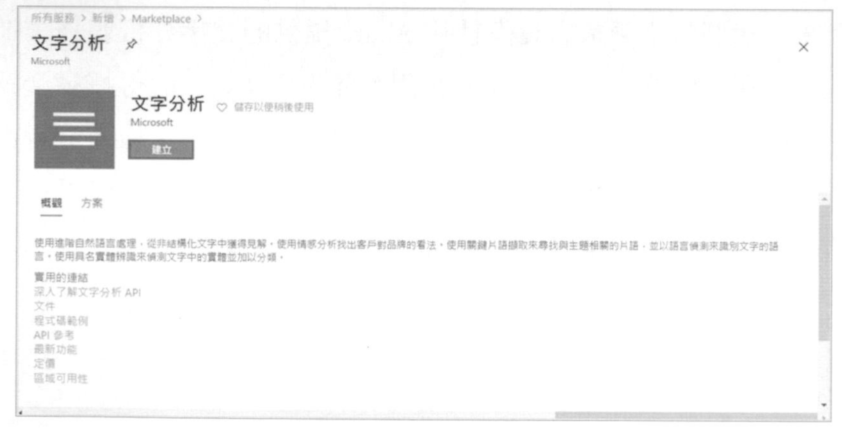

Step 2 建立資源的名稱，名稱可根據需求自行定義，本書在範例中輸入的名稱為「text-enti」、使用「Azure for Students」的訂用帳戶、資源群組位置設定為「美國中南部」、定價層選擇「免費 F0」，最後需

要設定資源群組的名稱，這個名稱同樣可以根據使用者的需求來自行定義，本書在範例中使用的名稱「analytics」，當上述的內容皆填寫完畢時，即可點選「建立」來進行下一步。

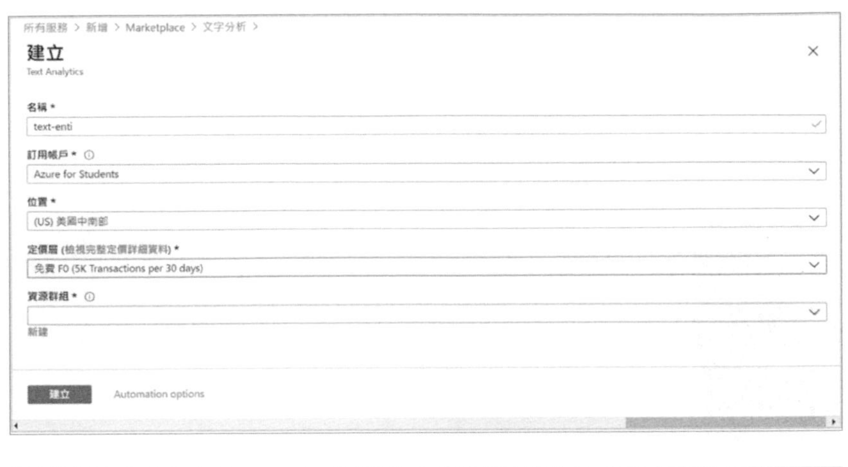

Step 3 建立過程需要等待一些時間，並且在建立完成之後，可以在畫面中看到「您的部署已完成」的文字，這個時候就可以點選「前往資源」來取得 API 的授權金鑰與端點資訊。

二、使用 Online API 測試工具

Step 1 取得 Azure 文字分析的技術文件，使用關鍵字搜尋「文字分析 API」，點選連結下圖當中的紅框連結，即可取得官方網站提供的 API 文件，本範例將使用 3.0 的版本進行範例的演示。

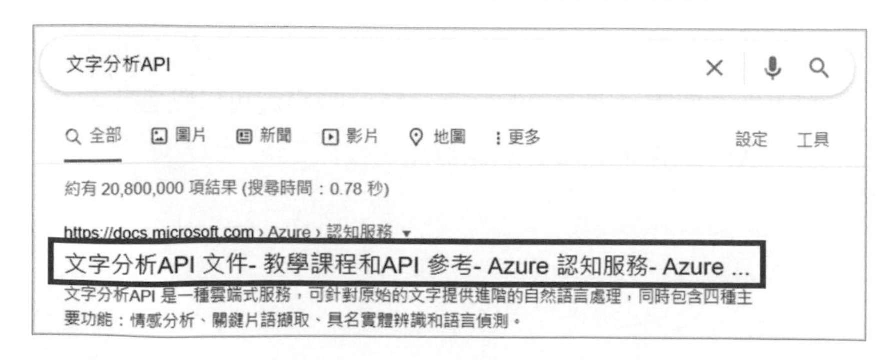

Step 2 點選下圖當中紅框的連結，即可進入 Azure 官方網站所提供有關文字分析的技術文件。

小提醒：技術文件的版本會根據功能更新而有些許的不同，因此讀者如果使用 3.0 以外的版本時，可能會造成功能無法使用的狀況喔！

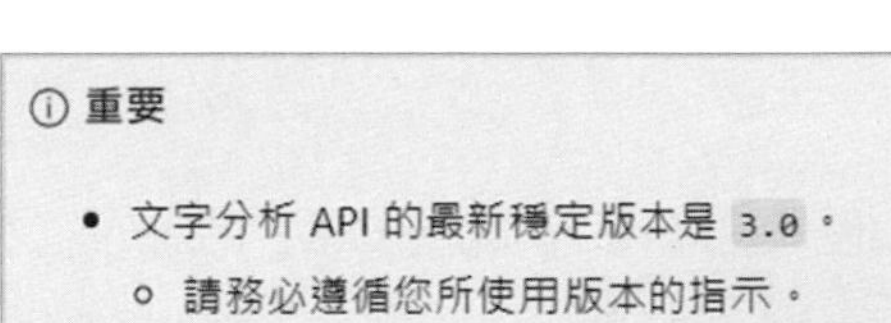

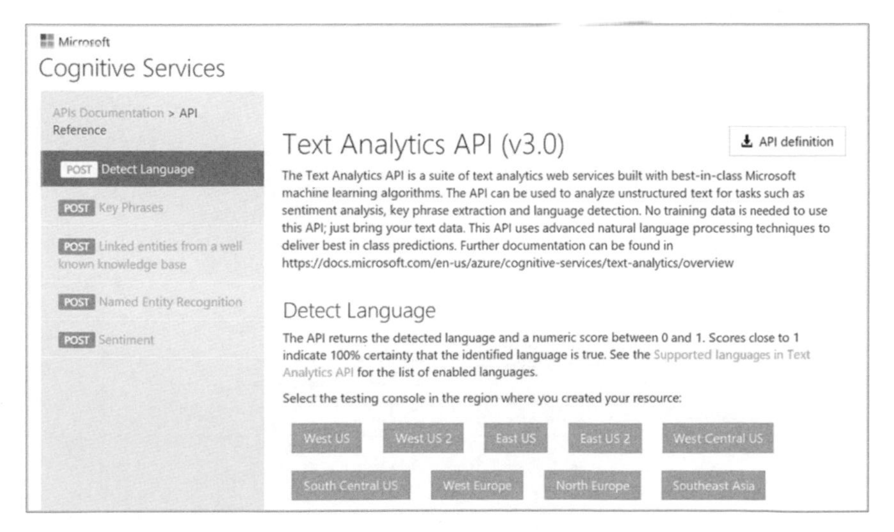

Step 3 選擇我們建立服務時所選擇的位置，而我們在前面建立資源時，所選擇的位置為「美國中南部」，因此，在這裡我們選擇「South Central US」的技術文件進行閱讀。

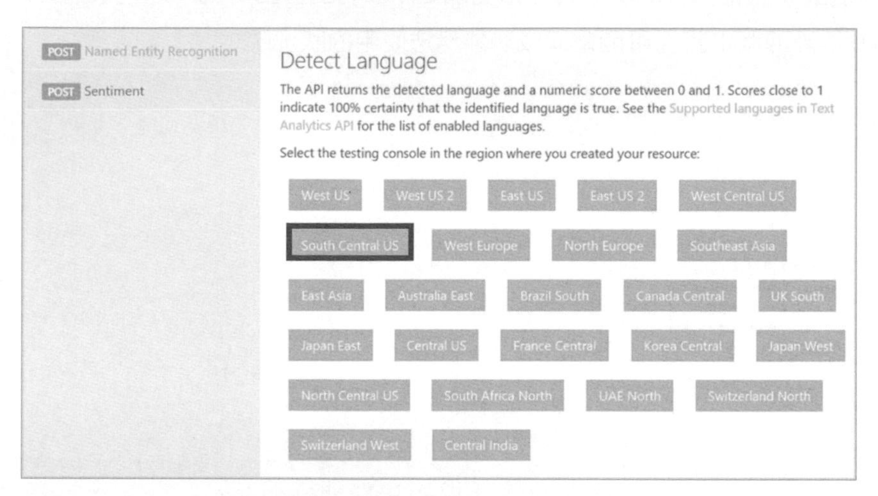

Step 4 進入網站後，就可以到下圖的紅框位置中，貼上前面取得的授權金鑰。

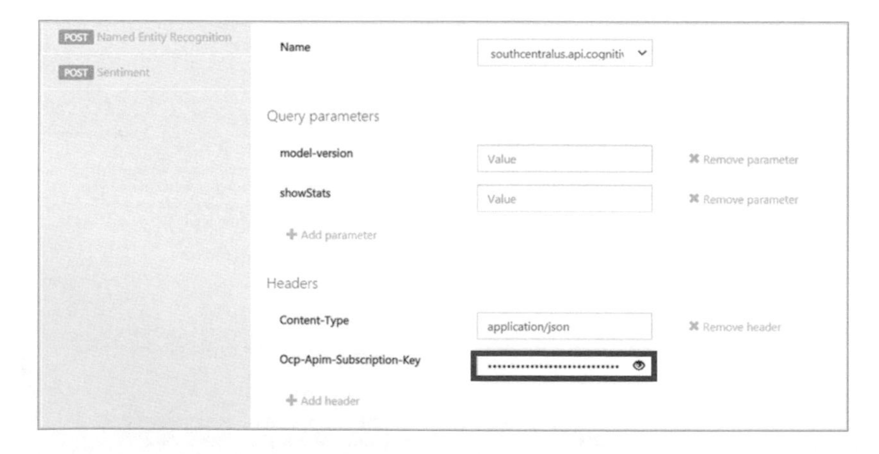

Step 5 輸入完成後，就可以透過點選下方的「Send」按鈕，來取得回應的資料，當取得所回傳的數字為「200」時，則代表這個呼叫是成功的。從下方紅框區域中的資訊可以看到，這次的呼叫所使用的方法為「POST」，也就是可以在呼叫這個 API 時帶入資料，而在 POST 後方的位址就是呼叫的 API 位址，除此之外，Host 顯示的資訊為我們建立資源的位置，Content-Type 則是我們在呼叫 API 時所帶入資料的型態。

HTTP request

```
POST https://southcentralus.api.cognitive.microsoft.com/text/analytics/v3.0/languages HTTP/1.1
Host: southcentralus.api.cognitive.microsoft.com
Content-Type: application/json
Ocp-Apim-Subscription-Key: ••••••••••••••••••••••••••••••••
```

```
{
  "documents": [
    {
      "countryHint": "US",
      "id": "1",
      "text": "Hello world"
    },
    {
      "id": "2",
      "text": "Bonjour tout le monde"
    },
    {
      "id": "3",
      "text": "La carretera estaba atascada. Había mucho tráfico el día de ayer."
    }
  ]
}
```

Send

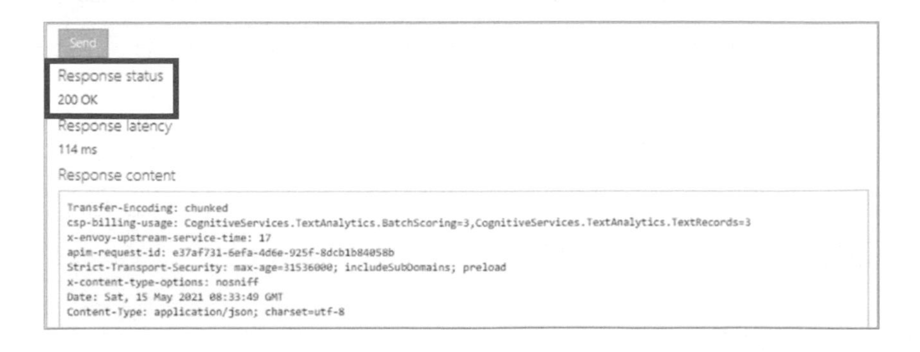

Response content


```
Transfer-Encoding: chunked
csp-billing-usage: CognitiveServices.TextAnalytics.BatchScoring=3,CognitiveServices.TextAnalytics.TextRecords=3
x-envoy-upstream-service-time: 17
apim-request-id: e37af731-6efa-4d6e-925f-8dcb1b84058b
Strict-Transport-Security: max-age=31536000; includeSubDomains; preload
x-content-type-options: nosniff
Date: Sat, 15 May 2021 08:33:49 GMT
Content-Type: application/json; charset=utf-8

{
  "documents": [{
    "id": "1",
    "detectedLanguage": {
      "name": "English",
      "iso6391Name": "en",
      "confidenceScore": 0.81
    },
    "warnings": []
  }, {
    "id": "2",
    "detectedLanguage": {
      "name": "French",
      "iso6391Name": "fr",
      "confidenceScore": 0.88
    },
    "warnings": []
  }, {
    "id": "3",
    "detectedLanguage": {
      "name": "Spanish",
      "iso6391Name": "es",
      "confidenceScore": 1.0
    },
    "warnings": []
  }],
  "errors": [],
  "modelVersion": "2021-01-05"
}
```


9-3 實戰成果

當我們在 Azure 完成建立翻譯工具的資源以後，我們就可以使用該資源回傳給我們的金鑰以及端點位置，來將翻譯的功能整合至應用程式當中，我們將透過以下的範例，來帶領讀者一步步地將 Azure 提供的翻譯服務進行實作，在我們開始以下的範例實作之前，我們建議讀者使用 Pyhon3 以上的版本進行，以避免部分語法在 Python 程式執行上發生錯誤，在我們的範例當中，將會使用 Python 3.6 來進行範例的實作。

9-3-1 偵測語言

Step 1 於程式最上方引入相關的函式庫。

Step1 程式碼教學範例：9.3.1-Detect language.py

```
1  import requests
2  import http.client, urllib.request, urllib.parse, urllib.error,
   base64
3  import json
```

有關各別函式庫的介紹我們將在這邊統一為讀者進行整理。

- requests：Python 中用來向其他網站發起請求的函式庫。
- http.client：用來啟用安全通訊協定，以確保傳輸的內容具有完整性與安全保障的函式庫。
- urllib.request：透過從網址來取得資料的函式庫。
- urllib.parse：用來解析網址中參數的函式庫。
- urllib.error：用來處理在取得網路資源發生例外狀況的函式庫。
- base64：Python 中用來將字串轉換 base64 編碼的函式庫。
- json：Python 中用來讀取 JSON 格式的函式庫。

Step 2 設定呼叫 Azure 雲端運算服務的參數與資訊。

Step2 程式碼教學範例：9.3.1-Detect language.py

```
4   _key = "輸入自己的Azure 金鑰"
5   _Host = "https://southcentralus.api.cognitive.microsoft.com"
6
7   headers = {
8       "Content-Type": "application/json",
9       "Ocp-Apim-Subscription-Key":_key,
10      "Accept":"application/json"
11  }
12
13  # "Ocp-Apim-Subscription-Key":_key,
```

Step2 程式碼 9.3.1-Detect language.py 說明：

- 第 4-5 列 設定在呼叫 API 時要傳入的金鑰與端點位置。
- 第 6-10 列 設定呼叫 API 時所要帶入的參數設定。

Step 3 呼叫 API 服務，並帶入要偵測的語言資料。

Step3 程式碼教學範例：9.3.1-Detect language.py

```
11  language_api_url = _Host + "/text/analytics/v3.0/languages"
12  body = {
13     "documents": [
14        {"id": "1", "text": "This is a document written in Eng
          lish."},
15        {"id": "2", "text": "Este es un document escrito en
          Español."},
16        {"id": "3", "text": "這是一個中文寫的文件"}
17  ]}
18  response = requests.post(language_api_url, headers=headers,
    json=body)
19  languages = response.json()
20  print(languages)
21  print("----------------------------------------")
```

Step3 程式碼 9.3.1-Detect language.py 說明：

- 第 11 列 設定要呼叫的 API 位址
- 第 12-17 列 使用 JSON 的資料格式來設定要傳入的參數內容
- 第 18 列 使用 POST 協定的方式來進行資源的請求，並將參數依序帶入，其順序分別為呼叫的 API 位址、驗證權杖資訊以及要執行偵測的內容
- 第 19 列 使用 json 函式來將內容以 JSON 格式回傳，並指派給變數 languages
- 第 20-21 列 輸出內容至畫面上

#執行結果


```
{'documents': [{'id': '1', 'detectedLanguage': {'name': 'English', 'iso6391Nam
e': 'en', 'confidenceScore': 1.0}, 'warnings': []}, {'id': '2', 'detectedLangua
ge': {'name': 'Spanish', 'iso6391Name': 'es', 'confidenceScore': 0.75}, 'warnin
gs': []}, {'id': '3', 'detectedLanguage': {'name': 'Chinese_Traditional', 'iso6
391Name': 'zh_cht', 'confidenceScore': 1.0}, 'warnings': []}], 'errors': [], 'm
odelVersion': '2021-01-05'}
-------------------------------------
```


註：從目前程式的執行結果可以看到，「name」的表示資訊為該語言所偵測到的語言名稱，「iso6391Name」的表示資訊為所偵測到的語言代碼，「confidenceScore」的表示資訊為這個判斷的信賴分數，分數為 1 表示對於這個判斷具有 100% 的準確程度。

Step 4 整理輸出的格式

Step4 程式碼教學範例：9.3.1-Detect language.py

```
22  for document in languages["documents"]:
23      print(" 句子" + document["id"] + " 語言: = " + str(document
    ["detectedLanguage"]["name"]))
```

Step5 程式碼 9.3.1-Detect language.py 說明：

➢ 第 22-23 列 使用迴圈控制的方式來將回應的編號和偵測語言名稱輸出至畫面。

#執行結果

```
句子1語言: = English
句子2語言: = Spanish
句子3語言: = Chinese_Traditional
```

9-3-2 情感分析

Step 1 於程式最上方引入相關的函式庫，並設定權杖資訊。

Step1 程式碼教學範例：9.3.2- emotion analysis.py

```
1  import http.client, urllib.request, urllib.parse, urllib.error,
   base64
2  import json
3  import requests
4  _key = "輸入自己的Azure金鑰"
5  _Host = "https://southcentralus.api.cognitive.microsoft.com"
6  headers = {
7      "Content-Type":"application/json",
8      "Ocp-Apim-Subscription-Key":_key,
9      "Accept":"application/json"
10 }
```

Step 2 呼叫 API 服務，並帶入要偵測的語言資料。

Step2 程式碼教學範例：9.3.2- emotion analysis.py

```
11 sentiment_url = _Host + "/text/analytics/v3.0/sentiment"
12 body = {
13    "documents": [
14        {"id": "1", "text": "The restaurant had great food and
          our waiter was friendly."},
15        {"id": "2", "text": "Bad atmosphere. Not close to plenty
          of restaurants, hotels, and transit! Staff are not
          friendly and helpful."}
16 ]}
17 response = requests.post(sentiment_url, headers=headers, json=body)
18 sentiment = response.json()
19 print(sentiment)
20 print("----------------------------------------")
```

Step2 **程式碼** 9.3.2- emotion analysis.py **說明**：

- 第 11-12 列 設定要呼叫的 API 位址
- 第 12-16 列 使用 JSON 的資料格式來設定要傳入的參數內容
- 第 17 列 使用 POST 協定的方式來進行資源的請求，並將參數依序帶入，其順序分別為呼叫的 API 位址、驗證權杖資訊以及要執行分析的內容。
- 第 18 列 使用 json 函式來將內容以 JSON 格式回傳，並指派給變數 sentiment。
- 第 19-20 列 輸出內容至畫面上。

#執行結果

```
{'documents': [{'id': '1', 'sentiment': 'positive', 'confidenceScores': {'positive': 1.0, 'neutral':
0.0, 'negative': 0.0}, 'sentences': [{'sentiment': 'positive', 'confidenceScores': {'positive': 1.0,
'neutral': 0.0, 'negative': 0.0}, 'offset': 0, 'length': 58, 'text': 'The restaurant had great food a
nd our waiter was friendly.'}], 'warnings': []}, {'id': '2', 'sentiment': 'negative', 'confidenceScor
es': {'positive': 0.01, 'neutral': 0.14, 'negative': 0.85}, 'sentences': [{'sentiment': 'negative',
'confidenceScores': {'positive': 0.0, 'neutral': 0.0, 'negative': 1.0}, 'offset': 0, 'length': 15, 't
ext': 'Bad atmosphere.'}, {'sentiment': 'negative', 'confidenceScores': {'positive': 0.02, 'neutral':
0.44, 'negative': 0.54}, 'offset': 16, 'length': 56, 'text': 'Not close to plenty of restaurants, hot
els, and transit!'}, {'sentiment': 'negative', 'confidenceScores': {'positive': 0.0, 'neutral': 0.0,
'negative': 1.0}, 'offset': 73, 'length': 35, 'text': 'Staff are not friendly and helpful.'}], 'warni
ngs': []}], 'errors': [], 'modelVersion': '2020-04-01'}
--------------------------------------
```

註：從目前程式的執行結果可以看到，「sentiment」的表示資訊為該字詞所偵測到的情感，其中包含正面 positive、負面 negative 和中性 neutral 三種情感，而「confidenceScores」的表示資訊為，判斷特定句子所屬情感的信賴程度。

Step3 **整理輸出的格式**

Step3 程式碼教學範例：9.3.2- emotion analysis.py

```
21  for document in sentiment ['documents'] :
22      print("意見" + document["id"] + ": = " + document
        ["sentiment"] )
```

Step4 程式碼 9.3.2- emotion analysis.py 說明：

➢ 第 21-22 列 使用迴圈控制的方式來將回應的編號和句子的情感判斷輸出至畫面。

#執行結果

```
意見1: = positive
意見2: = mixed
```

9-3-3 擷取關鍵片語

Step 1 於程式最上方引入相關的函式庫，並設定權杖資訊。

Step1 程式碼教學範例：9.3.3- Extract key phrases.py

```
1  import http.client, urllib.request, urllib.parse, urllib.error,
   base64
2  import json
3  import requests
4  _key = "輸入自己的Azure金鑰"
5  _Host = "https://southcentralus.api.cognitive.microsoft.com"
6  headers = {
7     "Content-Type":"application/json",
8     "Ocp-Apim-Subscription-Key":_key,
9     "Accept":"application/json"
10 }
```

Step 2 呼叫 API 服務，並帶入要偵測的語言資料。

Step2 程式碼教學範例：9.3.3- Extract key phrases.py

```
11 keyphrase_url = _Host + "/text/analytics/v3.0/keyphrases"
12 body = {
13     "documents": [
14
```

```
14          {"id": "1", "language": "en","text":
             "I really enjoy the new XBox One S. It has a clean look,
    it has 4K/HDR resolution and it is affordable." },
15          {"id": "2", "language": "es","text":
             "Si usted quiere comunicarse con Carlos, usted debe de
    llamarlo a su telefono movil. Carlos es muy responsable, pero
    necesitarecibir una notificacion si hay algun problema." },
16          {"id": "3", "language": "ja", "text": "猫は幸せ"}
17  ]}
18  response = requests.post(keyphrase_url, headers=headers, json=body)
19  keyphrase = response.json()
20  print(keyphrase)
21  print("--------------------------------------")
```

Step2 **程式碼** 9.3.3- Extract key phrases.py **說明：**

- 第 11 列 設定要呼叫的 API 位址
- 第 12-17 列 使用 JSON 的資料格式來設定要傳入的參數內容
- 第 18 列 使用 POST 協定的方式來進行資源的請求，並將參數依序帶入，其順序分別為呼叫的 API 位址、驗證權杖資訊以及要執行擷取關鍵片語的內容。
- 第 19 列 使用 json 函式來將內容以 JSON 格式回傳，並指派給變數 keyphrase。
- 第 20-21 列 輸出內容至畫面上。

#執行結果

```
{'documents': [{'id': '1', 'keyPhrases': ['HDR resolution', 'new XBox', 'clean
look'], 'warnings': []}, {'id': '2', 'keyPhrases': ['Carlos', 'notificacion',
'algun problema', 'telefono movil'], 'warnings': []}, {'id': '3', 'keyPhrases':
['幸せ'], 'warnings': []}], 'errors': [], 'modelVersion': '2020-07-01'}
--------------------------------------
```

註：從目前程式的執行結果可以看到，「keyPhrases」的表示資訊為從句子中擷取的關鍵片語。

Step 3 整理輸出的格式

Step3 程式碼教學範例：9.3.3- Extract key phrases.py

```
22  for document in keyphrase ['documents'] :
23      print("句子" + document["id"] + "關鍵字: = " + str(document ["key-
    Phrases"] ))
```

Step3 程式碼 9.3.3- Extract key phrases.py 說明：

➤ 第 22-23 列 使用迴圈控制的方式來將回應的編號和擷取的關鍵片語輸出至畫面。

#執行結果

```
句子1 關鍵字: = ['new XBox One S.', 'clean look', '4K/HDR resolution']
句子2 關鍵字: = ['telefono movil', 'Carlos', 'notificacion', 'problema']
句子3 關鍵字: = ['貓']
```

9-3-4 實體識別

Step 1 於程式最上方引入相關的函式庫，並設定權杖資訊。

Step1 程式碼教學範例：9.3.4- Entity recognition.py

```
1   import http.client, urllib.request, urllib.parse, urllib.error, base64
2   import json
3   import requests
4   _key = "輸入自己的Azure金鑰"
5   _Host = "https://southcentralus.api.cognitive.microsoft.com"
6   headers = {
7       "Content-Type": "application/json",
8       "Ocp-Apim-Subscription-Key":_key,
9       "Accept":"application/json"
10  }
```

Step 2 呼叫 API 服務，並帶入要偵測的語言資料。

Step2 程式碼教學範例：9.3.4- Entity recognition.py

```
11 entities_url=_Host+"/text/analytics/v3.0/entities/recognition/general"
12 body = {
13     "documents": [
14     {
15         "language": "en",
16         "id": "1",
17         "text": "I had a wonderful trip to Seattle last week."
18     },
19     {
20         "language": "en",
21         "id": "2",
22         "text": "I work at Microsoft."
23     },
24     {
25         "language": "en",
26         "id": "3",
27         "text": "I visited Space Needle 2 times."
28     }
29 ]}
30 response = requests.post(entities_url, headers=headers, json=body)
   entities = response.json()
31 print(entities)
32 print("---------------------------------------")
33
```

Step2 程式碼 9.3.4- Entity recognition.py 說明：

- 第 11 列 設定要呼叫的 API 位址
- 第 12-29 列 使用 JSON 的資料格式來設定要傳入的參數內容
- 第 30 列 使用 POST 協定的方式來進行資源的請求，並將參數依序帶入，其順序分別為呼叫的 API 位址、驗證權杖資訊以及要執行實體識別的內容。

- 第 31 列 使用 json 函式來將內容以 JSON 格式回傳，並指派給變數 entities。
- 第 32-33 列 輸出內容至畫面上。

#執行結果

得到的 JSON 檔輸出後的結果，「category」為辨識出文字的類別。


```
{'documents': [{'id': '1', 'entities': [{'text': 'Seattle', 'category': 'Locati
on', 'subcategory': 'GPE', 'offset': 26, 'length': 7, 'confidenceScore': 0.99},
{'text': 'last week', 'category': 'DateTime', 'subcategory': 'DateRange', 'offs
et': 34, 'length': 9, 'confidenceScore': 0.8}], 'warnings': []}, {'id': '2', 'e
ntities': [{'text': 'Microsoft', 'category': 'Organization', 'offset': 10, 'len
gth': 9, 'confidenceScore': 0.98}], 'warnings': []}, {'id': '3', 'entities':
[{'text': 'Space Needle', 'category': 'Location', 'offset': 10, 'length': 12,
'confidenceScore': 0.65}, {'text': '2', 'category': 'Quantity', 'subcategory':
'Number', 'offset': 23, 'length': 1, 'confidenceScore': 0.8}], 'warnings':
[]}], 'errors': [], 'modelVersion': '2021-01-15'}
--------------------------------------
```


註：從目前程式的執行結果可以看到，「category」的表示資訊以串列的資料型態回傳，其中每個元素皆以字典的形式儲存，並且分別將句子中的字詞依序進行實體識別的判斷，以及顯示各別在實體判斷上的信賴分數。

Step 3 整理輸出的格式

Step3 程式碼教學範例：9.3.4- Entity recognition.py

```
34 for document in entities ['documents'] :
35     print("句子" + document["id"] + ":")
36     lines = document['entities']
37     for i in range(len(lines)):
38         print ("\n","文字:",document['entities'][i]['text'],"\n",
   "類別:",document['entities'][i]['category'],"\n")
```

Step3 **程式碼** 9.3.4- Entity recognition.py **說明：**

➢ 第 34-38 列 使用迴圈控制的方式來將回應的編號和擷取的關鍵片語輸出至畫面。

#執行結果

```
句子1:

 文字: trip
 類別: Event


 文字: Seattle
 類別: Location


 文字: last week
 類別: DateTime

句子2:

 文字: Microsoft
 類別: Organization

句子3:

 文字: Space Needle
 類別: Location


 文字: 2
 類別: Quantity
```

10

Azure 認知服務 - 翻譯工具

10-1 什麼是翻譯工具？

翻譯工具所提供的功能如其名稱，可以將某個特定語言翻譯成為另一種語言，讓使用者可以透過翻譯的方式，來瞭解不同語言所要表達的內容，我們經常使用翻譯工具的時機不外乎幾種情況，都是在有需要的時候，才會透過翻譯工具來將特定的句子或詞彙進行翻譯，而在 Azure 的認知服務當中，同樣提供了翻譯工具的功能給使用者，並且能夠讓使用者透過呼叫 API 的方式，將翻譯工具輕鬆地整合於應用程式和網站當中。

Azure 提供的翻譯工具同樣屬於雲端運算服務的其中一項，其核心的功能就是將特定語言進行翻譯，並且能夠為多種微軟相關產品和服務提供技術支援，以供應全球數千個企業運用於其應用程式和工作流程當中，使其內容得以觸及全球各地的用戶。

10-1-1 文字和語音翻譯的語言和區域支援

Azure 提供的翻譯工具擁有翻譯、音譯、語言偵測和字典的多語言支援外，還提供自訂翻譯的延伸服務，來改善原有翻譯工具提供的功能，而使用自訂翻譯工具可建立自定義的翻譯方式，並且提供個人或企業來改善特定產品字詞中的翻譯結果。除此之外，Azure 提供的雲端運算服務也可以互相搭配使用，舉例來說，開發者也能夠搭配 Azure 提供的語音服務，來將語音翻譯功能和文字翻譯功能整合至應用程式當中。

Azure 提供的翻譯語言，目前可支援 70 多種的語言，當要使用 API 呼叫其翻譯工具的功能時，將需要進行翻譯的兩種「語言代碼」透過傳入參數的方式來讓 API 執行，並且回傳翻譯的結果。本書在下方以表格的方式為讀者整理出 Azure 翻譯工具目前支援的語言及其語言代碼。

語言	語言代碼	語言	語言代碼
南非荷蘭文	af	奎雷塔洛歐多米文	otq
阿拉伯文	ar	羅馬尼亞文	ro
孟加拉文	bn	俄文	ru
波士尼亞文（拉丁文）	bs	薩摩亞文	sm
保加利亞文	bg	塞爾維亞文（斯拉夫）	sr-Cyrl
粵語（繁體中文）	yue	塞爾維亞文（拉丁）	sr-Latn
卡達隆尼亞文	ca	斯洛伐克文	sk
簡體中文	zh-Hans	斯洛維尼亞文	sl
繁體中文	zh-Hant	西班牙文	es
克羅埃西亞文	hr	瑞典文	sv
捷克文	cs	大溪地文	ty
達利文	prs	坦米爾文	ta
丹麥文	da	泰盧固文	te
荷蘭文	nl	泰文	th
英文	en	東加文	to
愛沙尼亞文	et	土耳其文	tr
斐濟文	fj	烏克蘭文	uk
菲律賓文	fil	烏都文	ur
芬蘭文	fi	越南文	vi
法文	fr	威爾斯文	cy
德文	de	猶加敦馬雅文	yua
希臘文	el	坎那達文	kn
古吉拉特文	gu	哈薩克文	kk
海地克裏奧爾文	ht	史瓦希里文	sw
Hebrew	he	克林貢文	tlh-Latn
Hindi	hi	克林貢文 (plqaD)	tlh-Piqd
白苗文	mww	韓文	ko
匈牙利文	hu	庫爾德（中部）	ku
冰島文	is	德文（北）	kmr
印尼文	id	拉脫維亞文	lv

語言	語言代碼	語言	語言代碼
愛爾蘭文	ga	立陶宛文	lt
義大利文	it	馬達加斯加文	mg
日文	ja	馬來文	ms
普什圖文	ps	馬來亞拉姆文	ml
波斯文	fa	馬爾他文	mt
波蘭文	pl	毛利文	mi
葡萄牙文 (巴西)	pt-br	馬拉地文	mr
葡萄牙文 (葡萄牙)	pt-pt	挪威文	nb
旁遮普文	pa	歐迪亞文	or

10-1-2 類神經機器翻譯

Azure 提供的類神經機器翻譯（Neural Machine Translation, NMT) 屬於高品質 AI 技術架構機器翻譯的新標準，它以改善翻譯品質的方式，取代了過去的統計機器翻譯 (Statistical Machine Translation, SMT) 技術，而類神經機器翻譯所提供的翻譯優於統計機器翻譯的原因不僅在於翻譯的品質而已，對於使用類神經機器翻譯的結果也使得句子變得更為流暢與人性化，其中使得句子變得流暢的主要原因就在於，類神經機器翻譯是使用「句子」為單位來翻譯各別字詞，而統計機器翻譯則是使用「各別字詞」為單位來翻譯句子。

10-2 建立翻譯工具 API 服務

在開始使用 Azure 來建立翻譯工具的服務之前，我們需要先向 Azure 取得授權金鑰，並且在呼叫特定雲端運算服務的 API 時帶入此授權金鑰，如此一來，才能夠根據官方所提供的技術文件來使用 Azure 雲端運算服務，以及取得相對應的回應結果，以下我們將帶領讀者進行認知服務的建立，並且取得授權金鑰來呼叫 API。

一、建立並取得翻譯工具的授權金鑰與端點資訊

使用 Azure 的服務時，需要根據不同的雲端運算服務進行建立以及申請服務相對應的授權金鑰，才能夠順利地在程式當中呼叫 Azure 提供的雲端運算服務，

Step 1 在認知服務的 Marketplace 中搜尋「Translator」，並點選建立。這邊要注意的地方在於，認知服務會根據版本的更新而在功能上會有所不同。

Step 2 建立資源的名稱，名稱可根據需求自行定義，本書在範例中輸入的名稱為「tran-test」、使用「Azure for Students」的訂用帳戶、資源群組位置設定為「美國東部」、定價層選擇「免費 F0」，最後需要設定資源群組的名稱，這個名稱同樣可以根據使用者的需求來自行定義，本書在範例中使用的名稱為「translation」，當上述的內容皆填寫完畢時，即可點選「檢閱 + 建立」來驗證，在驗證完畢後就可以點選「建立」來進行下一步。

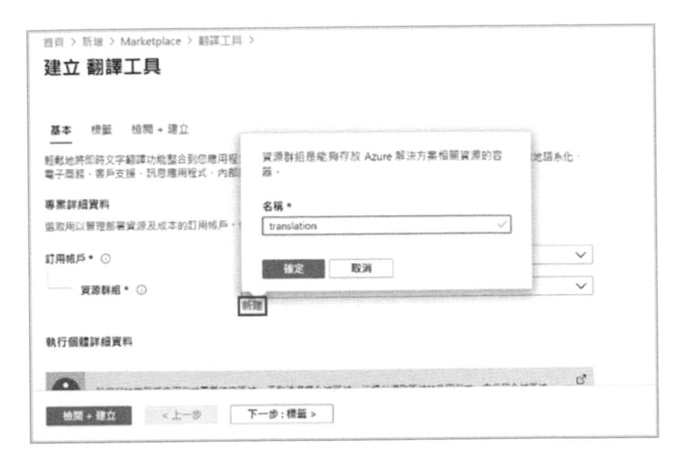

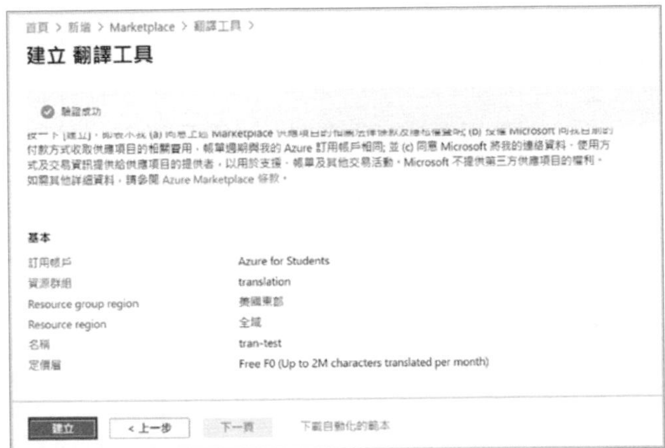

Step 3 建立過程需要等待一些時間，並且在建立完成之後，可以在畫面中看到「您的部署已完成」的文字，這個時候就可以點選「前往資源」來取得 API 的授權金鑰與端點資訊。

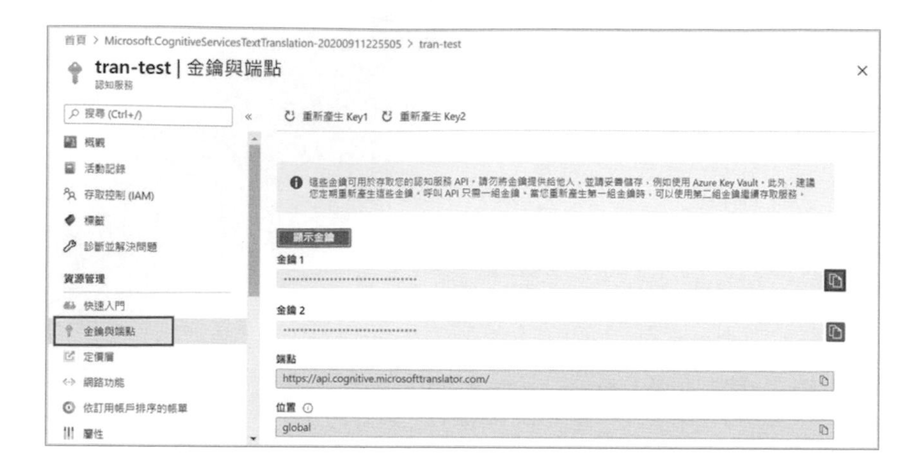

二、查詢翻譯工具最新版本 REST API

Step 1 取得 Azure 文字分析的技術文件，使用關鍵字搜尋「翻譯工具 API」，點選下圖中的第一個連結，即可取得官方網站提供的 API 文件，本範例將使用 3.0 的版本進行範例的演示。

Step 2 點選翻譯。點選「工具參考 (v3)」，即可進入 Azure 官方網站所提供有關文字分析的技術文件。

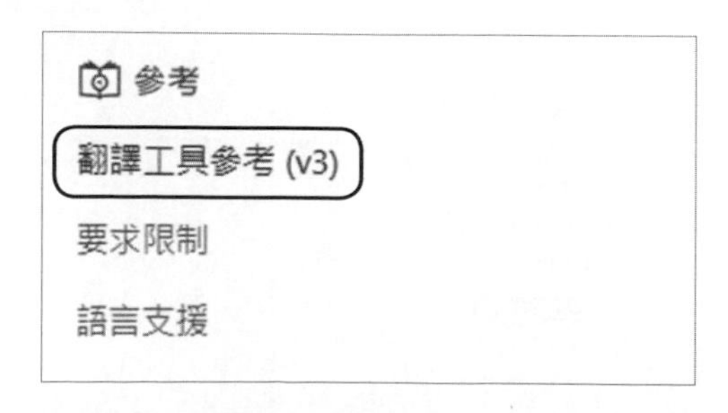

Step 3 在這個頁面的技術文件當中，我們可以看到下圖當中的紅框區域，在執行多數 Azure 提供的雲端運算服務前，都需要先透過呼叫此連結，並且傳入特定資源的金鑰後，才能依照官方的技術文件來進行後續的功能呼叫。

使用存取權杖進行驗證

或者，您可以用秘密金鑰交換存取權杖。 此權杖會隨附在每個要求中作為 `Authorization` 標頭。 若要取得授權權杖，請對下列 URL 提出 `POST` 要求：

資源類型	驗證服務 URL
全球	`https://api.cognitive.microsoft.com/sts/v1.0/issueToken`
區域或多服務	`https://<your-region>.api.cognitive.microsoft.com/sts/v1.0/issueToken`

10-3 實戰成果

當我們在 Azure 完成建立翻譯工具的資源以後，我們就可以使用該資源回傳給我們的金鑰以及端點位置，來將翻譯的功能整合至應用程式當中，我們將透過以下的範例，來帶領讀者一步步地將 Azure 提供的翻譯服務進行實作，在開始以下的範例實作之前，建議讀者使用 Pyhon3 以上的版本進行，以避免部分語法在 Python 程式執行上發生錯誤，在我們的範例當中將會使用 Python 3.6 來進行範例的實作。

10-3-1 翻譯工具

Step 1 於程式最上方引入相關的函式庫。

Step1 程式碼教學範例：10.3.2-Translation tools.py

```
1  import requests, json
2  import http.client, urllib.request, urllib.parse, urllib.error,
   urllib
3  from xml.etree import ElementTree
```

有關各別函式庫的介紹我們將在這邊統一為讀者進行整理。

- requests：Python 中用來向其他網站發起請求的函式庫。
- json：Python 中用來讀取 JSON 格式的函式庫。
- http.client：用來啟用安全通訊協定，以確保傳輸的內容具有完整性與安全保障的函式庫。
- urllib： 用來取得網址資源的函式庫。
- urllib.request：透過從網址來取得資料的函式庫。
- urllib.parse：用來解析網址中參數的函式庫。
- urllib.error：用來處理在取得網路資源發生例外狀況的函式庫。
- ElementTree：用來處理 XML 格式資料的函式庫。

Step 2 設定呼叫 Azure 雲端運算服務的參數與資訊

Step2 程式碼教學範例：10.3.2-Translation tools.py

```
4   try:
5      apiKey = "輸入自己的Azure金鑰"
6      AccessTokenHost = "api.cognitive.microsoft.com"
7      path = "/sts/v1.0/issueToken"
8      params = "&to=es&to=it&to=fr&to=ja&to=pt&to=hi&to=zh-
    Hans&to=ko"
9      headers = {'Ocp-Apim-Subscription-Key':apiKey}
10     textToTranslate = input('請輸入要翻譯的文字: \n')
```

```
11     fromLangCode = input('輸入的是什麼語言 (請輸入語言代號)?\n')
12     toLangCode = input('要轉換成什麼語言 (請輸入語言代號)?\n')
```

Step2 **程式碼** 10.3.2-Translation tools.py **說明**

- 第 4-7 列 使用例外處理的方式來設定呼叫的端點位置與金鑰。
- 第 8 列 定義要翻譯的語言，需要使用「&to=」來連接翻譯的語言代碼，按照順序分別為西班牙語、義大利語、法文、日文、中文、韓文。
- 第 9 列 設定呼叫 API 時所要帶入的必填欄位。
- 第 10-12 列 使用 input 函式來取得使用者輸入的內容，並分別指派給變數。

Step 3 呼叫授權的 API 位址來取得授權權杖。

Step3 程式碼教學範例：10.3.2-Translation tools.py

```
13     print ("Connect to server to get the Access Token")
14     conn = http.client.HTTPSConnection(AccessTokenHost)
15     conn.request("POST", path, params, headers)
16     response = conn.getresponse()
17     print(response.status, response.reason)
18     data = response.read()
19     conn.close()
```

Step3 **程式碼** 10.3.2-Translation tools.py **說明**

- 第 13 列 輸出訊息文字以確認程式目前的執行位置。
- 第 14 列 建立 https 的連線方式，來呼叫目標 API 位置。
- 第 15 列 使用 POST 的協定方式進行資源的請求，並且將資源路徑位址以第二個參數帶入，接著將要翻譯的語言代號以第三個參數帶入，最後將要驗證訂閱狀態的資訊以第四個參數帶入。
- 第 16 列 使用 getresponse 函式來取得回應內容，並指派給變數 response。

- 第 17 列 在畫面上輸出回應代號以及回應內容。
- 第 18 列 使用 read 函式讀取變數 response 的內容，並指派給變數 data。
- 第 19 列 使用 close 函式來將連線關閉。

Step 4 組合從 Step3 所取得的權杖，並且在呼叫 API 服務時帶入。

小提醒：這邊需要特別注意！這個權杖的有效時間為 10 分鐘，因此在呼叫服務的時候，每間隔 10 分鐘就需要重新執行 Step3 來更新權杖。

Step4 程式碼 10.3.2-Translation tools.py 說明

```
20      accesstoken = data.decode("UTF-8")
21      headers = {
22         "Authorization" :  "Bearer " + accesstoken
23      }
24      params = urllib.parse.urlencode({
25         "text": textToTranslate,
26         "to":toLangCode,
27         "from":fromLangCode
28      })
29      conn =http.client.HTTPSConnection("api.microsofttranslator.com")
30      conn.request("GET","/V2/Http.svc/Translate?%s"%params,"{body}",
    headers)
31      response = conn.getresponse()
32      data = response.read()
33      translation = ElementTree.fromstring(data.decode("UTF-8"))
34      print(translation.text)
35      conn.close()
36  except Exception as e:
37      print( " { Errno { 0 } } { 1 } ".format(e.erron, e.strerror))
```

Step5 程式碼 10.3.2-Translation tools.py 說明

- 第 20 列 將回應內容以 utf-8 的格式解碼後，指派給變數 accesstoken
- 第 21-23 列 定義要帶入的驗證參數 headers，字典當中的 key 為 Authorization，而 value 為 bearer 加上變數 accesstoken。

- 第 24-28 列 定義要發送請求的參數，使用 urlencode 函式來將請求位址重新組合。
- 第 29 列 建立 https 的連線方式，來呼叫目標 API 位置。
- 第 30 列 使用 GET 協定的方式來進行資源的請求，並將要進行翻譯的代碼以 query 參數的形式放入網址中，最後要將驗證的權杖資訊以帶入來執行呼叫。
- 第 31 列 使用 getresponse 函式來取得回應的內容，並指派給變數 response。
- 第 32 列 使用 read 函式來讀取變數 response 的內容，並指派給變數 data，註：這邊所回傳的內容格式為 XML 格式的資料。
- 第 33 列 以 utf-8 格式將變數 data 的內容解碼後，使用 ElementTree 函式來將 XML 格式的內容進行轉換。
- 第 34 列 將回應的內容輸出至畫面。
- 第 35 列 使用 close 函式來將連線關閉。
- 第 36-37 列 當有例外錯誤出現時，會將錯誤內容輸出至畫面。

#執行結果

```
請輸入要翻譯的文字:
蘋果
輸入的是什麼語言 ( 請輸入語言代號 )?
zh-hans
要轉換成什麼語言 ( 請輸入語言代號 )?
en
Connect to server to get the Access Token
200 OK
apple
```

11

Azure 認知服務 - 電腦視覺

11-1 什麼是電腦視覺

「電腦視覺」是人工智慧 (AI) 的範疇之一，軟體系統透過科學視覺化像是相機、影像和影片來感知世界，以建立與人類視覺系統相似的機器，可以查看、辨識、理解並分析所偵測到的影像。AI 工程師和資料科學家可以使用混合的自訂機器學習服務模型和平台即服務 (PaaS) 解決方案來處理多種特定類型的電腦視覺問題，例如 Microsoft Azure 中的許多認知服務。

Azure 電腦視覺

Azure 提供雲端式電腦視覺 API 給開發人員存取進階演算法，處理影像並回傳資訊。即使沒有機器學習的專業知識，開發人員也能使用此功能，若想要將影像分析內嵌於應用程式中，只需要呼叫 API，藉由影像上傳或設定影像 URL，Microsoft 電腦視覺演算法便會依據使用者輸入的內容進行視覺影像分析。

Azure 分析影像 API 提供了以下的服務：

服務	解釋
剖析影像	可辨識影像中的物件並加入標記、判斷色彩配置及影像類型，另外，還可以應用於偵測成人內容，分析是否有不適當的內容，供開發人員可限制其應用程式中影像的呈現。
辨識名人、品牌、地標	可辨識超過 200,000 名來自商業界、政界、體壇和娛樂圈的名人，與數千個全球商標以及世界各地的著名地標。
文字辨識	使用光學字元辨識 (OCR) 偵測影像或文件中的文字，已大幅減省資料輸入的時間。
產生縮圖	分析上傳的影像，產生高品質且兼具使用效益的縮圖，以使用者感興趣區域進行影像裁剪，也可依據使用者需求進行外觀比例選擇。
臉部識別	偵測影像中的臉部，電腦視覺提供部分臉部辨識的功能，根據所偵測到的臉部回傳座標、矩形、性別和年齡。

11-2 建立電腦視覺 API 服務與網路測試工具

這裡介紹怎麼建立電腦視覺 API 服務，以及運用 Azure 提供的網路測試服務工具來執行，以下將依序分別說明下述兩大步驟：

- 使用 Azure 入口網站建立認知服務資源與建立 Computer Vison API
- 使用 Azure 提供的 Online API 測試工具

一、在 Azure 建立電腦視覺 API

建立程序：認知服務 / 搜尋電腦視覺 / 獲取申請的金鑰。

Step 1 搜尋「認知服務」後，點選下方建立認知服務。

Step 2 在認知服務的 Marketplace 中搜尋「Computer Vision」，選擇電腦視覺，並點選建立。

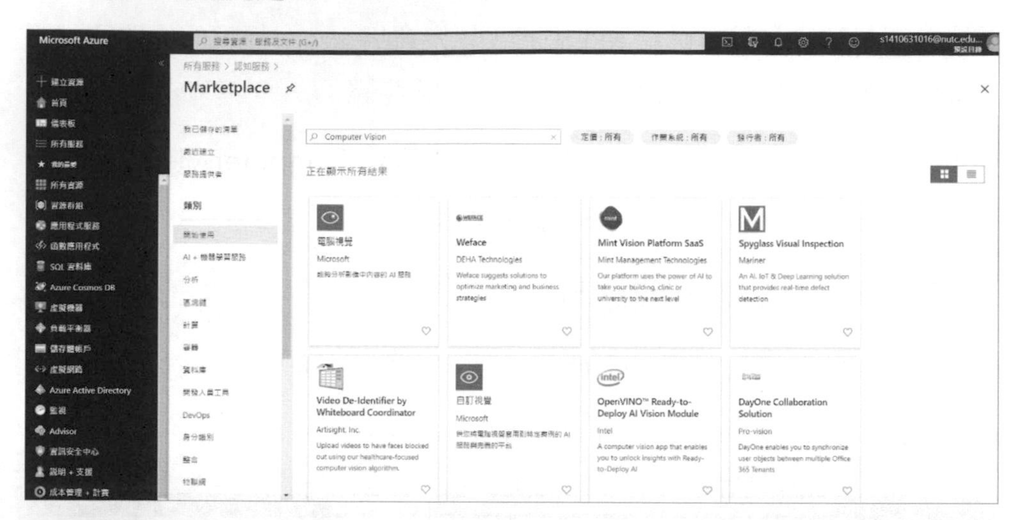

Step 3 建立資源，名稱輸入「azureocrapi」(可自訂)；訂用帳戶為 Azure for Students(預設)；位置為美國中南部 (預設可更改)；定價層點選免費 F0；新增一個資源群組名為「ocrtest」(可自訂)。

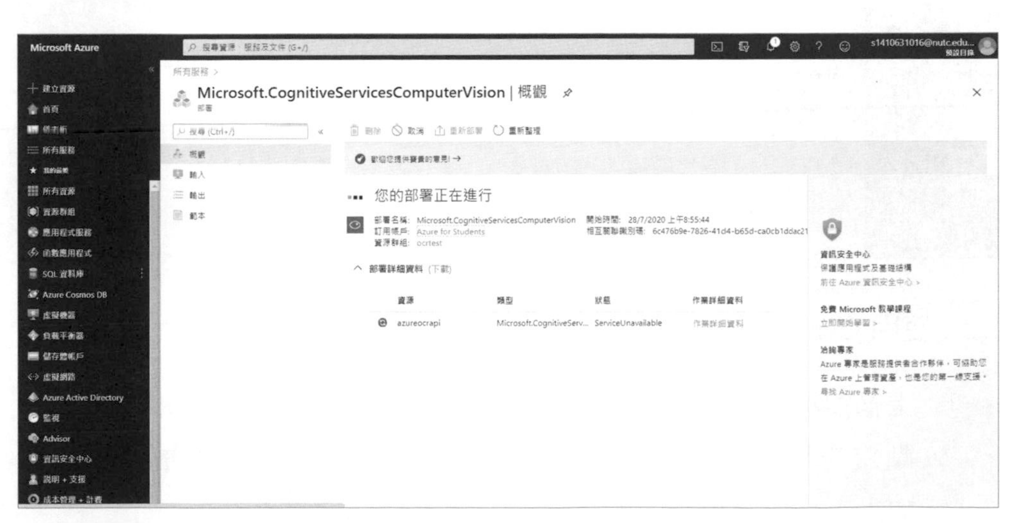

Step 4 建立完成後，點選前往資源，選取金鑰與端點，取得 API 金鑰與端點。

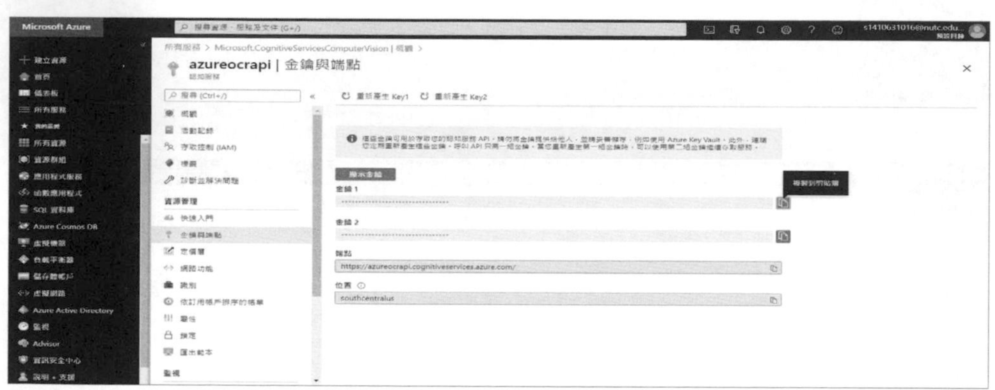

二、使用 Online API 測試工具

Step 1 上網搜尋「電腦視覺 API」，即可到官網查看最新版本 REST API，點選光學字元辨識底下的其他，而目前較新的版本是 Computer Vision API (v3.2)。

光學字元辨識
關於 OCR
開始使用 OCR
呼叫讀取 API
使用讀取 OCR 容器
OCR API 參考
其他 >

Step 2 點選並且進入官網提供之電腦視覺 API 測試。

(https://centraluseuap.dev.cognitive.microsoft.com/docs/services/computer-vision-v3-2/operations/5d986960601faab4bf452005)

Microsoft
Cognitive Services

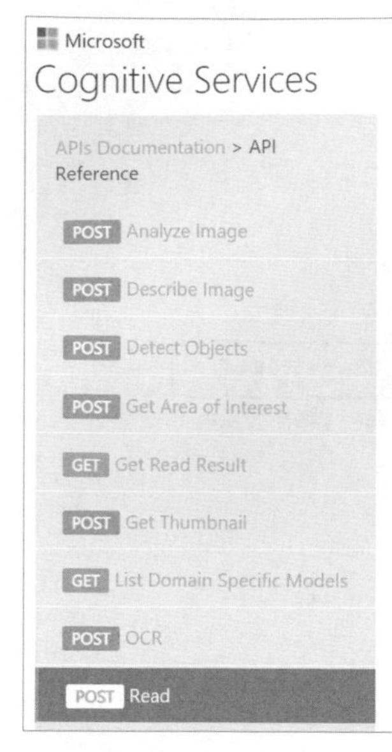

Computer Vision API (v3.2)

API definition

The Computer Vision API provides state-of-the-art algorithms to process images and return information. For example, it can be used to determine if an image contains mature content, or it can be used to find all the faces in an image. It also has other features like estimating dominant and accent colors, categorizing the content of images, and describing an image with complete English sentences. Additionally, it can also intelligently generate images thumbnails for displaying large images effectively.

This API is currently available in:

- Australia East - australiaeast.api.cognitive.microsoft.com
- Brazil South - brazilsouth.api.cognitive.microsoft.com
- Canada Central - canadacentral.api.cognitive.microsoft.com
- Central India - centralindia.api.cognitive.microsoft.com
- Central US - centralus.api.cognitive.microsoft.com
- East Asia - eastasia.api.cognitive.microsoft.com
- East US - eastus.api.cognitive.microsoft.com
- East US 2 - eastus2.api.cognitive.microsoft.com
- France Central - francecentral.api.cognitive.microsoft.com
- Japan East - japaneast.api.cognitive.microsoft.com
- Japan West - japanwest.api.cognitive.microsoft.com

Step 3 接著地區選擇美國中南部 (與 api 地區設定相同即可)。

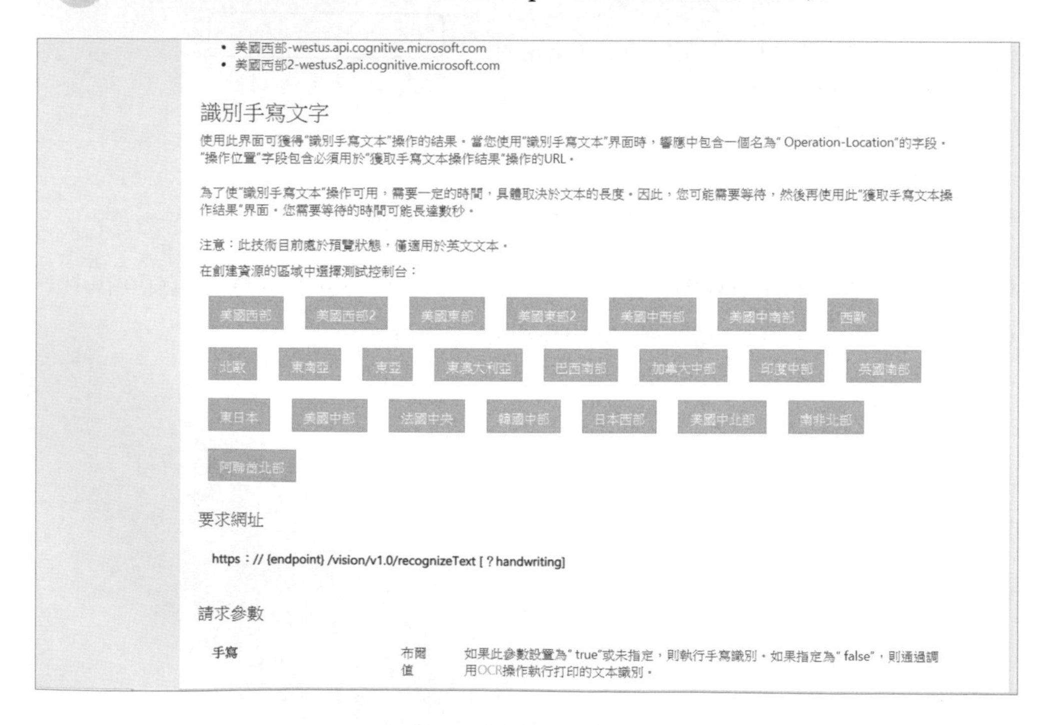

- 美國西部-westus.api.cognitive.microsoft.com
- 美國西部2-westus2.api.cognitive.microsoft.com

識別手寫文字

使用此界面可獲得"識別手寫文本"操作的結果。當您使用"識別手寫文本"界面時，響應中包含一個名為" Operation-Location"的字段。"操作位置"字段包含必須用於"獲取手寫文本操作結果"操作的URL。

為了使"識別手寫文本"操作可用，需要一定的時間，具體取決於文本的長度。因此，您可能需要等待，然後再使用此"獲取手寫文本操作結果"界面。您需要等待的時間可能長達數秒。

注意：此技術目前處於預覽狀態，僅適用於英文文本。

在創建資源的區域中選擇測試控制台：

美國西部 美國西部2 美國東部 美國東部2 美國中西部 美國中南部 西歐
北歐 東南亞 東亞 東澳大利亞 巴西南部 加拿大中部 印度中部 英國南部
東日本 美國中部 法國中央 韓國中部 日本西部 美國中北部 南非北部
阿聯酋北部

要求網址

https：// {endpoint} /vision/v1.0/recognizeText [? handwriting]

請求參數

手寫	布爾值	如果此參數設置為" true"或未指定，則執行手寫識別。如果指定為" false"，則通過調用OCR操作執行打印的文本識別。

Step 4 輸入申請的 API 金鑰，與圖片連結 (任意英文文字圖片連結即可)。

標頭

內容類型 application/json ✖ 刪除標題

Ocp-Apim訂閱密鑰 ••••••••••••••••••••••

✚ 添加標題

要求正文

輸入在POST正文中傳遞。支持的輸入方法：原始圖像二進製或圖像URL。

輸入要求：

- 支持的圖像格式：JPEG，PNG和BMP。
- 圖像文件大小必須小於4MB。
- 圖像尺寸必須至少為50 x 50像素，最大為4200 x 4200像素。

```
1個 { “ url”：“ http://example.com/images/test.jpg” }
```

Step 5 點選發送，回應狀態 200 為伺服器請求成功。

```
Host: southcentralus.api.cognitive.microsoft.com
Content-Type: application/json
Ocp-Apim-Subscription-Key: ••••••••••••••••••••••••••••••••

{"url":"https://i2.kknews.cc/SIG=20srem/16820005q4287s587qs9.jpg"}
```

發送

回應狀態

202接受

響應延遲

559 毫秒

回應內容

```
Pragma: no-cache
Operation-Location: https://southcentralus.api.cognitive.microsoft.com/vision/v1.0/textOperations/7be88455-56b3-45
4d-ae50-6f73db4b54b0
CSP-Billing-Usage: CognitiveServices.ComputerVision.Transaction=1
apim-request-id: 38820ad9-4a01-45de-b0ca-04be1c3bdacd
Strict-Transport-Security: max-age=31536000; includeSubDomains; preload
x-content-type-options: nosniff
Cache-Control: no-cache
Date: Tue, 28 Jul 2020 01:15:25 GMT
X-AspNet-Version: 4.0.30319
X-Powered-By: ASP.NET
Content-Length: 0
Expires: -1
```

Step 6 點選左側選單中的獲取手寫文本操作結果。

Step 7 地區點選美國中南部 (與 api 地區設定相同即可)。

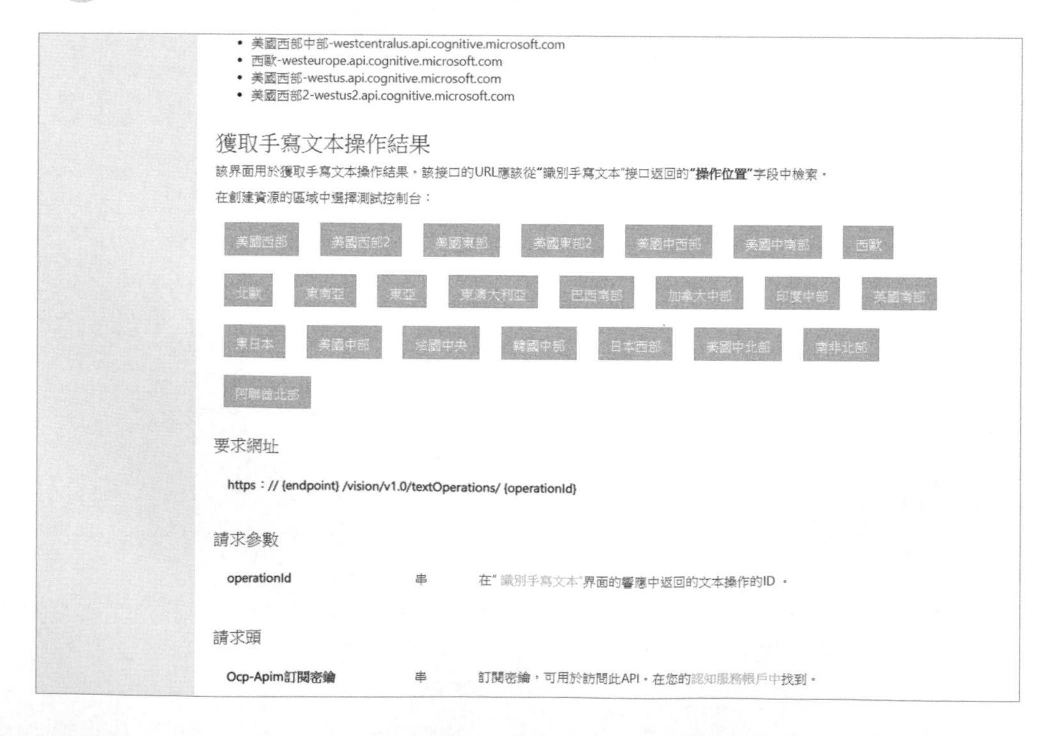

Step 8 輸入金鑰及參數。

查詢參數

operationId　7be88455-56b3-454

+ 添加參數

標頭

Ocp-Apim訂閱密鑰　••••••••••••••••••••••

+ 添加標題

要求網址

```
https://southcentralus.api.cognitive.microsoft.com/vision/v1.0/textOperations/7be88455-56b3-454d-ae50-6f73db4b54b0
```

HTTP請求

```
GET https://southcentralus.api.cognitive.microsoft.com/vision/v1.0/textOperations/7be88455-56b3-454d-ae50-6f73db4b
54b0 HTTP/1.1
Host: southcentralus.api.cognitive.microsoft.com
Ocp-Apim-Subscription-Key: ••••••••••••••••••••••••••••••••
```

發送

回應狀態

202接受

響應延遲

559 毫秒

回應內容


```
Pragma: no-cache
Operation-Location: https://southcentralus.api.cognitive.microsoft.com/vision/v1.0/textOperations/7be88455-56b3-45
4d ae50 6f73db4b54b0
CSP-Billing-Usage: CognitiveServices.ComputerVision.Transaction=1
apim-request-id: 38820ad9-4a01-45de-b0ca-04be1c3bdacd
Strict-Transport-Security: max-age=31536000; includeSubDomains; preload
x-content-type-options: nosniff
Cache-Control: no-cache
Date: Tue, 28 Jul 2020 01:15:25 GMT
X-AspNet-Version: 4.0.30319
X-Powered-By: ASP.NET
Content-Length: 0
Expires: -1
```


Step 9 回應狀態 200 即為伺服器請求成功，API 測試成功。

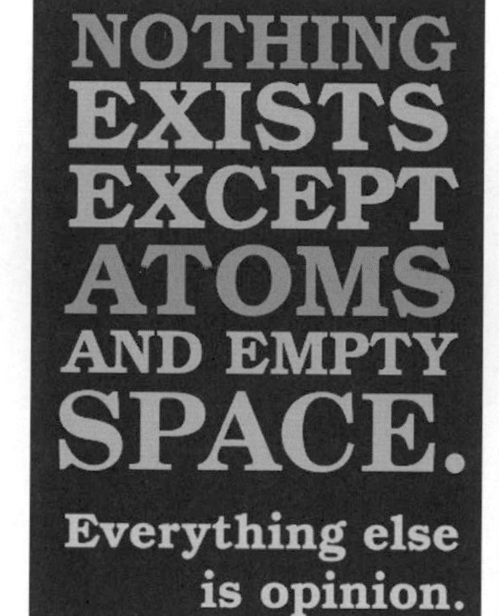

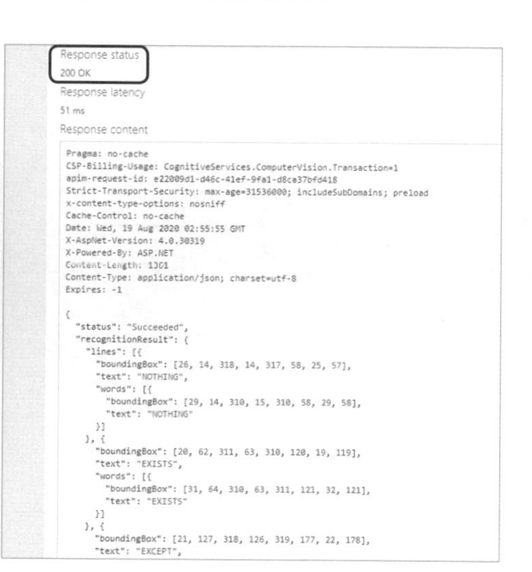

11-3 實戰成果

建立好 API 後，下面將說明電腦視覺的功能，有光學字元辨識 (OCR)、名人範例、地標範例以及程式碼需要用到 open cv 模組外掛和 IO 模組的應用。

環境準備－ Python 3.6，不推薦使用 Python 3 以下版本，版本會不支持，詳細可以去官網上查詢，本練習使用 Jupyter Notebook。

11-3-1 open cv 模組外掛

OpenCV 的全名為 Open Source Computer Vision Library，由英特爾公司研發出來的跨平台電腦視覺庫，是一門使機器學習如何「看」的科學，讓攝影機和電腦擁有類似人眼的能力，可以識別目標、追蹤和測量計算等，透過電腦進一步做影像處理滿足人們的視覺需求或傳輸影像給檢測儀器，可以在商業和研究領域中免費使用。

應用領域十分廣泛，包含：

- 臉部辨識
- 掃描影像
- 物體辨識
- 衛星地圖
- 安全與入侵檢測系統

11-3-1-1 以 openCV 讀取即顯示圖形

要在程式中使用 OpenCV 程式庫，首先要匯入 OpenCV，語法為：

```
Import cv2
```

接著建立一個視窗用於顯示影像，語法為：

```
cv2.nameWindow( 視窗名稱 [,視窗旗標] )
```

「視窗旗標」可以選擇下列：

cv2.WINDOW_AUTOSIZE	視窗隨影像自動調整，無法改變視窗大小
cv2.WINDOW_FREERATIO	可設定影像及視窗大小
cv2.WINDOW_ FULLSCREEN	視窗為全螢幕，無法改變視窗大小
cv2.WINDOW_ KEEPRATIO	影像以原比例的方式改變大小

cv2.WINDOW_NORMAL	可設定視窗大小
cv2.WINDOW_OPENGL	支援 OpenGL(開放式圖形程式庫)

以預設模式建立名稱為 Image 的視窗，語法為：

```
cv2.nameWindow("Image")
```

若視窗不使用，需要關閉時，有兩種的關閉方法：

◆ **方法一**：關閉特定單一視窗，語法為：

```
cv2.destroyWindow(視窗名稱)
```

例如關閉名稱為 Image 的視窗，語法為：

```
cv2.destroyWindow("Image")
```

◆ **方法二**：關閉所有視窗，語法為：

```
cv2.destroyAllWindows()
```

再來是要在視窗中先讀取影像，語法為：

```
影像變數=cv2.imread( 影像檔案路徑 [,讀取旗標] )
```

「讀取旗標」可以選擇下列：

cv2.IMREAD_COLOR	此為系統預設值，以 RGB 三色板讀取彩色影像，其值為 1
cv2.IMREAD_GRAYSCALE	以灰階格式讀取影像，其值為 0
cv2.IMREAD_UNCHANGE	以影像原始模式讀取，其值為 -1

例如以影像原始模式讀取 <user> 資料夾中的 <img.jpg> 圖檔，並存於 img 變數：

```
img=cv2.imread("user\\img.jpg", -1)
```

OpenCV 影像格式支援度廣，包含：*.bmp、*.dib、*.jpeg、*.jpg、*.jpe、*.png、

.pbm、.pgm、*.ppm、*.sr、*.ras、*.tiff、*.tif、*.exr、*.jp2

最後，在視窗中顯示影像，語法為：

```
cv2.imshow( 視窗名稱 , 影像變數 )
```

例如在 Image 視窗中顯示 img 影像變數：

```
cv2.imshow(Image,img)
```

一般使用者瀏覽顯示的影像時，通常會使用 waitKey() 函數，否則會出現無法顯示的問題，其主要功能是影像顯示後延遲一段特定時間，等待使用者按下任意鍵或設定的時間到了，接著執行後續程式，語法為：

```
waitKey(x)
```

X 為延遲時間，單位是「毫秒」，若設定為 0，則表示程式會無限等待使用者按下任意鍵才繼續執行。

★ 11-3-1-1 範例 1：OpenCV 顯示圖檔

使用 OpenCV 讀取圖檔，以彩色模式顯示。

(圖檔 cake.jpg 與程式檔 ShowCake.py 位於 <opencv > 資料夾中)

程式碼教學範例 11.3.1.1.1-ShowCake.py

```
1 import cv2
2 cv2.namedWindow("CakeImage")
3 img = cv2.imread("cake.jpg")
4 cv2.imshow("CakeImage", img)
5 cv2.waitKey(0)
```

程式碼 11.3.1.1.1-ShowCake.py 說明

- 第 1 列 - 引入 opencv 模組。
- 第 2 列 - cv2.namedWindow 建立名為 "CakeImage" 的視窗。
- 第 3 列 - cv2.imread 讀取圖檔 "cake.jpg" 並放到 img 變數中。
- 第 4 列 - 使用 cv2.imshow 在 "CakeImage" 視窗中顯示圖檔 "cake.jpg"。
- 第 5 列 - cv2.waitKey(0) 使用者按下任意鍵後才執行後續程式。

使用 OpenCV 處理影像後，可以將影像儲存，語法為：

```
cv2.imwrite( 存檔路徑, 影像變數 [ , [ int (存檔旗標), 值 ] ])
```

「存檔旗標」可以選擇下列：

cv2.CV_IMWRITE_JPEG_QUALITY	用於格式：*.jpeg、*.jpg 的圖片儲存品質 範圍值：0-100(數值越大反映品質越高) 預設值：95
cv2.CV_IMWRITE_WEBP_QUALITY	用於格式：*.webp、的圖片儲存品質 範圍值：0-100
cv2.CV_IMWRITE_PNG_COMPRESSION	用於格式：*.png 的圖片壓縮比 範圍值： 0-9(數值越大反映壓縮比越大) 預設值：3

例如將 img 變數存為 <img.jpg> 檔，存檔品質為 82：

```
cv2.imwrite( "img.jpg", img , [ int ( cv2.IMWRITE_JPEG_QUALITY ), 82 ] )
```

★ 11-3-1-1 範例 2 : OpenCV 儲存圖檔

程式碼教學範例 11.3.1.1.2-SaveImgTest.py

```
1  import cv2
2  cv2.namedWindow("CakeImage")
3  img = cv2.imread("cake.jpg")
4  cv2.imshow("CakeImage", img)
5  cv2.imwrite("SaveImgTest.jpg", img)
6  cv2.waitKey(0)
```

程式碼 11.3.1.1.2-SaveImgTest.py 說明

➢ 在 ShowCake.py 中加入第五列程式碼。

➢ 第 5 列 - 使用預設值 95 儲存圖檔。

最後，在資料夾中可以看到儲存的檔案 SaveImgTest.jpg，使用預設品質 95 儲存，檔案小於原先 cake.jpg。

11-3-1-2 open cv 基礎繪圖

提供繪製點、線、面的函數，包括直線，圓形、矩形等，接下來將依序介紹。

下列為屬性設定的使用：

◆ **顏色**：由 RGB 三原色組成，0 至 255 的數值元組， 紅、綠、藍 (RGB) 皆有 256 階變化，比較特別的是顏色排序與一般使用不同，是 (藍色 , 綠色 , 紅色)。

- **線條寬度**：大於 0 表示設定線條寬度，小於 0 表示設定實心圖形
- **封閉**：布林值，True 為封閉多邊形，False 為開口多邊形

接者進入基本繪圖語法介紹：

1. 直線，語法：

```
cv2.line(圖片, 起始點, 結束點, 顏色, 線條寬度)
```

範例：繪製座標 (30,70) 到 (400,500)，寬度為 5 的藍色直線

```
Ex: cv2.line (img,(30,70),(400,500),(255,0,0),5)
```

2. 圓形，語法：

```
cv2.circle(圖片, 圓心, 半徑, 顏色, 線條寬度)
```

範例：繪製半徑為 50，圓心 (200,200)，寬度為 3 的紅色圓形

```
Ex: cv2.circle (img,(200,200),50,( 0, 0, 255),3)
```

3. 矩形，語法：

```
cv2.rectangle (圖片, 起始點, 結束點, 顏色, 線條寬度)
```

範例：繪製座標 (30,70) 到 (400,500) 的綠色實心矩形

```
Ex: cv2.rectangle(img,(30,70),(400,500),( 0, 255,0),-1)
```

4. 多邊形，語法：

```
cv2.polylines(圖片, 點座標串列, 封閉，顏色, 線條寬度)
```

- 點座標串列 : 使用 numpy 模組

語法：

```
Import numpy  #匯入numpy模組
```

```
numpy.array( [ [ 點一座標 ],[ 點二座標 ] , ……] , numpy.int32)
```

範例：繪製座標由 (150,100),(100,200) ,(200,200) 三點組成，寬度為 2 的黃色三角形

```
pts = numpy.array([[150, 100], [100, 200], [200, 200]], numpy.int32)
cv2.polylines(img, [pts], True, (0, 255, 255), 2)
```

5. 矩形，語法：

```
cv2.rectangle (圖片, 起始點, 結束點, 顏色, 線條寬度)
```

範例：繪製座標 (30,70) 到 (400,500) 的綠色實心矩形

```
Ex: cv2.rectangle(img,(30,70),(400,500),( 0, 255,0),-1)
```

6. 文字，語法：

```
cv2.putText(圖片, 文字, 座標, 字型, 大小, 顏色, 線條寬度)
```

「字型」可以選擇下列：

FONT_HERSHEY_SIMPLEX	正常大小 sans serif 字體
FONT_HERSHEY_PLAIN	小尺寸 sans serif 字體
FONT_HERSHEY_DUPLEX	進階版 FONT_HERSHEY_SIMPLEX
FONT_HERSHEY_COMPLEX	正常大小 sans serif 字體
FONT_HERSHEY_TRIPLEX	進階版 FONT_HERSHEY_COMPLEX
FONT_HERSHEY_COMPLEX_SMALL	小尺寸 FONT_HERSHEY_COMPLEX
FONT_HERSHEY_SCRIPT_SIMPLEX	手寫風格細體
FONT_HERSHEY_SCRIPT_COMPLEX	手寫風格粗體

範例：在座標 (300,600) 顯示大小為 5，寬度為 3 的紅色文字「H&M」

```
Ex:cv2.putText(img, "H&M", (500, 700)
,cv2.FONT_HERSHEY_SCRIPT_COMPLEX, 5, (0, 0, 255), 10)
```

★ 11-3-1-2 範例 1: OpenCV 基礎繪圖

使用 opencv 模組繪製出 TOKYO2021 文字以及奧林匹克五環圖形

程式碼教學範例 11.3.1.2.1-Tokyo2021Olympic.py

```
1  import cv2
2  cv2.namedWindow("basicdraw")
3  img = cv2.imread("White.jpg")
4  cv2.circle(img, (780, 400), 80, (21, 24, 29), 10)
5  cv2.circle(img, (600, 400), 80, (176, 107, 0), 10)
6  cv2.circle(img, (960, 400), 80, (31, 47, 220), 10)
7  cv2.circle(img, (700, 500), 80, (13, 169, 239), 10)
8  cv2.circle(img, (880, 500), 80, (65, 147, 5), 10)
9  cv2.putText(img, "TOKYO2021", (350, 250),cv2.FONT_HERSHEY_DUPLEX, 5,
   (121, 61, 0), 18)
10 cv2.imshow("basicdraw", img)
11 cv2.waitKey(0)
```

程式碼 11.3.1.2.1-Tokyo2021Olympic.py 說明

- 第 1 列 - 引入 opencv 模組。
- 第 2 列 - cv2.namedWindow 建立名為 " basicdraw " 的視窗。

- 第 3 列 - cv2.imread 讀取圖檔 " White.jpg " 並放到 img 變數作為背景圖片。
- 第 4-8 - 列運用圓形語法繪製奧林匹克五環圖形。
- 第 9 列 - 顯示文字，使用字型 FONT_HERSHEY_DUPLEX，字體大小 5。
- 第 10 列 - 使用 cv2.imshow 在 " basicdraw " 視窗中顯示背景圖片、奧林匹克五環以及 "TOKYO2021" 的文字。
- 第 11 列 - cv2.waitKey(0) 使用者按下任意鍵後才執行後續程式。

11-3-2 IO 模組

認識 IO 模組

我們前面有學到檔案的讀取，不過數據的讀寫不一定只能是文件，也能在內存中讀寫，文件的讀寫我們用到 open() 函式，內存中的讀寫我們用 IO 模組中的 StringIO 及 BytesIO，StringIO 是用來讀寫字串的，而 BytesIO 是用來讀寫二進位數據的。

事前準備

使用前需要先引入 IO 模組的 StringIO 或 BytesIO，以下是常用到的函式：

```
write(x)
```

將 x 寫入目標物件。

```
getvalue()
```

取得物件中所有的內容。

```
readline()
```

讀取物件中一行的內容，可搭配迴圈使用。

這邊可以發現 IO 模組的讀寫與檔案讀取的方式十分相似。

★ 11-3-2 範例 1- StringIO

本範例將展示如何寫入資料及一次讀取全部的資料。

輸入輸出範例

輸出結果:

```
Azure
& Python
```

程式碼教學範例 11.3.2.1- StringIO.py

```
1  from io import StringIO
2  file = StringIO()
3
4  file.write("Azure\n")
5  file.write("& ")
6  file.write("Python")
7  print(file.getvalue())
```

程式碼 11.3.1.2.1-Tokyo2021Olympic.py 說明

- 第 2 列 - 宣告類別為 StringIO 的物件 file。
- 第 3-6 列 - 寫入字串至物件 file。
- 第 7 列 - 印出物件 file 中的全部內容。

★ 11-3-2 範例 2- StringIO

本範例將展示如何逐行讀取資料。

輸入輸出範例

輸出結果:

```
I
Love
Python
```

程式碼教學範例 11.3.2.2- StringIO.py

```
1  from io import StringIO
2
3  file=StringIO("I\nLove\nPython")
4
5  while True:
6     s=file.readline()
7     if s=="":
8        break
9     print(s,end="")
```

程式碼 11.3.2.2- StringIO.py 說明

- 第 3 列 - 宣告物件時也能直接將值寫入。
- 第 6 列 - 逐行讀取。
- 第 7 列 - 讀到結尾時沒資料則 break 迴圈。

★ 11-3-2 範例 3 - BytesIO

StringIO 只能存取字串，若需要存取二進位的資料的話要使用 BytesIO，本範例將展示如何讀寫二進位的資料。

輸入輸出範例

輸出結果:

```
b'\xe6\x88\x91\xe6\x84\x9b\xe7\xa8\x8b\xe5\xbc\x8f\xe8\xa8\xad\xe8\
xa8\x88'
我愛程式設計
b'\xe6\x88\x91\xe6\x84\x9b\xe7\xa8\x8b\xe5\xbc\x8f\xe8\xa8\xad\xe8\
xa8\x88'
```

程式碼教學範例 11.3.2.3- BytesIO.py

```
1  from io import BytesIO
2
3  inp="我愛程式設計"
4  inp=inp.encode("UTF-8")
```

```
5   print(inp)
6
7   file=BytesIO()
8   file.write(inp)
9   print(file.getvalue().decode("UTF-8"))
10  print(file.getvalue())
```

程式碼 11.3.2.3- BytesIO.py 說明

- 第 4 列 - 將 inp 的編碼轉為 UTF-8。
- 第 5 列 - 印出後可以發現字串前面有個「b」表示 byte。
- 第 8 列 - inp 寫入 file 中。
- 第 9 列 - 解碼後印出。
- 第 10 列 - 未解碼時一樣可以印出，不過看到的內容會是 byte 型態的。

11-3-3 光學字元辨識 (OCR)

功能用途 : 可以辨識出影像中的文字，並在圖片上將辨識出的文字框出。執行前須先取得包含操作 ID 的「Operation-Location」，才能取得執行結果。

光學字元辨識程式碼步驟 :

Step 1 使用 Python 套件管理工具 pip，來安裝 opencv 的外掛。

Step1 程式碼教學範例 11.3.3-ocr.py

```
1   # !pip install -i https://pypi.tuna.tsinghua.edu.cn/simple/ opencv-
    contrib-python
```

Step 2 載入需要模組套件。

Step2 程式碼教學範例 11.3.3-ocr.py

```
2   import time
3   import requests
```

```
4   import cv2
5   import operator
6   import numpy as np
7   
8   get_ipython().run_line_magic('matplotlib', 'inline')
9   import matplotlib.pyplot as plt
10  from matplotlib.lines import Line2D
11  from matplotlib.pyplot import imshow
12  from PIL import Image, ImageDraw, ImageFont
13  from io import BytesIO
```

Step2 **程式碼** 11.3.3-ocr.py **說明**

- 第 2 列 - 載入 time 用於格式化日期和時間。
- 第 3 列 - 載入 requests 建立 http 請求，從網頁伺服器取得想要的資料。
- 第 4 列 - 載入 cv2 外掛提供讀取圖片的函數。
- 第 5 列 - 載入 operator 以實現基本的數學運算。
- 第 6 列 - 載入 numpy 處理矩陣的計算。
- 第 8 列 - 內嵌繪圖套件。
- 第 9 列 - 載入 matplotlib 作為繪製圖表的外掛。
- 第 10 列 - 載入 Line2D 來實現繪製 2D 的圖表。
- 第 11 列 - 從 matplotlib 載入 imshow 來實現對圖片的顯示。
- 第 12 列 - PIL 為透過套件管理工具安裝的 pillow，載入 Image 來讀取圖片檔案，載入 ImageDraw 在圖片上添加文字，載入 ImageFont 來設定圖片上的字體大小及字體類型。
- 第 13 列 - 可以讀取經過 utf-8 編碼的位元組資料，由於回傳的資料並不全部是字串的類型，為了讓程式能正常讀取非字串組成的資料，因此引入 BytesIO 來讀取回應資料。

Step 3 設定服務位址 _url、帳戶金鑰 apikey、_maxNumRetries 為呼叫服務的次數限制。

Step3 程式碼教學範例 11.3.3-ocr.py

```
14  _url = "https://eastus.api.cognitive.microsoft.com/vision/v3.2/ocr?language=en&detectOrientation=true"
15  apikey = "輸入自己的Azure金鑰"
16  params = " "
17  _maxNumRetries = 10
```

Step3 程式碼 11.3.3-ocr.py 說明

- 第 14-17 列 - 定義呼叫 API 時所需使用的變數，url 呼叫資源的位址，key 呼叫服務的訂閱金鑰，maxNumRetries 呼叫服務的次數限制。
- 第 14 列 - 將固定的路徑以變數進行存取。
- 第 15 列 - 輸入訂閱 Azure 服務所取得的金鑰。
- 第 16 列 - 定義 params 內容。
- 第 17 列 - 設定最多重複 10 次。

Step 4 自定義副程式 processRequest －處理伺服器請求，取得操作 ID。使用 requests 組建立 POST 封包，傳回 HTTP 狀態碼並輸出，當回應碼為 200 時，表示服務已接受請求，會返回「已接受」，並包含「Operation-Location」的 headers，我們將使用此「Operation-Location」指定的 URL 取得查詢操作狀態，URL 後包含操作 ID，操作 ID 會在 48 小時過期，可在重新申請。

Step4 程式碼教學範例 11.3.3-ocr.py

```
18  def processRequest ( json, data, headers, params):
19      result = None
20      response = requests.request('post', _url, json = json, data
        = data, headers = headers, params = params )
```

```
21    if response.status_code == 200:
22       result=response.json()
23       print( "Json: %s" % result )
24    else:
25       print( "Error code: %d" % ( response.status_code ) )
26       print( "Message: %s" % ( response.json() ) )
27    return result
```

Step4 **程式碼** 11.3.3-ocr.py **說明**

- 第 18 列 - 定義請求 Azure 的函式，請求成功則取得回傳的標頭，請求失敗則回傳錯誤訊息，輸入參數，json: JSON 格式的物件資料，data: 影像物件，headers: 訂閱金鑰標頭，params: 手寫或印刷的文字。
- 第 19 列 - 結果以變數存取，預設為 None。
- 第 20 列 - 使用 requests 組建立 POST 封包，(1) 使用 POST 的方式進行資源的請求，(2) 將請求的資源路徑位址以第二個參數帶入，(3) 帶入 headers 內容，以驗證服務的訂閱狀態。
- 第 21 列 - 回應正確會得到 200。
- 第 22 列 - 將取得到的 json 存至 result。
- 第 23 列 - 印出 result。
- 第 25-26 列 - 印出錯誤代碼及錯誤訊息。
- 第 27 列 - 回傳結果。

Step 5 自定義副程式 showResultOnImage －顯示影像結果，將得到的 JSON 格式整理，框出偵測到的文字並顯示文字內容。

```
28 def showResultOnImage( result, img ):
29    img = img[:, :, (2, 1, 0)]
30    fig, ax = plt.subplots(figsize=(12, 12))
31    ax.imshow(img, aspect='equal')
32    lines = result['regions'][0]['lines']
33
```

```
34      for i in range(len(lines)):
35          words = lines[i]['words']
36          for j in range(len(words)):
37              bbX=eval(words[j]['boundingBox'])[0]
38              bbY=eval(words[j]['boundingBox'])[1]
39              bbW=eval(words[j]['boundingBox'])[2]
40              bbH=eval(words[j]['boundingBox'])[3]
41
42              tl = ( bbX , bbY )
43              tr = ( bbX + bbW , bbY )
44              bl = ( bbX , bbY + bbH )
45              br = ( bbX + bbW , bbY + bbH )
46
47              text = words[j]['text']
48              print(text,"->",tl,tr,br,bl)
49
50              x = [tl[0], tr[0], tr[0], br[0], br[0], bl[0], bl[0],
    tl[0]]
51              y = [tl[1], tr[1], tr[1], br[1], br[1], bl[1], bl[1],
    tl[1]]
52              line = Line2D(x, y, linewidth=3.5, color='red')
53
54              ax.add_line(line)
55              ax.text(tl[0], tl[1] - 2, '{:s}'.format(text),bbox=di
    ct(facecolor='blue', alpha=0.5),fontsize=14, color='white')
56      plt.axis('on')
57      plt.tight_layout()
58      plt.draw()
59      plt.show()
```

Step5 程式碼 11.3.3-ocr.py 說明

- 第 28 列 - 定義自訂函式用於顯示影像結果，輸入參數，result: 取得文件結果，img: 影像。
- 第 29 列 - OpenCV 使用 Blue-Green-Red (BGR) 處理影像，img[:, :, (2, 1,

0)] 表示 RGB 和 BGR 顏色的轉換。

- 第 30 列 - fig 代表繪圖視窗的列數，ax 代表繪圖視窗內的行數，以下設定總共會產生 144 組繪圖視窗。
- 第 31 列 - 設定 aspect = 'equal' 表示寬與高的比例為 1 。
- 第 32 列 - 讀取回應的 json 中的內容。
- 第 35 列 - 取得指定陣列的內容。
- 第 37 列 - boundingBox 的 x。
- 第 38 列 - boundingBox 的 y。
- 第 39 列 - boundingBox 的寬。
- 第 40 列 - boundingBox 的高。
- 第 42 列 - 左上 = (x , y)。
- 第 43 列 - 右上 = (x+ 寬 , y)。
- 第 44 列 - 左下 = (x , y+ 高)。
- 第 45 列 - 右下 = (x+ 寬 , y+ 高)。
- 第 47 列 - 讀取文字內容。
- 第 48 列 - 印出文字及其座標。
- 第 50-51 列 - 定義繪製 2D 圖的 X 軸與 Y 軸數值。
- 第 52 列 - 繪製文字的框線。
- 第 54 列 - 將框線繪製在圖片上。
- 第 55 列 - 顯示字的底框 facecolor 設定底框的顏色，alpha 設定透明度，fontsize 設定字的大小，color 設定字的顏色。
- 第 56 列 - 設定為 off 代表顯示座標刻度。
- 第 57 列 - 自動調整繪圖區大小及間距，使標題和座標能完整不重疊地顯示在畫布上。
- 第 58 列 - 繪製圖片。
- 第 59 列 - 顯示圖片。

Step 6 輸入要偵測的圖片網址，headers 使用 dict() 內建函式建立成字典，必要參數「Ocp-Apim-Subscription-Key」為金鑰 apikey，「Content-Type」為內容型態，設定 params 值「handwriting」為 true，代表識別的對象為手寫文字。先呼叫 processRequest 副程式取得操作 ID，再呼叫 getOCRTextResult 副程式執行，已取得偵測圖片後的執行結果，結果為「Succeeded」時，呼叫 showResultOnImage，將圖片中的文字取出顯示，並在圖片上框出。

Step7 程式碼教學範例 11.3.3-ocr.py

```
60  urlImage='https://upload.wikimedia.org/wikipedia/commons/thumb/a/
    af/Atomist_quote_from_Democritus.png/338px-Atomist_quote_from_
    Democritus.png'
61  response = requests.get(urlImage)
62  img = Image.open(BytesIO(response.content))
63  params = {'detectOrientation':'true'}
64  
65  headers = dict()
66  headers['Ocp-Apim-Subscription-Key'] = apikey
67  headers['Content-Type'] = 'application/json'
68  
69  json = {'url':urlImage}
70  data = None
71  result = processRequest(json,data,headers,params)
72  
73  if result != None:
74      arr = np.asarray( bytearray( requests.get(urlImage).content
75  ),dtype=np.uint8 )
76      img = cv2.cvtColor( cv2.imdecode(arr, -1 ), cv2.COLOR_BGR2RGB )
        showResultOnImage(result,img)
```

Step6 程式碼 11.3.3-ocr.py 說明

- 第 60 列 – urlImage 圖片的連結。
- 第 61-62 列 - 讀取圖片。
- 第 63 列 - 定義參數內容，設定 handwriting 為 true 代表識別的對象為手寫文字。
- 第 65-67 列 - 定義 headers 字典，分別寫入 key 值：Ocp-Apim-Subscription-Key 和 Content-Type 的內容。
- 第 69-70 列 - 定義資料來源的內容，透過網址 (url) 來取的資料。
- 第 71 列 - 呼叫自訂函式。
- 第 74 列 - 將資源請求內容組成陣列，並使用無號整數的資料型態。
- 第 75 列 - 呼叫 cv2.cvtColor 實現顏色的轉換，呼叫 cv2.imdecode 取得指定變數中的資料，-1 表示最後一筆資料，呼叫 cv2.COLOR_BGR2RGB 將 BGR 格式的圖片轉換為 RGB 格式的圖片。
- 第 76 列 - 呼叫自訂函式來顯示圖片。

執行結果：


```
Json: {'language': 'en', 'textAngle': 0.0, 'orientation': 'Up', 'regions': [{'boundingBox': '21,16,304,451', 'lines': [{'boundi
ngBox': '28,16,288,41', 'words': [{'boundingBox': '28,16,288,41', 'text': 'NOTHING'}]}, {'boundingBox': '27,66,283,52', 'word
s': [{'boundingBox': '27,66,283,52', 'text': 'EXISTS'}]}, {'boundingBox': '27,128,292,49', 'words': [{'boundingBox': '27,128,29
2,49', 'text': 'EXCEPT'}]}, {'boundingBox': '24,188,292,54', 'words': [{'boundingBox': '24,188,292,54', 'text': 'ATOMS'}]}, {'b
oundingBox': '22,253,297,32', 'words': [{'boundingBox': '22,253,105,32', 'text': 'AND'}, {'boundingBox': '144,253,175,32', 'tex
t': 'EMPTY'}]}, {'boundingBox': '21,298,304,60', 'words': [{'boundingBox': '21,298,304,60', 'text': 'SPACE.'}]}, {'boundingBo
x': '26,387,294,37', 'words': [{'boundingBox': '26,387,210,37', 'text': 'Everything'}, {'boundingBox': '249,389,71,27', 'text':
'else'}]}, {'boundingBox': '127,431,198,36', 'words': [{'boundingBox': '127,431,31,29', 'text': 'is'}, {'boundingBox': '172,43
1,153,36', 'text': 'opinion.'}]}]}], 'modelVersion': '2021-04-01'}
```


```
NOTHING -> (28, 16) (316, 16) (316, 57) (28, 57)
EXISTS -> (27, 66) (310, 66) (310, 118) (27, 118)
EXCEPT -> (27, 128) (319, 128) (319, 177) (27, 177)
ATOMS -> (24, 188) (316, 188) (316, 242) (24, 242)
AND -> (22, 253) (127, 253) (127, 285) (22, 285)
EMPTY -> (144, 253) (319, 253) (319, 285) (144, 285)
SPACE. -> (21, 298) (325, 298) (325, 358) (21, 358)
Everything -> (26, 387) (236, 387) (236, 424) (26, 424)
else -> (249, 389) (320, 389) (320, 416) (249, 416)
is -> (127, 431) (158, 431) (158, 460) (127, 460)
opinion. -> (172, 431) (325, 431) (325, 467) (172, 467)
```

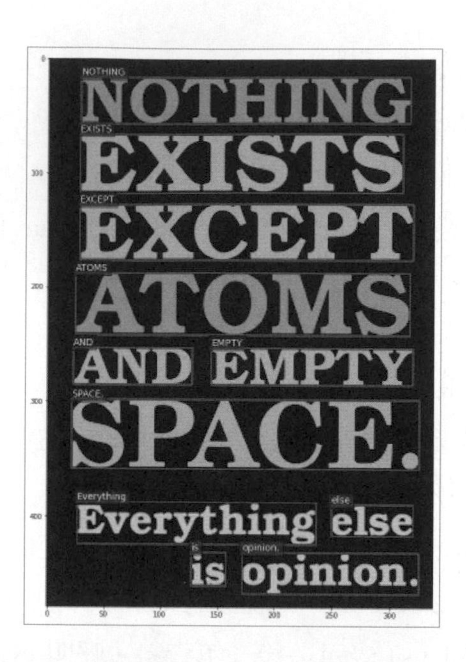

11-3-4 描述圖片 - 名人範例

Step 1 接續光學字元辨識 (OCR) 範例的帳戶金鑰 apikey，載入此範例需要模組。

Step1 程式碼教學範例 11.3.4-Celebrity example.py

```
1  import time
2  import requests
3  import cv2
4  import operator
5  import numpy as np
6
7  get_ipython().run_line_magic('matplotlib', 'inline')
8  import matplotlib.pyplot as plt
9  from matplotlib.lines import Line2D
10
11 from matplotlib.pyplot import imshow
12 from PIL import Image, ImageDraw, ImageFont
13 from io import BytesIO
```

Step 2 輸入服務端點位址「_url」、描述名人服務端點「celebrity_analyze_url」和判斷包含名人的圖片網址，並把圖片顯示出來。

Step2 程式碼教學範例 11.3.4-Celebrity example.py

```
14  apikey = "輸入自己的Azure金鑰"
15  _url = "https://southcentralus.api.cognitive.microsoft.com/vision/
    v3.2/"
16  celebrity_analyze_url = _url + "describe?maxCandidates=1&language=en"
17  _maxNumRetries = 10
18  image_url = "http://pic2.zhimg.com/v2-63e11bed074b-
    de632056c7d846c11ed1_b.jpg"
19  response = requests.get(image_url)
20  img = Image.open(BytesIO(response.content))
21  imshow(img)
```

Step2 程式碼 11.3.4-Celebrity example.py 說明

- 第 14 列 - 輸入建立 Azure 認知服務所獲取的金鑰。
- 第 15 列 - 將固定的路徑以變數進行存取，(https://southcentralus.api.cognitive.microsoft.com/vision/v3.2-preview.3/)。
- 第 16 列 - 組合呼叫服務的 API 位址，描述名人服務端點。
- 第 18 列 - 輸入包含名人圖片的網址。
- 第 21 列 – 顯示圖片。

執行結果：

Step 3 定義 headers、params、data 內容，再使用 requests.post() 傳送要求，取得以 JSON 格式回應的內容後，將其印出。

Step3 程式碼教學範例 11.3.4-Celebrity example.py

```
22 headers = {'Ocp-Apim-Subscription-Key': apikey}
23 params = {'model': 'celebrities'}
24 data = {'url': image_url}
25 response = requests.post(celebrity_analyze_url, headers=headers,
   params=params, json=data)
26 response.raise_for_status()
27 analysis = response.json()
28 print(analysis)
```

Step3 **程式碼** 11.3.4-Celebrity example.py **說明**

- 第 22 列 - 定義 headers 內容，Ocp-Apim-Subscription-Key 為必填欄位，參數為訂閱 Azure 服務時所取得的金鑰。

➢ 第 23 列 - 定義參數內容，參數 celebrities 為識別圖片中的名人。
➢ 第 24 列 - 定義資料來源的內容，透過網址 (url) 來取的資料。
➢ 第 25 列 - (1) 使用 POST 的方式進行資源的請求，(2) 將要請求的資源路徑位址以第一個參數帶入，(3) 帶入 headers 內容以驗證服務的訂閱狀態，(4) 帶入 params 內容以設定欲識別的特徵，(5) 帶入 data 圖片資料內容。
➢ 第 26 列 - 取得回應的錯誤狀態，如果請求發生錯誤則會回傳錯誤的物件資料，用於顯示錯誤資訊。
➢ 第 27 列 - 取得以 JSON 格式回應的內容。
➢ 第 28 列 - 印出回應內容。

執行結果：


```
{'description': {'tags': ['person', 'indoor'], 'captions': [{'text': 'Rachel Br
osnahan in a green coat', 'confidence': 0.3477659523487091}]}, 'requestId': '99
a85b4a-4d2d-49fe-9441-647dc6488ae3', 'metadata': {'height': 473, 'width': 710,
'format': 'Jpeg'}}
```


「tags」為偵測圖片內的標籤，「captions」為描述性句子，皆這是本範例需要的結果。

Step 4 將描述性句子「captions」陣列中的「text」取出，以 plt.title 方式顯示在圖片下方，「.capitalize()」可將每一行字的字首轉換為大寫。

Step4 程式碼教學範例 11.3.4-Celebrity example.py

```
29 celebrity_name = analysis["description"]["captions"][0]["text"].
   capitalize()
30 image = Image.open(BytesIO(requests.get(image_url).content))
31 plt.imshow(image)
32 plt.axis("off")
33 plt.title(celebrity_name, size="x-large", y=-0.1)
34 plt.show()
```

Step4 程式碼 11.3.4-Celebrity example.py 說明

- 第 29 列 - 取出回應內容的描述性文字，「.capitalize()」將每一行字的字首轉換為大寫，其他為小寫。
- 第 30 列 - 讀取圖片檔案。
- 第 31 列 - 顯示圖片。
- 第 32 列 - 設定為 off 代表不顯示座標刻度，設為 on 則反之。
- 第 33 列 - 設定圖表的標題名稱、標題大小、與位置。
- 第 34 列 - 顯示繪製的圖表。

執行結果：

11-3-5 描述圖片 - 地標範例

Step 1 接續名人範例，載入此範例需要的模組，然後輸入描述地標服務端點 landmark_analyze_url 及要偵測的圖片網址。

Step1 程式碼教學範例 11.3.4-Celebrity example.py

```
1   import requests
2   get_ipython().run_line_magic('matplotlib', 'inline')
3   import matplotlib.pyplot as plt
4
5   from matplotlib.pyplot import imshow
6   from PIL import Image, ImageDraw, ImageFont
7   from io import BytesIO
8
9   _url = " https://southcentralus.api.cognitive.microsoft.com/vision/
    v3.2/"
10  landmark_analyze_url = _url + "analyze?visualFeatures=Description&de
    tails=Celebrities&language=en"
11  apikey = "輸入自己的Azure金鑰"
12  image_url = "https://cdn.pixabay.com/photo/2020/04/05/16/37/tour-
    eiffel-5006806_960_720.jpg"
```

Step1 程式碼 11.3.5- Examples of landmarks.py 說明

- 第 9 列 – 輸入描述地標服務端點 (https://southcentralus.api.cognitive.microsoft.com/vision/v3.2/)。
- 第 10 列 – 組合呼叫服務的 API 位址，描述地標服務端點。
- 第 11 列 – 輸入建立 Azure 認知服務所獲得的金鑰。
- 第 12 列 – 輸入包含地標建築的圖片網址。

Step 2 定義 headers、params、data內容，再使用 requests.post() 傳送要求，取得以 JSON 格式回應的內容後，將其印出，跟上一個範例步驟都相同。

Step2 程式碼教學範例 11.3.5- Examples of landmarks.py

```
13  headers = {'Ocp-Apim-Subscription-Key':apikey}
14  params = {'model': 'landmarks'}
15  data = {'url':image_url}
```

```
16  response = requests.post(landmark_analyze_url, headers=headers,
    params=params, json=data)
17  response.raise_for_status()
18  analysis = response.json()
19  print(analysis)
```

Step2 程式碼 11.3.5- Examples of landmarks.py 說明

- 第 13 列 - 定義 headers 內容，Ocp-Apim-Subscription-Key 為必填欄位，參數為訂閱 Azure 服務時所取得的金鑰。
- 第 14 列 - 定義參數內容，參數 landmarks 為識別圖片中的地標。
- 第 15 列 - 定義資料來源的內容，透過網址 (url) 來取得資料。
- 第 16 列 - (1) 使用 POST 的方式進行資源的請求，(2) 將要請求的資源路徑位址以第一個參數帶入，(3) 帶入 headers 內容以驗證服務的訂閱狀態，(4) 帶入 params 內容以設定欲識別的特徵，(5) 帶入 data 圖片資料內容。
- 第 17 列 - 取得回應的錯誤狀態，如果請求發生錯誤則會回傳錯誤的物件資料，用於顯示錯誤資訊。
- 第 18 列 - 取得以 JSON 格式回應的內容。
- 第 19 列 - 印出回應內容。

執行結果 ：

偵測出的地標為「landmarks」陣列中的「name」，而描述性句子在「captions」陣列中。


```
{'categories': [{'name': 'building_', 'score': 0.98046875, 'detail': {'landmark
s': [{'name': 'Eiffel Tower', 'confidence': 0.9947740435600281}]}}], 'descripti
on': {'tags': ['sky', 'outdoor', 'tower', 'building', 'city', 'night'], 'captio
ns': [{'text': 'a tall tower lit up at night with Eiffel Tower in the backgroun
d', 'confidence': 0.49447137117385864}]}, 'requestId': '836d0b77-68ee-4434-a116
-fd76971c6a0a', 'metadata': {'height': 633, 'width': 960, 'format': 'Jpeg'}, 'm
odelVersion': '2021-05-01'}
```

Step 3 將描述性句子「captions」陣列中的「text」取出，並顯示在圖片下方，完成範例。

Step3 程式碼教學範例 11.3.5- Examples of landmarks.py

```
20  landmark_name = analysis["description"]["captions"][0]["text"].
    capitalize()
21  image = Image.open(BytesIO(requests.get(image_url).content))
22  plt.imshow(image)
23  plt.axis("off")
24  plt.title(landmark_name, size="x-large", y=-0.1)
25  plt.show()
```

Step3 程式碼 11.3.5- Examples of landmarks.py 說明

- 第 20 列 - 取出回應內容的描述性文字，「.capitalize()」將每一行字的字首轉換為大寫，其他為小寫。
- 第 21 列 - 讀取圖片檔案。
- 第 22 列 - 顯示圖片。
- 第 23 列 - 設定為 off 代表不顯示座標刻度，設為 on 則反之。
- 第 24 列 - 設定圖表的標題名稱、標題大小、與位置。
- 第 25 列 - 顯示繪製的圖表。

執行結果：

A tall tower lit up at night with eiffel tower in the background

12

Azure 認知服務 - 臉部辨識

12-1 臉部辨識

在 Azure 認知服務下臉部辨識會提供相關的演算法，以偵測、辨識和分析影像中的人臉，來處理人臉資料，以便應用於許多不同的軟體案例中。另外，臉部辨識分為 5 種不同功能：偵測臉部（Detect）、驗證（Verify）、尋找相似臉部（Find Similar）、群組（Group）、識別（Identify），以上的資訊會藉由 json file 回送。

臉部偵測提供兩種功能，偵測影像中人臉的矩形座標位置及臉部相關屬性，例如 : age 年齡、gender 性別、headPose 頭部姿態，回傳 XYZ 軸傾斜狀態、smile 微笑（0~1 之間小數，數字愈高代表微笑愈顯著）、facialHair 臉部髮型、glasses 有無戴眼鏡、emotion 情緒，包含生氣、滿足、害怕、驚訝與悲傷等等、hair 髮型，包含禿頭、髮色等等、makeup 是否化妝、occlusion 偵測是否閉合，例如：眼睛、嘴巴、accessories 配件、blur 圖片是否模糊，以及模糊程度參數、exposure 圖片曝光程度與曝光程度參數、noise 圖片中雜訊與雜訊程度參數。

臉部驗證功能可針對偵測到的兩個臉部執行驗證，辨別出兩張臉是否為同一人，回傳信心程度 0~1，數值越高，結果驗證為同一人。

尋找相似臉部功能時，會比較目標臉部和一組候選臉部，也可以尋找與目標臉部相似的多個臉部，此功能分為兩種工作模式 – matchPerson 和 matchFace，matchPerson 在使用驗證 API 篩選出相同人員後，會傳回相似度高的臉部，matchFace 模式會傳回不一定屬於同一人的類似候選臉部清單。

臉部群組功能將根據相似度，將沒有數據的臉部切割成數個群組，且與原始臉部擁有適當的子集，一個人可以擁有多個不同群組，同個群組的所有臉部也可能是同個人，而群組可透過其他因素來區分，例如表情。

臉部識別功能針對目標臉部與人臉資料庫做對比，可以事先建立資料庫，每個群組最多包含一百萬個不同人員物件，每個人員物件最多 248 張臉，如果臉部識別後為群組中的人員，則會傳回人員識別的詳細資訊。

12-2 建立 FaceAPI 服務與網路測試工具

這裡我們會先介紹怎麼建立 API 服務，以及運用 Azure 提供的網路測試服務工具來執行，以下將依序分別說明下述兩大步驟：

- 使用 Azure 入口網站建立認知服務資源及建立 FaceAPI
- 使用 Azure 提供的 Online API 測試工具

一、在 Azure 建立 FaceAPI

建立程序：認知服務 / 搜尋臉部 / 獲取申請的金鑰。

Step 1 搜尋認知服務 (Cognitive Service)，點選查看更多。

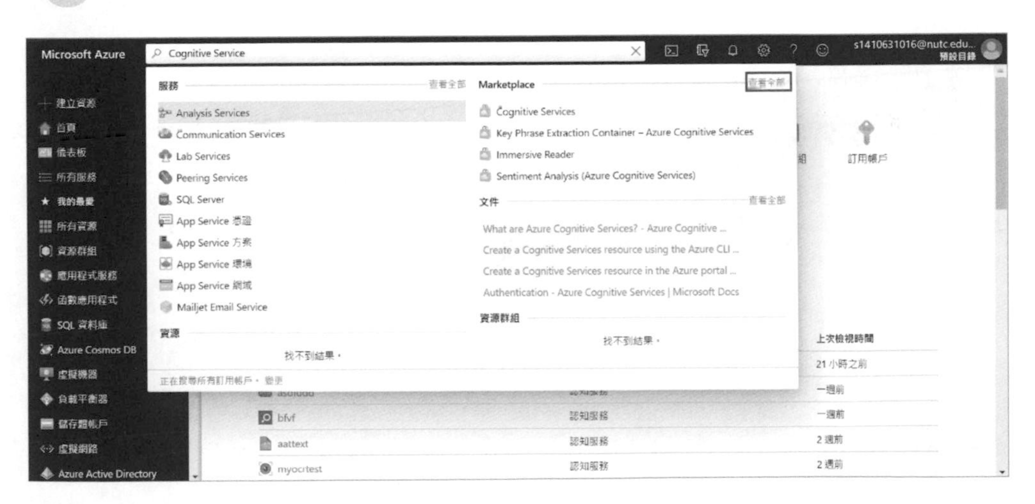

Step 2 在認知服務的 Marketplace 中搜尋「Face」，並點選建立。

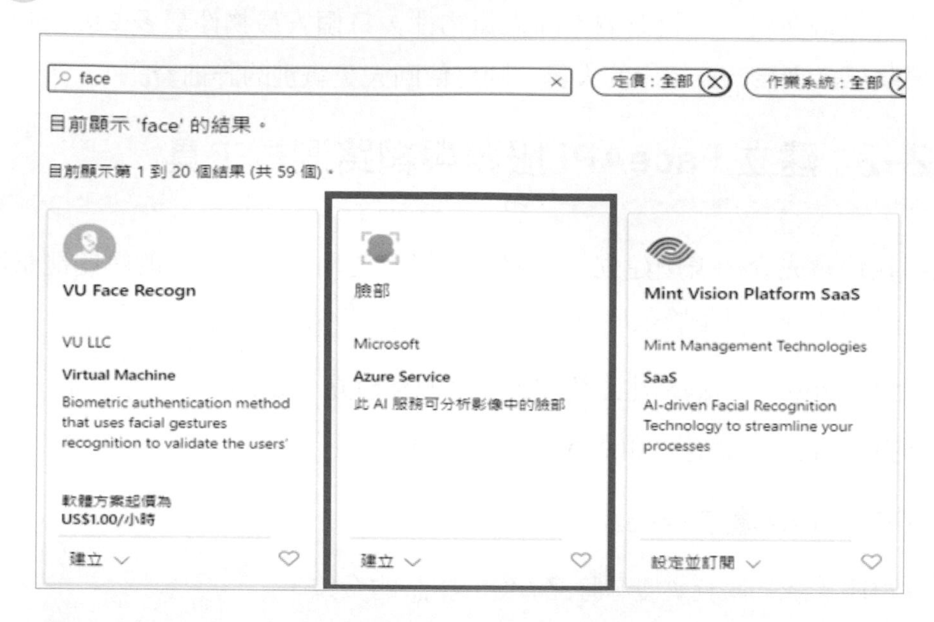

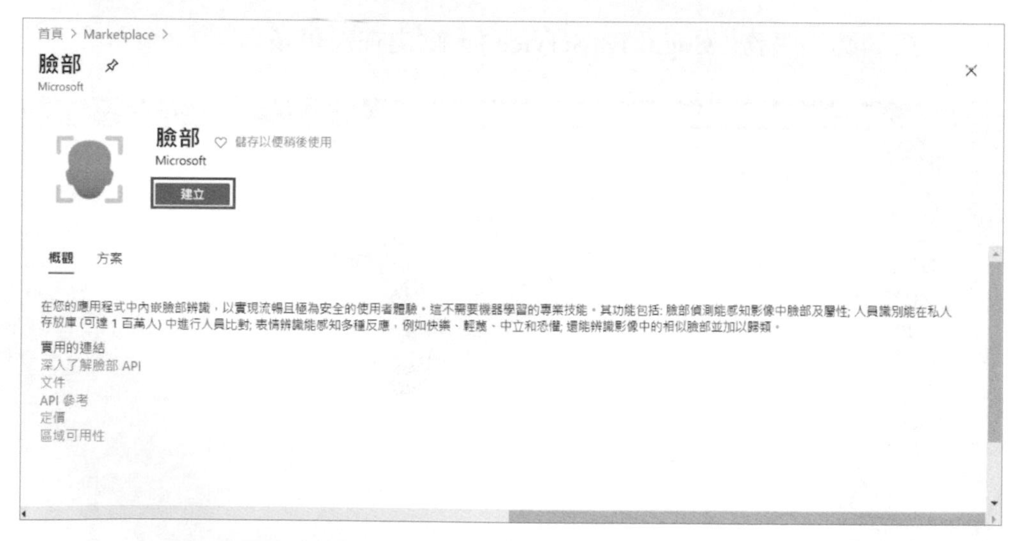

Step 3 建立資源，訂用帳戶為 Azure for Students（預設）；新建資源群組「face」（可自訂）；位置為美國東部（預設可更改）；定價層點選免費 F0；名稱輸入「deface-api」（可自訂），輸入完後，點選「檢閱 +

建立」，驗證完成，點選「建立」。

Step 4 建立完成後，點選前往資源，選取金鑰與端點，取得 API 金鑰與端點。

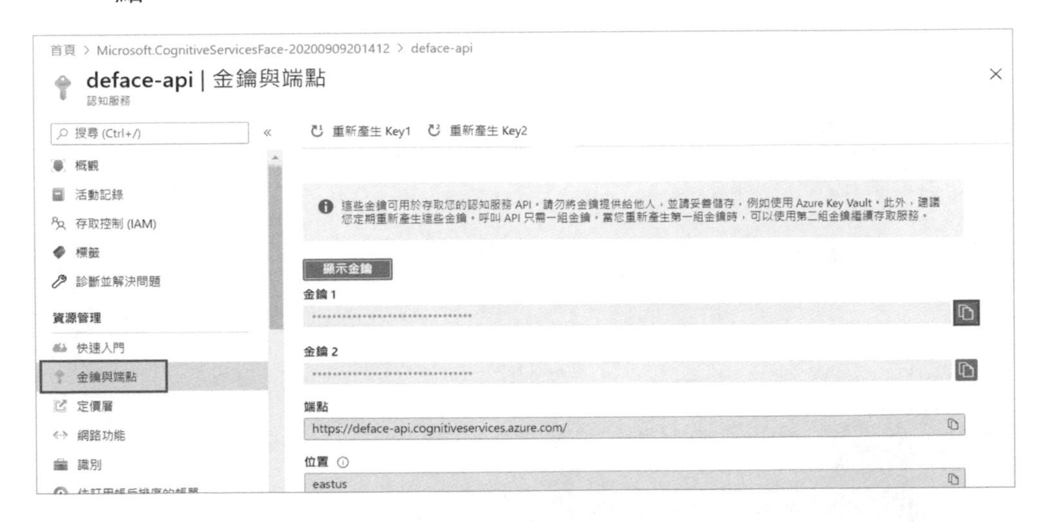

二、使用 Online API 測試工具

Step 1 上網搜尋「臉部 API」，即可到官網查看最新版本 REST API，目前的版本是 Face API - v1.0。

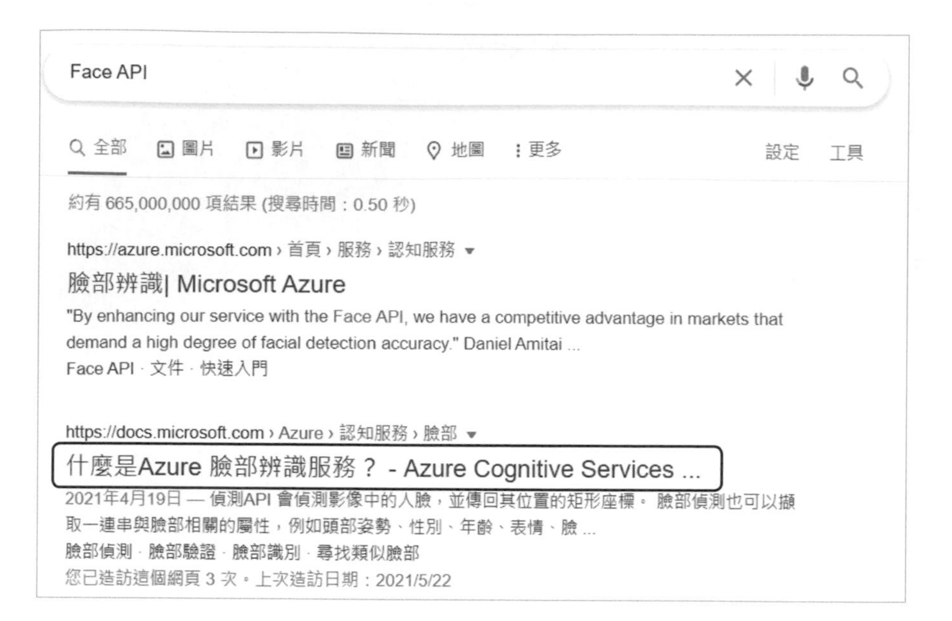

Step 2 下滑至臉部偵測的部分，點選「偵測 API」，進入官網提供之 API 測試服務。

臉部偵測

偵測 API 會偵測影像中的人臉，並傳回其位置的矩形座標。 臉部偵測也可以擷取一連串與臉部相關的屬性，例如頭部姿勢、性別、年齡、表情、臉部汗毛和眼鏡。 這些屬性是一般的預測，而非實際的分類。

ⓘ 注意

電腦視覺服務也提供臉部偵測功能。 但是，如果您想要執行其他臉部作業，例如識別、驗證、尋找類似或群組，您應該改用此臉部服務。

如需臉部偵測的詳細資訊，請參閱臉部偵測概念文章。 另請參閱偵測 API 參考文件。

Step 3 進入官網提供之 Face API 測試。

(https://westus.dev.cognitive.microsoft.com/docs/services/563879b61984550e40cbbe8d/operations/563879b61984550f30395236)

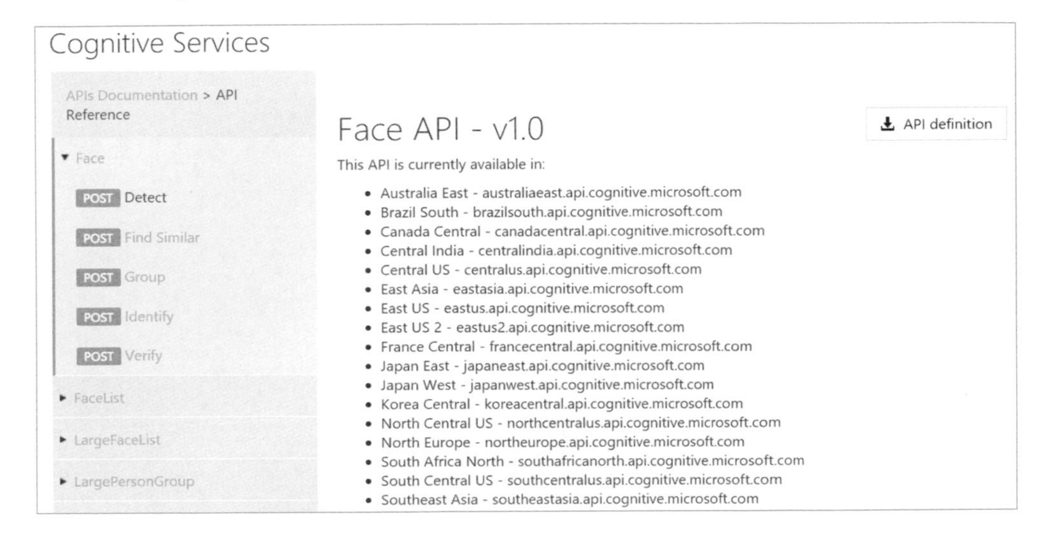

Step 4 點選已建立服務的所在位置，可至 Azure 服務概觀查看，這裡選取「美國東部」。

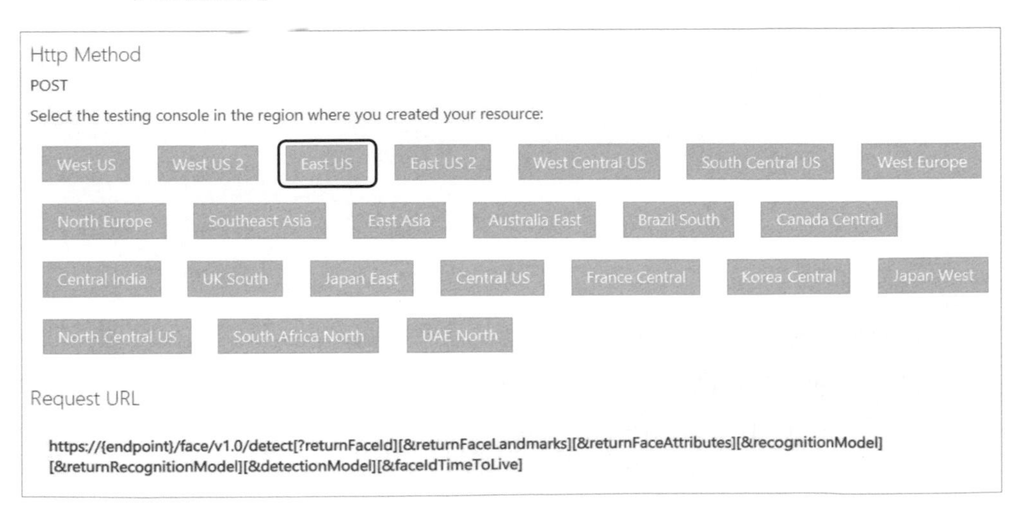

Step 5 移至網頁下方，輸入 attribute 參數和金鑰 key，attribute 為想辨識的資料，有 gender、age、glasses、facialHair、hair、makeup 等參數，使用逗號隔開。

Name eastus.api.cognitive.micro:

Query parameters

returnFaceId	true	✖ Remove parameter
returnFaceLandmarks	false	✖ Remove parameter
returnFaceAttributes	age,smil	✖ Remove parameter
recognitionModel	recognition_04	✖ Remove parameter
returnRecognitionModel	false	✖ Remove parameter
detectionModel	detection_03	✖ Remove parameter

✚ Add parameter

Headers

Content-Type	application/json	✖ Remove header
Ocp-Apim-Subscription-Key	•••••••••••••••••••••••••••••	

✚ Add header

Step 6 輸入好後，按下送出 send，就可得到回傳資料，Response status 200 為回傳狀態正確。這邊也可以看到程式碼需要的端點「Host」是「eastus.api.cognitive.microsoft.com」和所使用服務的 URL，臉部辨識服務 URL 即為「https://eastus.api.cognitive.microsoft.com/face/v1.0/」以及「Content-Type」為「application/json」。

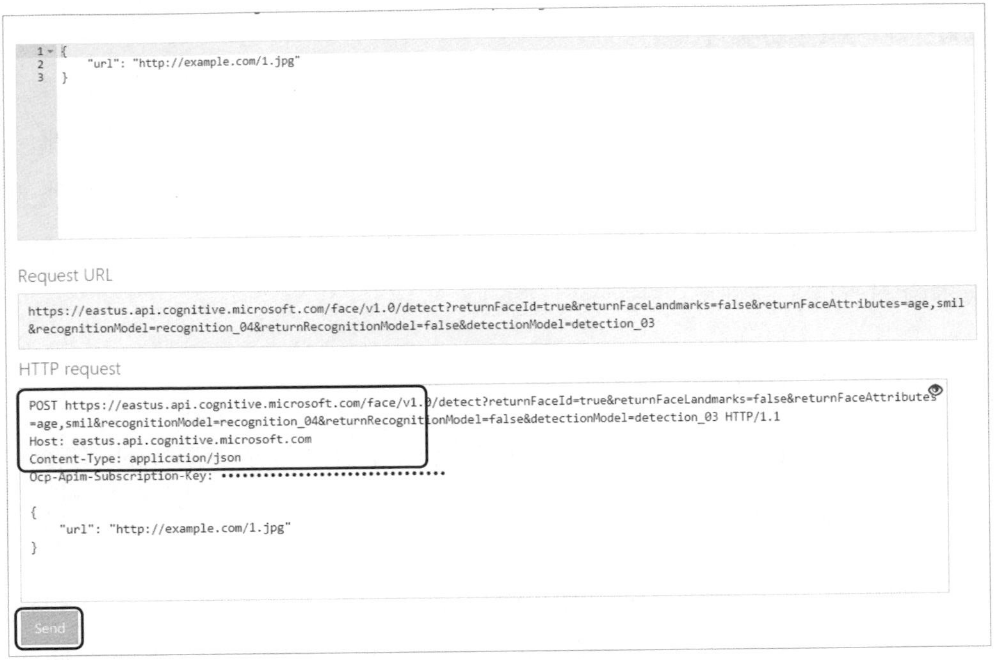

```
1 {
2     "url": "http://example.com/1.jpg"
3 }
```

Request URL

```
https://eastus.api.cognitive.microsoft.com/face/v1.0/detect?returnFaceId=true&returnFaceLandmarks=false&returnFaceAttributes=age,smil
&recognitionModel=recognition_04&returnRecognitionModel=false&detectionModel=detection_03
```

HTTP request

```
POST https://eastus.api.cognitive.microsoft.com/face/v1.0/detect?returnFaceId=true&returnFaceLandmarks=false&returnFaceAttributes
=age,smil&recognitionModel=recognition_04&returnRecognitionModel=false&detectionModel=detection_03 HTTP/1.1
Host: eastus.api.cognitive.microsoft.com
Content-Type: application/json
Ocp-Apim-Subscription-Key: ••••••••••••••••••••••••••••••••

{
    "url": "http://example.com/1.jpg"
}
```

Send

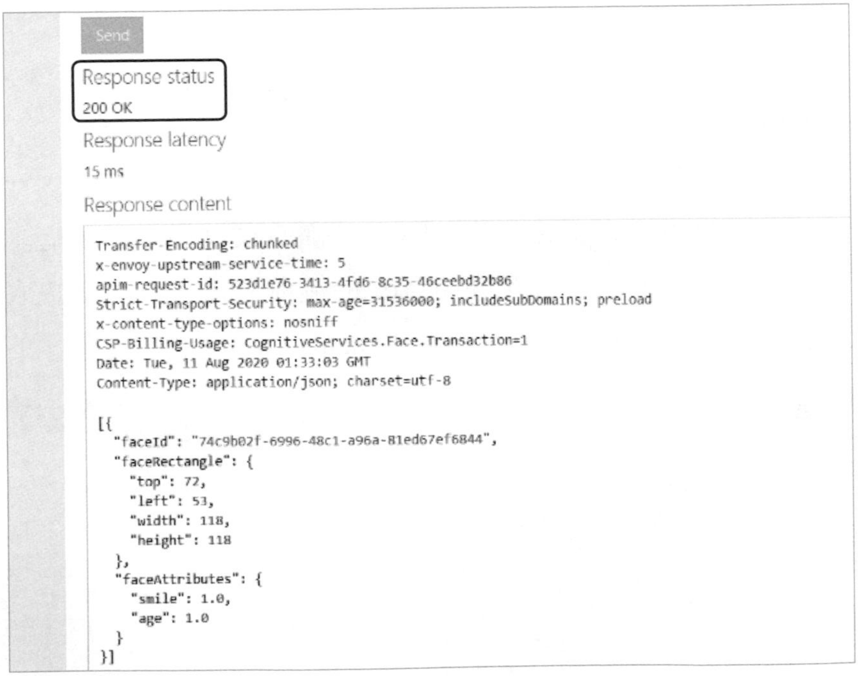

Send

Response status

200 OK

Response latency

15 ms

Response content

```
Transfer-Encoding: chunked
x-envoy-upstream-service-time: 5
apim-request-id: 523d1e76-3413-4fd6-8c35-46ceebd32b86
Strict-Transport-Security: max-age=31536000; includeSubDomains; preload
x-content-type-options: nosniff
CSP-Billing-Usage: CognitiveServices.Face.Transaction=1
Date: Tue, 11 Aug 2020 01:33:03 GMT
Content-Type: application/json; charset=utf-8

[{
  "faceId": "74c9b02f-6996-48c1-a96a-81ed67ef6844",
  "faceRectangle": {
    "top": 72,
    "left": 53,
    "width": 118,
    "height": 118
  },
  "faceAttributes": {
    "smile": 1.0,
    "age": 1.0
  }
}]
```

12-3 實戰成果

前面建立好 API 後，就可以使用臉部辨識的功能，下面將說明臉部偵測、臉部相似度驗證的範例。環境準備－使用 Jupyter Notebook 類型的服務或 Azure Notebook，本練習使用 Python 3.6，不推薦使用 Python 3 以下版本，版本會不支持，詳細可以去官網上查詢。

12-3-1 偵測影像中的臉部

功能用途 : 使用Python偵測出圖片中的人像，並框出人臉與偵測性別、年齡。

偵測影像中臉部程式碼步驟 :

Step 1 使用 Python 套件管理工具 pip，來安裝 cognitive_face 和 pillow 的外掛 - 讓呼叫起來比較容易。pillow 是 python 中修改圖片非常方便的一個套件。

Step1 程式碼教學範例：12.3.1- Detect image faces.py

```
1  get_ipython().system('pip install cognitive_face')
2  get_ipython().system('pip install pillow')
```

Step 2 載入需要模組，cognitive_face 是臉部辨識的 SDK（軟體開發套件），使用此外掛可以達到簡化呼叫 API 的流程、BytesIO 可以讀取經過 utf-8 編碼的位元組資料和繪圖套件 matplotlib。

Step2 程式碼教學範例：12.3.1- Detect image faces.py

```
3  import cognitive_face as CF
4  import requests
5  from io import BytesIO
6
7  get_ipython().run_line_magic ('matplotlib', 'inline')
8  from matplotlib.pyplot import imshow
9  from PIL import Image, ImageDraw, ImageFont
```

Step2 程式碼 12.3.1- Detect image faces.py 說明：

- 第 3 列 - 載入透過套件管理工具安裝的 cognitive_face，這是臉部辨識的 SDK（軟體開發套件），使用此外掛可以達到簡化呼叫 API 的流程。
- 第 4 列 - requests 是 Python 用來取得網頁上資料的工具。
- 第 5 列 - 可以讀取經過 utf-8 編碼的位元組資料，由於回傳的資料並不全部是字串的類型，為了讓程式能正常讀取非字串組成的資料，因此引入 BytesIO 來讀取回應資料。
- 第 7 列 - 內嵌繪圖套件。
- 第 8 列 - 從 matplotlib 載入 imshow 來實現對圖片的顯示。
- 第 9 列 - PIL 為透過套件管理工具安裝的 pillow，載入 Image 來讀取圖片檔案，載入 ImageDraw 來實現在圖片上添加文字，載入 ImageFont 來實現設定圖片上的字體大小及字體類型。

Step 3 設定存取金鑰 faceKey 以及端點位址 faceURI，端點位址格式為－https://{endpoint}.api.cognitive.microsoft.com/face/v1.0，{endpoint} 為建立資源的位址，如美國東部 =eastus、美國西部 =westus 等等。img_url 為要測試圖片的網址，attributes 為 辨識的資料有 gender、age、glasses、facialHair、hair、makeup 等參數，輸入多種參數要使用「，」隔開。呼叫 detect 並把 detect 的值顯示出來。

Step3 程式碼教學範例：12.3.1- Detect image faces.py

```
10  faceURL = "https://eastus.api.cognitive.microsoft.com/face/v1.0/"
    faceKey = "輸入自己的Azure金鑰"
11  img_url="https://images.chinatimes.com/newsphoto/2020-06-07/
12  900/20200607003560.jpg"
13  attributes = ('age,gender')
14
```

```
15  CF.BaseUrl.set(faceURL)
16  CF.Key.set(faceKey)
17
18  result = CF.face.detect(img_url,True ,False ,attributes)
19  print (result)
```

Step3 程式碼 12.3.1- Detect image faces.py 說明：

- 第 10 列 - 呼叫請求服務的 API 位址，此處是 API 端點。
- 第 11 列 - 訂閱 Azure 服務所取得的金鑰。
- 第 12 列 - 輸入偵測照片的網址。
- 第 13 列 - 偵測臉部屬性類型 (年齡、性別) 。
- 第 15 列 - 透過臉部辨識的 SDK 來呼叫臉部辨識服務。
- 第 16 列 - 設定呼叫時的金鑰。
- 第 18 列 - 呼叫 detect 偵測臉部。
- 第 19 列 - 印出回應內容。

執行結果：

```
[{'faceId': '9acf4d21-8cc9-4d1f-b7fb-7b175da0a1ae', 'faceRectangle': {'top': 16
3, 'left': 366, 'width': 197, 'height': 197}, 'faceAttributes': {'gender': 'fem
ale', 'age': 23.0}}]
```

- faceId 為檢測 API 建立，是被檢測面部的唯一 faceId，它將會在檢測後 24 小時過期。
- faceRectangle 為圖像上人臉位置的矩形區域。
- FaceAttributes 為偵測出的人臉特徵。

Step 4 顯示圖片，並且把人臉部分框出來，使用迴圈控制，讀取臉部周圍繪製矩形區域－ 'faceRectangle'，使用 draw.line 套件在圖片出畫線。

Step4 程式碼教學範例：12.3.1- Detect image faces.py

```
20  response = requests.get(img_url)
21  img = Image.open(BytesIO(response.content))
22
23  face1 = result[0]['faceId']
24  print("face1ID:" + face1)
25
26  if result is not None:
27     draw = ImageDraw.Draw(img)
28     for currFace in result:
29        faceRectangle = currFace['faceRectangle']
30        left = faceRectangle['left']
31        top = faceRectangle['top']
32        width = faceRectangle['width']
33        height = faceRectangle['height']
34
35        draw.line([(left,top),(left+width,top)],fill=(0,0,255),
    width=8)
36        draw.line([(left+width,top),(left+width,top+height)],fi
    ll=(0,0,0) , width=8)
37        draw.line([(left+width,top+height),(left, top+height)],fi
    ll=(0,255,255) , width=8)
38        draw.line([(left,top+height),(left, top)],fill="red" ,width=8)
39  imshow(img)
```

Step4 程式碼 12.3.1- Detect image faces.py 說明：

- 第 20 列 - 讀取圖片。
- 第 23 列 - 取得回應內容的 faceId 並以變數存取。
- 第 24 列 - 印出變數內容。
- 第 26 列 - 如果 result 有內容時執行。
- 第 27 列 - 使用 ImageDraw 來添加文字在圖片上。
- 第 28 列 - 迴圈控制。
- 第 29 列 - faceRectangle 在臉部周圍繪製矩形區域。

- 第 30 列 - 取得矩形左邊的位置 。
- 第 31 列 - 取得矩形上邊的位置。
- 第 32 列 - 取得矩形的寬度 。
- 第 33 列 - 取得矩形的高度 。
- 第 35-38 列 - 繪製圖片中的線，分別繪製圖片四邊的線並圍成矩形，fil 為線的顏色 (RGB)，width 為線的寬度。
- 第 35 列 - 藍線。
- 第 36 列 - 黑線。
- 第 37 列 - 淺藍。
- 第 38 列 - 紅線。
- 第 39 列 - 顯示完成圖片。

執行結果：

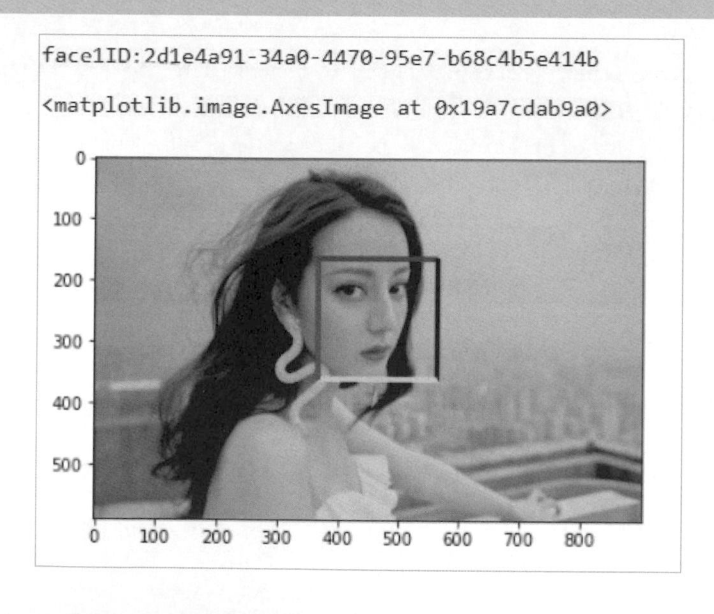

Step 5 還可將辨識出的資訊顯示在圖片中，先匯入 arial 字體、設定字體大小後，使用 ImageDraw 模組來添加文字在圖片上。

Step5 程式碼教學範例：12.3.1- Detect image faces.py

```
40  get_ipython().system('curl https://raw.githubusercontent.com/open-
    scenegraph/OpenSceneGraph-Data/master/fonts/arial.ttf -o arial.ttf')
41  font = ImageFont.truetype("arial.ttf", 45)
42
43  if result is not None:
44      draw = ImageDraw.Draw(img)
45      for currFace in result:
46          draw.text([left, height - 100], 'Age:' + str(currFace ['faceAt-
    tributes']['age']), font=font, fill=(255,255,255))
47  imshow(img)
```

Step5 程式碼 12.3.1- Detect image faces.py 說明：

- 第 40 列 - 匯入 arial 字型。
- 第 41 列 - 設定字型　與字體大小。
- 第 43 列 - 如果有取得回應的內容時執行。
- 第 44 列 - 使用 ImageDraw 來添加文字在圖片上。
- 第 45 列 - 迴圈控制。
- 第 46 列 - 將回應的人臉資訊內容顯示於方框上方位置。
- 第 47 列 - 顯示圖片。

執行結果：

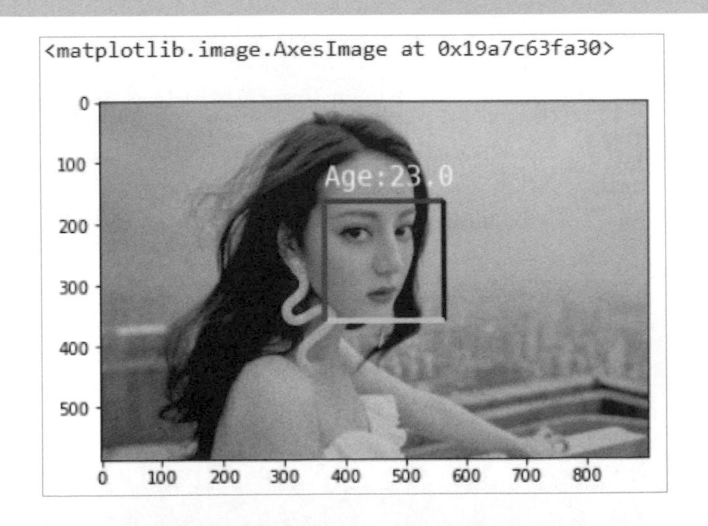

12-3-2 驗證兩張圖相似度

功能用途：能辨別出兩張圖的相似程度。

驗證兩張圖相似度程式碼步驟：

Step 1 接續臉部偵測範例使用的模組、金鑰、端點位址。

Step1 程式碼教學範例：12.3.2- Verify image similarity.py

```
1  get_ipython().system('pip install cognitive_face')
2  get_ipython().system('pip install pillow')
3
4  import cognitive_face as CF
5  import requests
6  from io import BytesIO
7
8  get_ipython().run_line_magic ('matplotlib', 'inline')
9  from matplotlib.pyplot import imshow
10 from PIL import Image, ImageDraw, ImageFont
11
12 faceURL = "https://eastus.api.cognitive.microsoft.com/face/v1.0/"
13 faceKey = "輸入自己的Azure金鑰"
14
15 img_url="https://images.chinatimes.com/newsphoto/2020-06-07/900/
   20200607003560.jpg"
16 CF.BaseUrl.set(faceURL)
17 CF.Key.set(faceKey)
18 result = CF.face.detect(img_url)
```

Step 2 輸入將要與 face1 作對比的圖片連結，先呼叫 SDK – detect 偵測臉部，並取得回應內容的 'faceId'。

Step2 程式碼教學範例：12.3.2- Verify image similarity.py

```
19  img2_url = "https://encrypted-tbn0.gstatic.com/images?q=
    tbn%3AANd9GcT8pVJfJkq -C6QNt_HlkiAyLvTn7ZC0u3E26Q&usqp=CAU"
20  response2 = requests.get(img2_url)
21  img2 = Image.open(BytesIO(response2.content))
22  result2 = CF.face.detect(img2_url)
23
24  face2 = result2[0]['faceId']
25  print("face2ID :" + face2)
```

Step1、2 程式碼 12.3.2- Verify image similarity.py 說明：

- 第 19 列 - 要進行比對的圖片。
- 第 20 列 - 透過網址取得圖片內容。
- 第 24 列 - 取得回應內容的 faceId 並以變數存取。
- 第 25 列 - 印出變數內容。

執行結果：

```
face2ID :47abb938-095a-481b-af56-faeb662e8f4b
```

Step 3 自定義副程式 verify_face －辨識兩張圖片的相似程度，並將圖片中人臉框出，設定若兩張臉相似，顯示框線顏色 = 綠色，若不相似，則顯示框線顏色為紅色。

Step3 程式碼教學範例：12.3.2- Verify image similarity.py

```
26  def verify_face(face1, face2):
27      verified = "Not Verified"
28      color = "red"
29
30      if result2 is not None:
31          verify = CF.face.verify(face1, face2)
32          if verify['isIdentical'] == True :
```

```
33                verified = "Verified"
34                color="lightgreen"
35                draw = ImageDraw.Draw(img2)
36
37                for currFace in result2:
38                    faceRectangle = currFace['faceRectangle']
39                    left = faceRectangle['left']
40                    top = faceRectangle['top']
41                    width = faceRectangle['width']
42                    height = faceRectangle['height']
43
44                    draw.line([(left,top),(left+width,top)],
   fill=color, width=8)
45                    draw.line([(left+width,top),(left+width,
   top+height)], fill=color , width=8)
46                    draw.line([(left+width,top+height),(left,
   top+height)],fill=color , width=8)
47                    draw.line([(left,top+height),(left, top)],
   fill=color, width=8)

48            imshow(img2)
49            print(verified)
50            print("信心指數: " + str(verify['confidence']) )
51
52   imshow(img2)
53   verify_face(face1,face2)
```

Step3 程式碼 12.3.2- Verify image similarity.py 說明：

- 第 26 列 - 自訂函式內容，用以辨識兩張圖片的相似程度。
- 第 27 列 - 預設為 Not Verified 尚未辨識。
- 第 28 列 - 框線的顏色設定為紅色。
- 第 30 列 - 如果有取得回應的內容時執行結果。
- 第 31 列 - 呼叫 SDK 來識別輸入的圖片。
- 第 32 列 - 如果辨別結果相似。

- 第 33 列 - 則將 verified 變數以 "Verified" 複寫。
- 第 34 列 - 並將線框顏色設置為綠色。
- 第 35 列 - 辨識完成時繪製圖片。
- 第 37 列 - 迴圈控制。
- 第 38 列 - faceRectangle 在臉部周圍繪製矩形區域迴圈控制。
- 第 39 列 - 取得矩形左邊的位置 。
- 第 40 列 - 取得矩形上邊的位置。
- 第 41 列 - 取得矩形的寬度 。
- 第 42 列 - 取得矩形的高度 。
- 第 44-47 列 - 繪製圖片中的線，分別繪製圖片四邊的線並圍成矩形，fill 為線的顏色 (RGB)，width 為線的寬度。
- 第 48 列 - 顯示圖片 。
- 第 49 列 - 印出辨識結果。
- 第 50 列 - 印出辨識的相似程度。
- 第 52 列 - 顯示圖片。
- 第 53 列 - 呼叫自訂函式來辨識兩張圖片的相似程度。

執行結果：

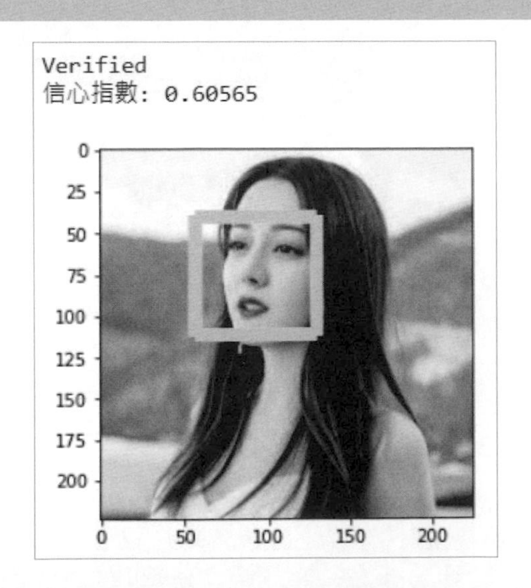

13

Azure 認知服務 - 製作問與答人員

13-1 QnA Maker& 知識庫

一、製作問與答人員

QnA Maker 是一項雲端式 API 服務，可讓使用者針對現有資料建立交談式的問答，從半結構化內容裡，像是常見問題集、手冊和文件擷取問答來建立知識庫。透過 QnAs 將從自訂知識庫中，為任何疑難雜症找尋最佳答案，通常社交媒體應用程式、聊天機器人，以及具備語音功能的傳統型應用程式，都會用來建立交談式用戶端，而知識庫也會持續從使用者行為中學習，變得越來越聰明。

二、什麼是知識庫？

QnA Maker 會在問答組的知識庫中匯入內容。匯入程序為擷取結構化和半結構化內容各部分之間關聯性的相關資訊，來表示問答組之間的關聯性。使用者可以編輯這些問答組或新增問答組。

- 在搜尋期間用來篩選答案選擇之中繼資料標籤
- 後續提示，以繼續精簡搜尋
- 問題的所有替代形式

13-2 建立認知服務資源 QnA Maker API

建立程序：認知服務 /QnA Maker

Step 1 搜尋 QnA Maker，點選建立。

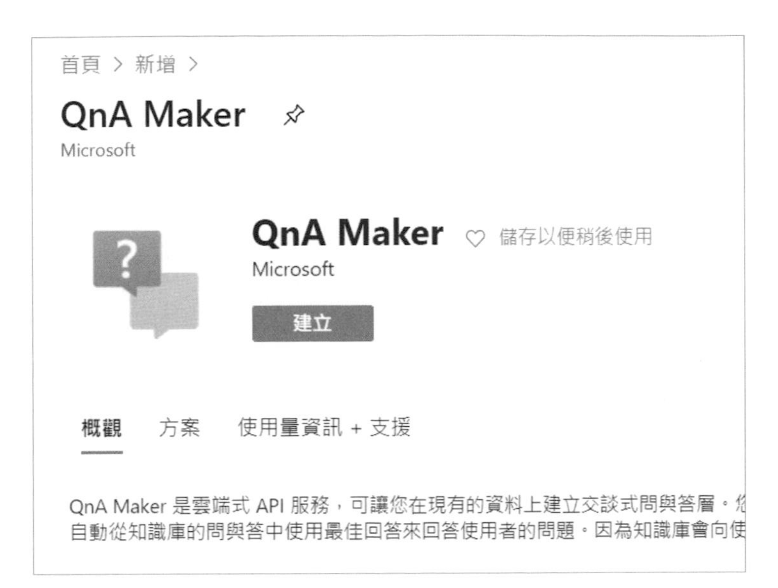

Step 2 建立資源，訂用帳戶為 Azure for Students（預設）；選擇或新增一個資源群組；名稱輸入「answer」(可自訂)；位置為美國中南部（預設可更改）；定價層點選免費 F0，全都填好後，點選「檢閱 + 建立」。

首頁 > 新增 > QnA Maker >

建立

認知服務

選取用以管理部署資源及成本的訂用帳戶。使用像資料夾這樣的資源群組來安排及管理您的所有資源。

訂用帳戶 * Azure for Students

資源群組 * analytics 新建

名稱 * answer

定價層 (深入了解) * 免費 F0 (3 managed documents per month, 3 transactions per second...

Azure 搜尋服務詳細資料 - 用於資料

當您建立 QnA Maker 資源時，會將資料裝載在您自己的 Azure 訂用帳戶中。Azure 搜尋服務會用於編製資料的索引。

Azure 搜尋服務位置 * (US) 美國中南部

Azure 搜尋服務定價層 * 免費 F (3 Indexes)

檢閱 + 建立 下一步：標籤 >

Step 3 資料確認無誤後再次點選「建立」，部署資源完成。

13-3 建立、訓練及發佈 QnA Maker 知識庫

Step 1 前往官網提供之 QnAMaker.ai 入口網站，並利用 Azure 認證登入，在 QnA Maker 入口網站中，選取「建立知識庫」，步驟 1 為上面建立好的 QnA Maker。

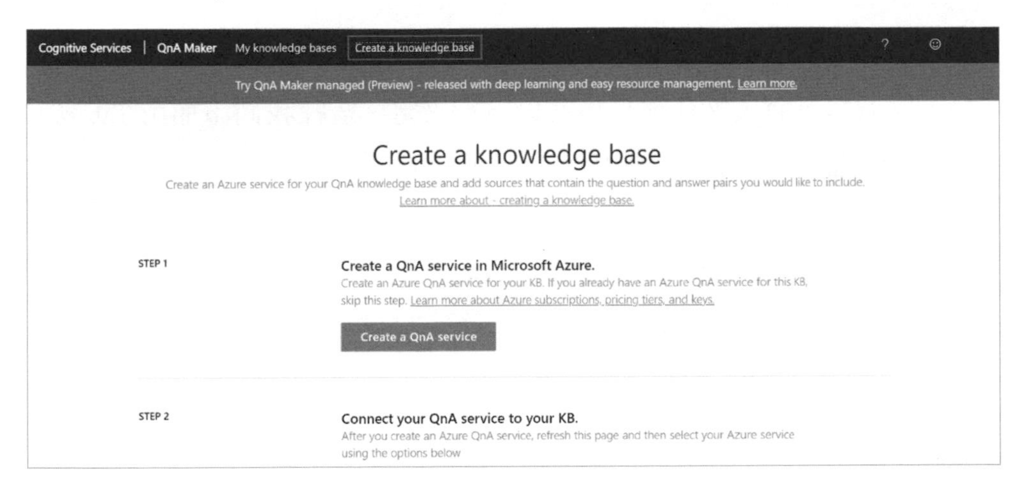

Step 2 選取 Azure QnA Maker 訂用帳戶、服務（資源），以及在服務中建立所有知識庫的語言。

Step 3 命名知識庫名稱。

命名您的知識庫。
知識庫名稱僅供參考，您可以隨時更改。

* 名稱

命名您的知識庫

Step 4 知識庫可輸入網址或是檔案以進行設定，這裡我們添加用 Tab 鍵分隔的地名 .tsv 檔案，裡面格式為問題與答案。

填充您的知識庫。
從在線常見問題解答，產品手冊或其他文件中提取問答對。支持的格式為.tsv，.pdf，.doc，.docx，.xlsx，依次包含問題和答案。了解有關知識庫資源的更多信息。創建後，跳過此步驟以手動添加問題和答案。您可以添加的源數量和文件大小取決於您選擇的QnA服務SKU。進一步了解QnA Maker SKU。

☑ 啟用從**URL**，**.pdf**或**.docx**文件的多回合提取。學到更多。

***多圈默認文字** ?

輸入一個城市

網址

http://

＋ 添加網址

網址

http：//

十 添加網址

文件名

地名.tsv

十 添加文件

閒聊

使您的機器人能夠以適合您品牌的聲音回答成千上萬的小話題。通過在下面選擇一種個性將閒聊添加到您的知識庫中時，問題和答案將自動添加到您的知識庫中，您可以隨時對其進行編輯。了解有關聊天的更多信息。

◉沒有

Step 5 按下創建知識庫按鍵，擷取程序需要一些時間來讀取文件並找出問題及回答。在 QnA Maker 成功建立知識庫之後，「知識庫」頁面隨即開啟，使用者可以在此頁面上編輯知識庫的內容。

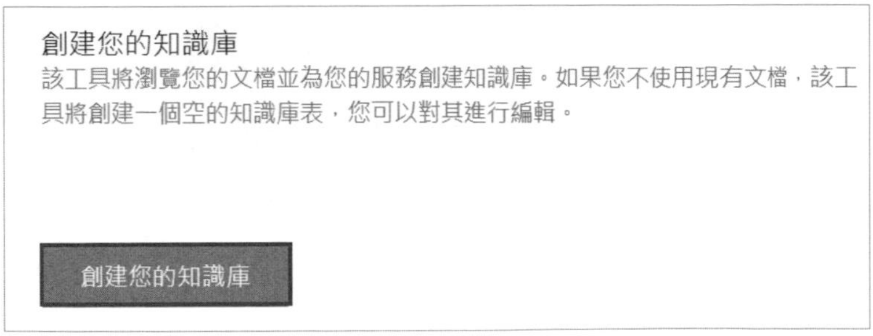

創建您的知識庫

該工具將瀏覽您的文檔並為您的服務創建知識庫。如果您不使用現有文檔，該工具將創建一個空的知識庫表，您可以對其進行編輯。

創建您的知識庫

Step 6 QnA 知識庫建立完成後，可輸入問題測試，看看機器人是否回應正確。

認知服務 | QnA製造商 我的知識庫 建立知識庫
景點 (Publisher) 編輯 發布 設定 保存並訓練 ← 測試
知識庫
搜索知識庫 1個QnA對 添加QnA對 查看選項
啟用豐富的編輯器
題 回答
Source: Editorial
高雄 愛河
Add alternative phrasing Add follow-up prompt
台北 101大樓

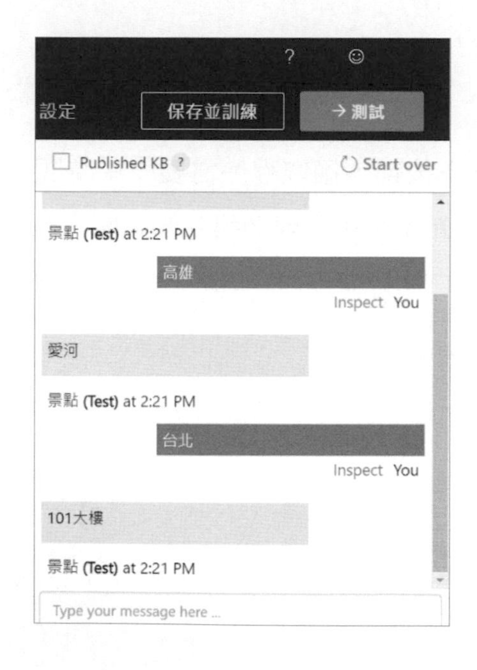

Step 7 完成測試後，點選發布，將知識庫發布到 QnA Maker，成功後再點選「創建機器人」，將跳回 Azure 服務，創建 Web App Bot。

成功！您的服務已部署。下一步是什麼？

您始終可以在服務的設置中找到部署詳細信息。

創建機器人

在**Azure**門戶上查看所有機器人。

使用下面的**HTTP**請求來調用您的知識庫。學到更多。

郵差 捲曲

Step 8 跳轉到建立 Web App Bot，內容都已填好，可直接點選「建立」。

Step 9 建立好後，即可前往資源，在 Wechat 中測試是否連接完成，都完成後，接下來將會連接到 Line Bot。

13-4 實戰成果

13-4-1 建立 Line Bot API 資訊

Step 1 進入 https://developers.line.biz/zh-hant/services/bot-designer/ 並登入 Line。

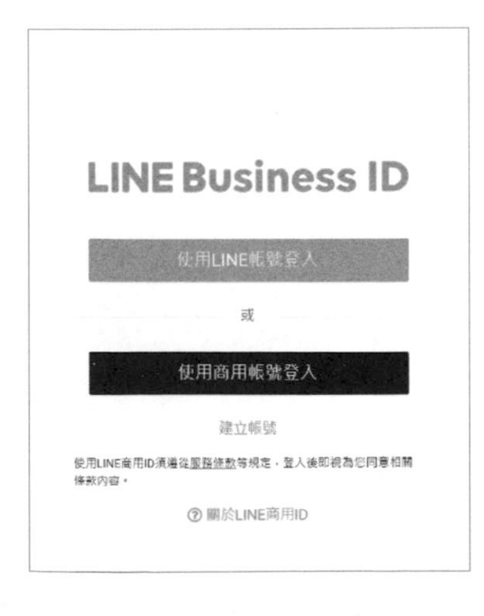

Step 2 選擇頻道類型為訊息 API，提供者欄位為創建一個新的提供者，名稱可自行輸入，但不可為空白。

最佳

建立頻道

頻道類型 訊息API

✓ 不要把這個留空

提供者 創建一個新的提供者

✓ 不要把這個留空

景點

Step 3 輸入頻道名稱、頻道說明，選擇類別、子類別。

最佳

頻道圖示 可選的

寄存器

✓ 文件類型必須為以下之一：PNG、JPG、JPEG、GIF、BMP

✓ 檔案不得超過3 MB

頻道名稱 pyzure bot

注意：頻道名稱不能在7天之內更改。

✓ 不要把這個留空

✓ 不要使用特殊字符（4字節Unicode）

最佳

頻道說明 QnAbot

✓ 不要把這個留空

✓ 不要使用特殊字符（4字節Unicode）

✓ 輸入的字符數不能超過500個

類別 娛樂・休閒相關

✓ 不要把這個留空

子類別 名勝古蹟、地標、景點

✓ 不要把這個留空

4 輸入完成，勾選同意條款並創建。

最佳

✓ 輸入的字符數不能超過500個

☑ 我已閱讀並同意 LINE官方帳戶使用條款

☑ 我已閱讀並同意 LINE Official Account API使用條款

✓ 閱讀相關文檔後選中此復選框

創建

同意我們使用您的資訊

LINE Corporation（下稱" LINE"）為了完善本公司服務，需使用企業帳號（包括但不限於LINE官方帳號，Business Connect，Customer Connect；以下合稱"企業帳號"）之各類資訊，若欲繼續使用企業帳號，請確認並同意下列事項。

■我們將會蒐集與使用的資訊

- 用戶傳送及接收的傳輸內容（包括消息，網址資訊，影像，影片，貼圖及效果等）。
- 用戶傳送及接收所有內容的發送或撥話格式，次數，時間長度及接收發送對像等（下稱"格式等資訊"），以及通過網際協議通話技術（VoIP；網路電話及視訊通話）及其他功能所處理的內容格式等資訊。
- 企業帳號使用的IP位址，使用功能的時間，已接收內容是否已讀，網址的點選等（包括但不包含連結來源資訊），服務使用紀錄（例如於LINE應用程式使用網路瀏覽器及使用時間的紀錄）以及專有權政策所述的其他資訊。

■我們蒐集與使用資訊並提供給第三方的目的

上述資訊將被用作（i）避免預期授權之使用；（ii）提供，開發及改善本公司服務；以及（iii）傳送廣告。此外，我們可能可以將這些資訊分享給LINE關係企業或本公司的服務提供者及分包商。
如果LINE接獲被授權人通知表示其未曾授予同意，LINE得中止該企業帳號的使用，，則必須事先取得該被授權人的同意，且不為因此而生的任何情事負責。

同意

Step 5 這樣就做完 Line Bot 建立了，最後步驟將與 Azure QnA Maker 連接，即可完成問答機器人。

Line Bot 基本設置有頻道機密（Channel Secret）與用戶名（Channel ID），必須妥善保管且不可外流，後面步驟將需要使用。

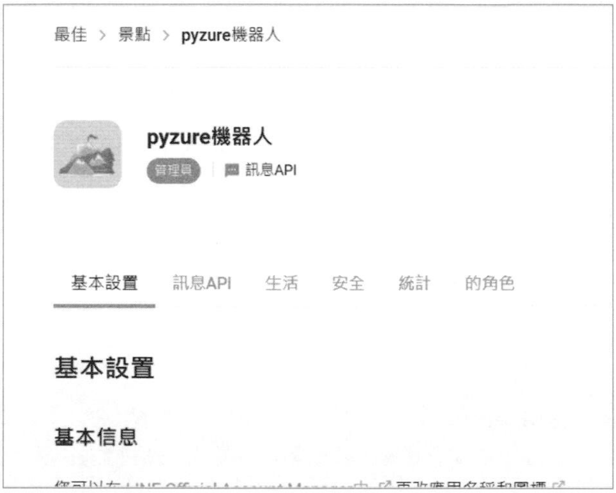

最佳 > 景點 > pyzure機器人

pyzure機器人

管理員 | 訊息API

基本設置 訊息API 生活 安全 統計 的角色

基本設置

基本信息

最佳 > 景點 > pyzure機器人

權限	簡介
頻道機密	809 Channel Secret 161
斷言簽名密鑰	問題
您的用戶名	Ud67 ID 01da

13-4-2 設定 Azure 的 Line Bot 串接參數

Step 1 回到 Azure Portal，在資源群組中，尋找 Web App Bot 底下的「App Service」。

Step 2 進入「組態」，新增 3 個應用程式設定，分別為 LineChannelID －用戶名 (Channel ID)、LineChannelSecret －頻道機密 (Channel Secret)、LineChannelAccessToken － 頻道訪問令牌 (Channel Access Token)。頻道訪問令牌在訊息 API 中，頻道訪問令牌 -Channel Access Token 預設是空白的，此時我們點選 Issue 按鈕即可產生。

新增 LineChannelID

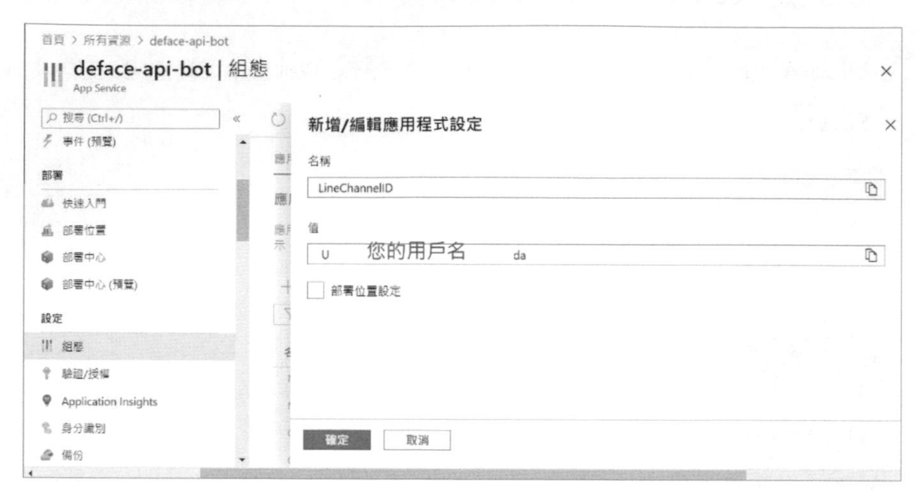

新增 LineChannelSecret

新增 Channel Access Token

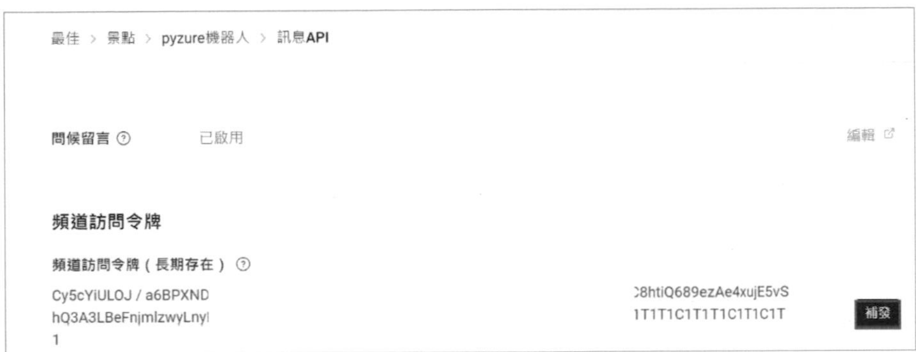

Step 3 完成新增後，便可在名稱中看到。

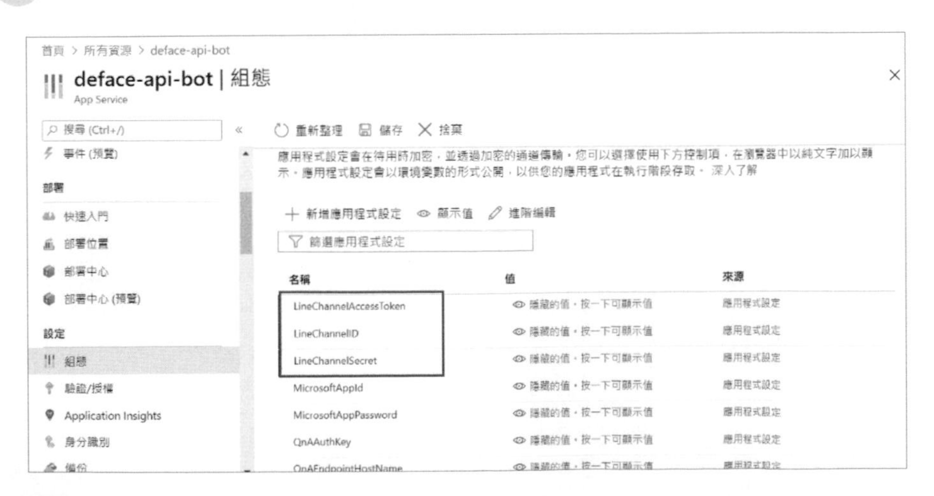

Step 4 回到 Azure Portal，在資源群組中，尋找 Web App Bot，接著進入到頻道，新增「Line」頻道。

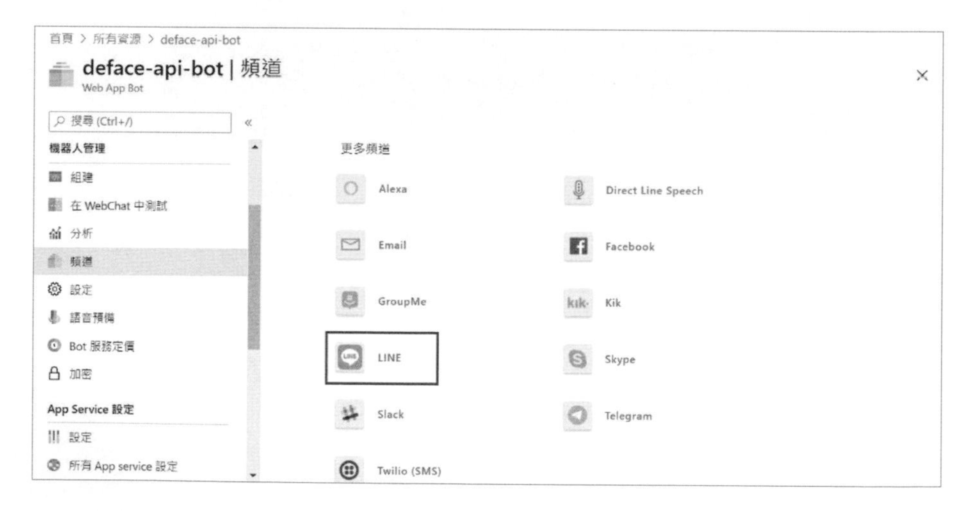

Step 5 輸入Line Bot的頻道機密（Channel Secret）與頻道訪問令牌（Channel access token）後儲存。

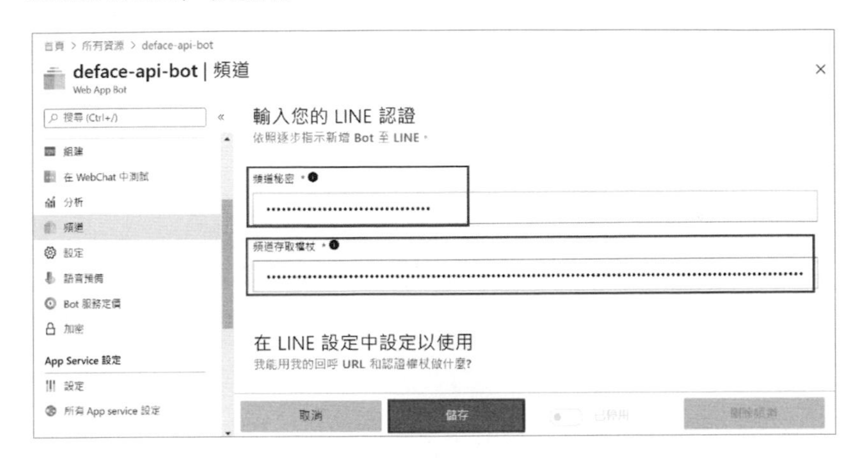

Step 6 下滑螢幕，複製 Webhook URL，回到 Line Bot 訊息 API 中的 Webhook 設置貼上 URL，並檢驗是否有回應。

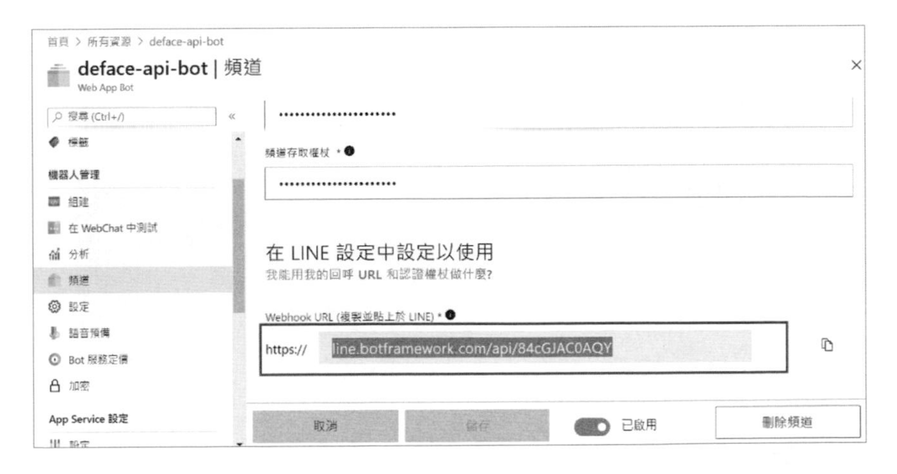

Step 7 此時，便完成了 QnA Line Bot 聊天機器人，趕緊加入好友，即刻開始使用聊天機器人！

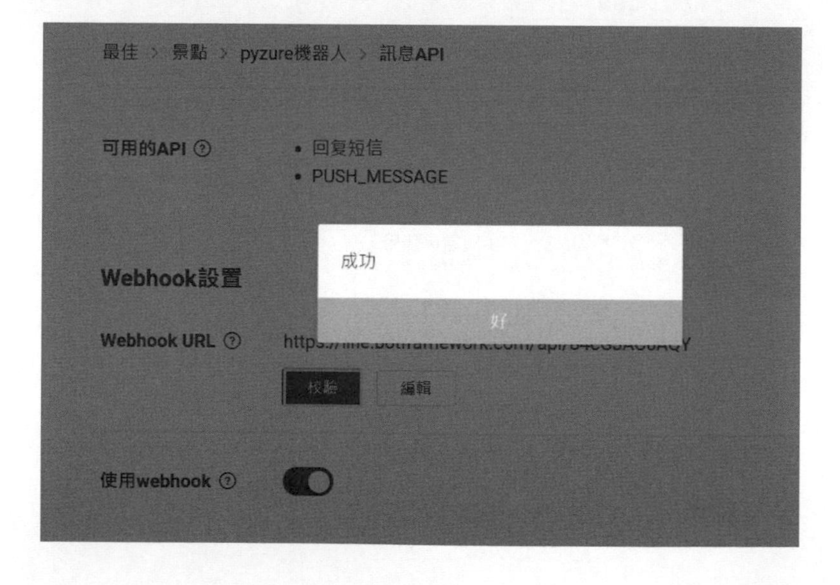

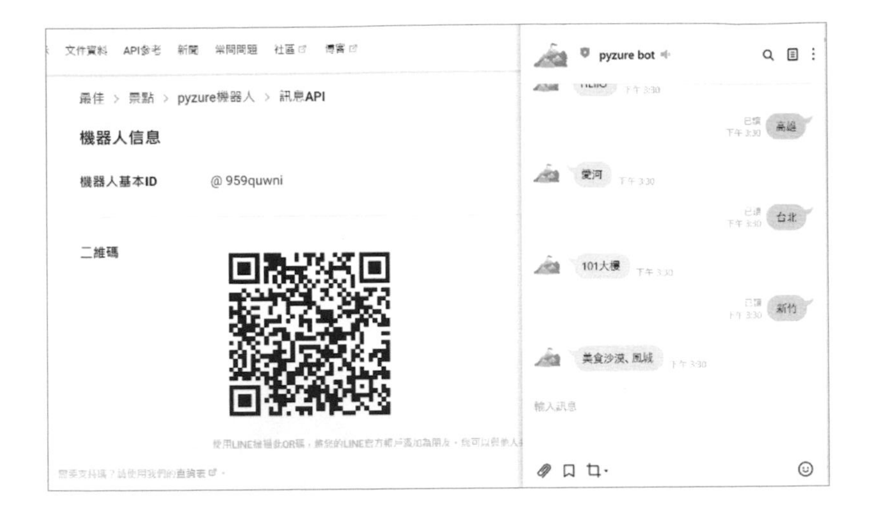
文件資料 API參考 新聞 常問問題 社區 博客
最佳 > 景點 > pyzure機器人 > 訊息API
機器人信息
機器人基本ID
@ 959quwni
二維碼
pyzure bot
高雄
愛河
台北
101大樓
新竹
美食沙漠、風城
輸入訊息

14

Azure 認知服務 - 語音服務

14-1 語音服務

語音服務提供文字轉語音、語音轉文字、語音翻譯、及語音助理等功能。透過語音軟體開發套件、語音裝置軟體開發套件及 REST API，可方便地將語音服務加入應用程式、工具或裝置中。

語音服務提供的功能如下：

服務	功能	介紹
語音轉文字	即時語音轉換文字	藉由音訊串流或本機檔案將語音轉換為文字，可運用或顯示於應用軟體或裝置中。
	批次語音轉換文字	使用 Azure Blob 儲存設備中的多筆語音資料，採非同步語音技術轉換文字，除此之外，還提供自動分段標記與情感分析的功能。
	多裝置交談	銜接數個裝置或使用者，提供方便、快速的轉譯及翻譯支援傳遞語音或文字的訊息。
	對話轉譯	包含即時語音辨識、說話者識別及自動分段標記。特別適合應用於翻譯面對面會議。
	建立自訂語音模型	依據使用者需求，量身定做個人化的語音模型，可自行建立並定義原音、語言及發音，利用自訂的模型處理背景音效及業界間的專業術語。
文字轉換語音	文字轉換語音	運用語音合成標記語言（SSML），將文字檔案轉換為模擬真人的合成語音，SSML 提供開發人員調整輸出語調的抑揚頓挫、腔調口音的變化及語音頻率。
	建立自訂語音	為使用者自行設定個人化的語音模型，建立品牌、產品或服務的專屬自訂聲音。
語音翻譯	語音翻譯	支援 60 多種語言即時翻譯 , 提供語音轉語音和語音轉文字翻譯的服務。
語音助理	語音助理	提供開發人員建立自然、擬人的對話介面，以便加入應用程式或裝置中。語音助理應用遍及多處，以對話體驗的方式，向使用者提供更優質的服務。語音助理實作利用 Bot Framework 的 Direct Line 語音頻道，或是整合的自訂命令服務來完成作業。
說話者辨識	說話者驗證與識別	藉由單一說話者提供音訊來建立訓練資料，交叉檢查音訊語音範例，以使用於辨識說話者的演算法，說話者辨識顧名思義為辨識「誰在說話？」的問題。

14-2 建立語音 API 服務

這裡會先介紹怎麼建立語音 API 服務，使用 Azure 入口網站建立認知服務資源與建立語音 API。

一、在 Azure 建立語音 API

建立程序：認知服務 / 搜尋語音 / 獲取申請的金鑰。

Step 1 在認知服務的 Marketplace 中搜尋「語音」，並點選建立。根據認知服務版本更新，如中文搜尋不到，可以用英文「Speech」搜尋。

Step 2 建立資源，名稱輸入「texttosp」(可自訂)；訂用帳戶為 Azure for Students(預設)；定價層點選免 F0；位置為美國東部(預設可更改)；新建資源群組「speech」(可自訂)，輸入完後，點選「建立」，驗證完成後，建立成功。

Step 3 點選前往資源，選取金鑰與端點，取得 API 金鑰。

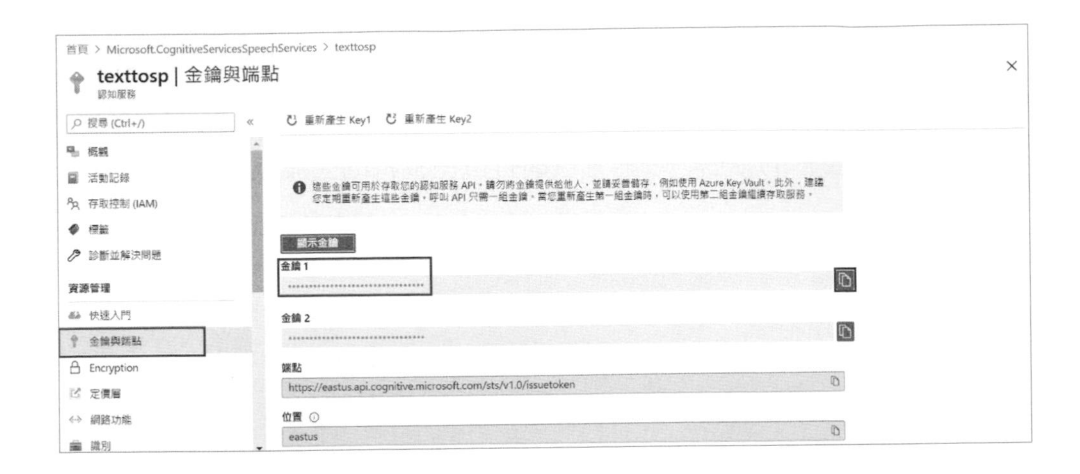

14-3 實戰成果

建立好翻譯工具 API 後，接著使用語音的功能，下面將說明文字轉語音、語音轉文字以及 Wave 套件的應用。環境準備－ Python 3.6，不推薦使用 Python 3 以下版本，版本會不支持，詳細可以去官網上查詢，本練習使用 Jupyter Notebook。

14-3-1 Wave 套件

Waveform Audio File Format（WAVE），以副檔名 WAV 的形式廣為人知，由微軟和 IBM 公司共同研發，使用於個人電腦儲存音訊串流的編碼格式，音頻格式未經壓縮處理，因此在音質方面不會出現失真的情況，保持品質的同時，伴隨而來是在諸多音訊格式中檔案較大

一、聲音概念

聲音的產生來自物體的震動，由響度、音調、音色三元素組成。

聲音組成三元素：

- **響度**：表示聲音的強弱，聲波振幅越大，響度越強，單位為分貝 (dB)
- **音調**：表示聲音的高低，聲波振幅越快，音調越高，單位為赫茲 (Hz)
- **音色**：表示聲音的特色，每種音色都有自己獨特的聲波波形

二、聲音數位化

大自然的聲音是一種類比訊號，連續不斷的變化，若要使用電腦處理此音訊，則必須將其數位化，儲存於電腦，並透過電腦中的音效卡將數位訊號轉為類比訊號，即可將音訊輸出

- **類比訊號** (analog signal)：包含生活周遭聽到的聲音、看到的畫面，類比訊號是種強度和數量上會呈現連續變化的訊號，例如：聲波、溫度、溼度等物理量變化。
- **數位訊號** (digital signal)：訊號變化只有兩種，非 0 即 1，將連續的類比訊號變成 0 或 1 兩種不連續訊號。

三、影響聲音數位化的因素

- **取樣頻率** (sampling rate)：每秒擷取的聲音次數，單位為赫茲 (Hz)，取樣頻率越高，原聲可被記錄得更完整。

  例如：無線電廣播取樣頻率為 22,050 Hz，意即每秒取樣 22,050 次
- **量化解析度** (quantized level)：記錄每個聲波樣本高低起伏的變化，所使用的位元數，量化解析度越高，記錄的聲音越接近原聲。

四、Wave 套件介紹

Wave 提供 WAV 聲音格式簡單、方便、快速的使用方式，檔案支援單聲道 / 立體聲，不支援壓縮 / 解壓縮。

要在程式中使用 Wave 模組，首先要匯入，語法為：

```
import wave
```

接著開啟音訊檔案，語法為：

```
wave.open("file.wav","wb")
```

wave.open 需要填入兩個值，第一個是音訊檔，第二個是使用的模式，'rb' 為讀取模式，'wb' 為寫入模式，讀取或寫入只能擇一，不可同時進行讀寫 WAV 文件

再來讀取檔案的部分，語法為：

```
Wave_read.方法()
```

「方法」可以選擇下列：

Wave_read.close( )	完成讀取後將檔案關閉
Wave_read.getnchannels( )	讀取檔案的聲道數，代入的數字代表聲道的數量（1 單聲道，2 立體聲）
Wave_read.getsampwidth( )	讀取聲音檔採樣的字節長度
Wave_read.getframerate( )	讀取聲音檔的採樣頻率
Wave_read.getnframes( )	讀取聲音檔的音頻幀數

最後是寫入檔案的部分，語法為：

```
Wave_ write.方法()
```

「方法」可以選擇下列：

Wave_write.close( )	完成寫入後將檔案關閉
Wave_write.setnchannels（n）	寫入檔案的聲道數，代入的數字代表聲道的數量（1 單聲道，2 立體聲）
Wave_write.setsampwidth（n）	寫入聲音檔採樣的字節長度
Wave_write.setframerate（n）	寫入聲音檔的採樣頻率
Wave_write.writeframes(data)	寫入資料，如果回傳音訊檔的頻率與前面設定的頻率不同則會寫入失敗

14-3-2 文字轉語音

功能用途：將文字轉換成語音，可用在配音、製作影片旁白、為視障者和老年人建立有聲內容，以及語言教學等方面，還可結合客服系統建立互動式語音回應。

文字轉語音程式碼步驟：

Step 1 使用 Python 套件管理工具 pip，來安裝 SpeechRecognition 和 pyaudio 的外掛。

Step 1 程式碼教學範例：14.3.2- Text-to-speech.py

```
1  !pip install SpeechRecognition
2  !pip install pyaudio
```

Step 2 載入需要的模組，Audio 模組為可以直接播放聲音檔案、wave 則是 Python 用來處理 .wav 聲音格式的外掛。

Step2 程式碼教學範例：14.3.2- Text-to-speech.py

```
3  import http.client, urllib.parse, json
4  from xml.etree import ElementTree
5  import wave
6  from IPython.display import Audio
7  import speech_recognition as sr
```

Step2 程式碼 14.3.2- Text-to-speech.py 說明：

- 第 3 列 - http.client 為啟用安全通訊協定 (SSL)，以確保傳輸的內容具有完整性與安全保障，urllib.parse 則是可以解析網址 (URL) 中參數 (query) 的外掛，json 是 Python 用來讀取 JSON 格式的外掛。JSON 格式範例：{"name":"Lun","position":"teacher","guide":[{"team":"IM"}{"team":"IT"}],}
- 第 4 列 - ElementTree 是用來處理 XML 格式的資料。

➢ 第 5 列 - wave 是 Python 用來處理 .wav 聲音格式的外掛。

➢ 第 6 列 - Audio 可以直接播放聲音檔案。

➢ 第 7 列 - speech_recognition 是 Python 用於支援語音辨識的系統，通常當外掛名稱較長時，會利用 as 來取別名，以便後續撰寫。

Step 3 設定存取金鑰 apiKey、AccessTokenHost 位址，<region> 需輸入與區域相符的識別碼。

Step3 程式碼教學範例：14.3.2- Text-to-speech.py

```
8   apiKey = "輸入自己的Azure金鑰"
9   AccessTokenHost = "eastus.api.cognitive.microsoft.com"
10  AccessTokenUrl = "https://eastus.api.cognitive.microsoft.com/sts/
    v1.0/issuetoken";
11  path = "/sts/v1.0/issueToken"
12  headers = {"Ocp-Apim-Subscription-Key": apiKey}
13  params = ""
```

Step3 **程式碼** 14.3.2- Text-to-speech.py **說明**：

➢ 第 8 列 - 訂閱 Azure 服務所取得的金鑰。

➢ 第 9 列 - 將固定的路徑以變數進行存取。

➢ 第 10 列 - 定義取得服務的識別碼 (URI)。

➢ 第 12 列 - 定義 headers 內容，Ocp-Apim-Subscription-Key 為必填欄位，參數為訂閱 Azure 服務時所取得的金鑰。

➢ 第 13 列 – 定義 params 內容。

Step 4 建立 https 連線，使用 POST 的方式進行資源的請求，對 AccessTokenHost 端點提出要求，以取得存取權杖，再利用 utf-8 的編碼方式進行解碼。

Step4 程式碼教學範例：14.3.2-Text-to-speech.py

```
13  print ("Connect to server to get the Access Token")
14
15  conn = http.client.HTTPSConnection(AccessTokenHost)
16  conn.request("POST", path, headers)
17  response = conn.getresponse()
18  print(response.status, response.reason)
19  data = response.read()
20  conn.close()
21
22  accesstoken = data.decode("UTF-8")
```

Step4 程式碼 14.3.2- Text-to-speech.py 說明：

- 第 13 列 - 建立連線前先印出，以確認目前程式的執行狀態。
- 第 15 列 - 建立 https 的連線方式，將請求網址組成以下內容 eastus.api.cognitive.microsoft.com 。
- 第 16 列 - (1) 使用 POST 的方式進行資源的請求，(2) 將要請求的資源路徑位址以第二個參數帶入 https://www.api.cognitive.microsoft.com/sts/v1.0/issueToken，(3) 帶入 headers 內容 ,，以驗證服務的訂閱狀態。
- 第 17 列 - 取得回應內容。
- 第 18 列 - 印出回應成功代號以及回應內容。
- 第 19 列 - 讀取回應內容，並使用變數存取。
- 第 20 列 - 讀取結束後將連線關閉。
- 第 22 列 - 將回應內容以 utf-8 編碼方式進行解碼，此處的回應內容為登入的 token。

Step 5 根據官網提供之語言語系、性別及音調設定，想了解更多語音服務或提供之語音支援可至：https://docs.microsoft.com/zh-tw/azure/cognitive-services/speech-service/language-support 尋找。

Step5 程式碼教學範例：14.3.2-Text-to-speech.py

```
23  body = ElementTree.Element('speak', version='1.0')
24  body.set('{http://www.w3.org/XML/1998/namespace}lang', 'zh-TW')
25
26  voice = ElementTree.SubElement(body, 'voice')
27  voice.set('{http://www.w3.org/XML/1998/namespace}lang', 'zh-TW')
28  voice.set('{http://www.w3.org/XML/1998/namespace}gender', 'Female')
29  voice.set('name', 'Microsoft Server Speech Text to Speech Voice
    (zh-TW, HanHanRUS)')
30  voice.text = "試著輸入其他文字。"
```

Step5 程式碼 14.3.2- Text-to-speech.py 說明：

- 第 23 列 - 定義轉換語音的文字內容，需要將內容以 XML 格式進行處理。
- 第 24 列 - 設定檔案的語言為中文。
- 第 26 列 - 建立 XML 的根項目 voice，語音的內容會根據 voice 中的設定內容呈現。
- 第 27 列 - 設定聲音語系為中文。
- 第 28 列 - 設定聲音性別為女性。
- 第 29 列 - 設定聲音音調，Azure 官方文件提供不同聲調可供更換，這邊使用 HanHanRUS 的音調格式進行。
- 第 30 列 - 設定語音檔案的內容。

Step 6 將取得的存取權杖定義為 headers，使用 conn.request() 傳送要求，在此要求中，存取權杖有效期間為 10 分鐘，在使用時，可再以訂用帳戶金鑰交換時間。

Step6 程式碼教學範例：14.3.2-Text-to-speech.py

```
31 headers = {
32     "Content-type": "application/ssml+xml",
33     "X-Microsoft-OutputFormat": "riff-24khz-16bit-mono-pcm",
34     "Authorization": "Bearer " + accesstoken,
35     "X-Search-AppId": "07D3234E49CE426DAA29772419F436CA",
36     "X-Search-ClientID": "1ECFAE91408841A480F00935DC390960",
37     "User-Agent" : "225"
38 }
39 
40 print ( "\nConnect to server to synthesize the wave" )
41 conn = http.client.HTTPSConnection("eastus.tts.speech.microsoft.com")
42 conn.request("POST", "/cognitiveservices/v1", ElementTree.
   tostring(body), headers)
43 response = conn.getresponse()
44 print ( response.status, response.reason )
45 data = response.read()
46 conn.close()
47 print ( "The synthesized wave length: %d" %(len(data)))
```

Step6 程式碼 14.3.2- Text-to-speech.py 說明：

- 第 31-38 列 - 定義 headers 參數。
- 第 32 列 - 設定內容型態為 application/ssml+xml 格式。
- 第 34 列 - 將取得的 token 前方加上「Bearer」，並以 Authorization 作為鍵值。
- 第 35 列 - 將訂閱文字轉語音服務的 AppId 貼入，並以 X-Search-AppId 作為鍵值。

- 第 36 列 - 將訂閱文字轉語音服務的 ClientID 貼入，並以 X-Search-ClientID 作為鍵值。
- 第 37 列 - User-Agent 應用程序名稱，提供的值必須小於 255 個字元。
- 第 40 列 - 建立連線前先印出文字，以確認目前程式的執行狀態。
- 第 41-42 列 - 建立 https 的連線方式，將請求網址組成以下內容 https://www.eastus.tts.speech.microsoft.com/ (1) 使用 POST 的方式進行資源的請求，(2) 將要請求的資源路徑位址以第二個參數帶入 https://www.eastus.tts.speech.microsoft.com/cognitiveservices/v1(3) 帶入前面宣告的 XML 內容，(4) 帶入 headers 內容，以驗證服務的訂閱狀態。
- 第 43 列 - 取得回應的內容。
- 第 44 列 - 印出回應代號以及回應內容。
- 第 45 列 - 讀取回傳的內容並以變數 data 進行存取。
- 第 46 列 - 取得資源後將連線關閉。
- 第 47 列 - 印出回傳的檔案大小。

Step 7 將回傳的二進位檔寫入 wav 檔，並設定聲音檔聲道數 setnchannels、採樣頻率 setframerate、採樣長度 setsampwidth 後，自動撥放出音檔。

Step7 程式碼教學範例：14.3.2-Text-to-speech.py

```
48 f_write = wave.open("output.wav", "wb")
49 f_write.setnchannels(1)
50 f_write.setframerate(24500)
51 f_write.setsampwidth(2)
52 f_write.writeframes(data)
53 f_write.close()
54 
55 sound_file = './output.wav'
56 Audio(sound_file, autoplay=True)
```

Step7 **程式碼** 14.3.2- Text-to-speech.py **說明：**

- 第 48 列 - 將回應的內容寫入至檔案，預設的檔名為該專案名稱，假設專案名稱為 output.py，則回傳的檔案名稱就會是 output；將檔案寫入至 output.wav，並且使用寫入 (wb) 的模式進行。
- 第 49 列 - 設定檔案的聲道數，代入的數字代表聲道的數量，這邊代入 1 代表的是單聲道。
- 第 50 列 - 設定聲音檔的採樣頻率為 24500 Hz。
- 第 51 列 - 設定聲音檔的採樣長度為 2 個字節。
- 第 52 列 - 寫入資料，如果回傳音訊檔的頻率與前面設定的頻率不同則會寫入失敗。
- 第 53 列 - 完成寫入後將檔案關閉。
- 第 55 列 - 取得播放音訊檔的路徑。
- 第 56 列 - 播放音訊檔案，並設定為自動播放 (autoplay = True)。

執行結果：

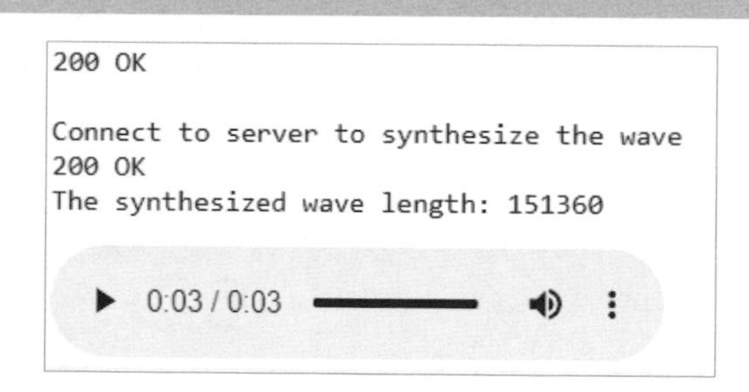
200 OK
Connect to server to synthesize the wave
200 OK
The synthesized wave length: 151360
0:03 / 0:03

14-3-3 語音轉文字

功能用途：將聲音轉換成文字，可以使用在會議逐字稿、影片上字幕等等。

語音轉文字程式碼步驟：

Step 1 接續上個範例設定好的金鑰 apiKey 和模組，創建語音轉文字範例，載入 azure.cognitiveservices.speech，是用來接 Google 語音辨識 API 的 SDK，通常會將較長的外掛名稱透過 as 來取別名，這裡命名為 speechsdk。

Step 1 程式碼教學範例：14.3.3- Speech-to-text.py

```
1  import azure.cognitiveservices.speech as speechsdk
2  apiKey = "輸入自己的Azure金鑰"
3  speech_config = speechsdk.SpeechConfig(subscription=apiKey,
   region="eastus")
4  speech_config.speech_recognition_language = "zh-TW"
5
6  speech_recognizer = speechsdk.SpeechRecognizer(speech_
   config=speech_config)
7  print("請試著說些什麼...")
```

Step1 **程式碼** 14.3.3- Speech-to-text.py **說明：**

- 第 1 列 - azure.cognitiveservices.speech 是 Python 用來接 Google 語音辨識 API 的 SDK，通常會將較長的外掛名稱透過 as 來取別名
- 第 2 列 - 使用指定的訂閱金鑰和服務區域配置語音的實例，替換為自己的訂閱金鑰和服務區域
- 第 3 列 - speech_recognition_language 以字串作為引數的參數，可以變更為支援的地區設定 / 語言清單中的代碼
- 第 5 列 - 初始化辨識器，建立 SpeechConfig 之後，下一步是初始化 SpeechRecognizer，初始化 SpeechRecognizer 時，會傳遞使用的 speech_config。此時，會提供語音服務驗證使用者要求所需的認證

Step 2 使用 recognize_once() 進行一次性辨識，一次性辨識會在同步模式下執行辨識，單一語句的結尾由聽取結束時的靜默來決定，或是在處理音訊達 15 秒的上限時結束，此工作會傳回辨識文字作為結果。

Step2 程式碼教學範例：14.3.3- Speech-to-text.py

```
7   result = speech_recognizer.recognize_once()
8
9   if result.reason == speechsdk.ResultReason.RecognizedSpeech:
10      print("識別語音為: {}".format(result.text))
11  elif result.reason == speechsdk.ResultReason.NoMatch:
12      print("無法識別語音: {}".format(result.no_match_details))
13  elif result.reason == speechsdk.ResultReason.Canceled:
14      cancellation_details = result.cancellation_details
15      print("語音識別已取消: {}".format(cancellation_details.reason))
16      if cancellation_details.reason == speechsdk.CancellationReason.
    Error:
17          print("Error details: {}".format(cancellation_details.error_
    details))
```

Step2 程式碼 14.3.3- Speech-to-text.py 說明：

- 第 7 列 - 使用 recognize_once() 進行同步一次性辨識，一次性辨識 (同步) - 在封鎖 (同步) 模式下執行辨識，在辨識出單一語句之後傳回。單一語句的結尾會由聽取結束時的靜默來決定，或是在處理音訊達 15 秒的上限時結束。此工作會傳回辨識文字作為結果。
- 第 9-17 列 - 檢查回傳值 result.

執行結果：

```
請試著說些什麼...
識別語音為: 你好。
```

Microsoft Speech SDK 和 REST API 均支援下列語言：

語言代碼	語言	語言代碼	語言
ar-AE	阿拉伯文(阿拉伯酋長國)	es-MX	西班牙文(墨西哥)
ar-BH	阿拉伯文(巴林)	es-NI	西班牙文(尼加拉瓜)
ar-EG	阿拉伯文(埃及)	es-PA	西班牙文(巴拿馬)
ar-IQ	阿拉伯文(伊拉克)	es-PE	西班牙文(秘魯)
ar-JO	阿拉伯文(約旦)	es-PR	西班牙文(波多黎各)
ar-KW	阿拉伯文(科威特)	es-PY	西班牙文(巴拉圭)
ar-LB	阿拉伯文(黎巴嫩)	es-SV	西班牙文(薩爾瓦多)
ar-OM	阿拉伯文(阿曼)	es-US	美國西班牙文(USA)
ar-QA	阿拉伯文(卡達)	es-UY	西班牙文(烏拉圭)
ar-SA	阿拉伯文(沙烏地阿拉伯)	es-VE	西班牙文(委內瑞拉)
ar-SY	阿拉伯文(敘利亞)	et-EE	愛沙尼亞(愛沙尼亞)
bg-BG	保加利亞文(保加利亞)	fi-FI	芬蘭文(芬蘭)
ca-ES	加泰蘭文(西班牙)	fr-CA	法文(加拿大)
cs-CZ	捷克文(捷克共和國)	fr-FR	法文(法國)
da-DK	丹麥文(丹麥)	ga-IE	愛爾蘭(愛爾蘭)
de-DE	德文(德國)	gu-IN	古吉拉特文(印度)
el-GR	希臘文(希臘)	hi-IN	印度文(印度)
en-AU	英文(澳大利亞)	hr-HR	克羅埃西亞文(克羅埃西亞)
en-CA	英文(加拿大)	hu-HU	匈牙利文(匈牙利)
en-GB	英文(英國)	it-IT	義大利文(義大利)
en-HK	英文(香港特別行政區)	ja-JP	日文(日本)
en-IE	英文(愛爾蘭)	ko-KR	韓文(韓國)
en-IN	英文(印度)	lt-LT	立陶宛文(立陶宛)
en-NZ	英文(紐西蘭)	lv-LV	拉脫維亞文(拉脫維亞)
en-PH	英文(菲律賓)	mr-IN	馬拉提文(印度)
en-SG	英文(新加坡)	mt-MT	馬爾他(馬爾他)
en-US	英文(美國)	nb-NO	挪威文(巴克摩)(挪威)
en-ZA	英文(南非)	nl-NL	荷蘭文(荷蘭)

語言代碼	語言	語言代碼	語言
es-AR	西班牙文 (阿根廷)	pl-PL	波蘭文 (波蘭)
es-BO	西班牙文 (玻利維亞)	pt-BR	葡萄牙文 (巴西)
es-CL	西班牙文 (智利)	pt-PT	葡萄牙文 (葡萄牙)
es-CO	西班牙文 (哥倫比亞)	ro-RO	羅馬尼亞文 (羅馬尼亞)
es-CR	西班牙文 (哥斯大黎加)	ru-RU	俄文 (俄羅斯)
es-CU	西班牙文 (古巴)	sk-SK	斯洛伐克文 (斯洛伐克)
es-DO	西班牙文 (多明尼加)	sl-SI	斯洛維尼亞文 (斯洛維尼亞)
es-EC	西班牙文 (厄瓜多)	sv-SE	瑞典文 (瑞典)
es-ES	西班牙文 (西班牙)	ta-IN	坦米爾文 (印度)
es-GT	西班牙文 (瓜地馬拉)	te-IN	特拉古文 (印度)
es-HN	西班牙文 (宏都拉斯)	th-TH	泰文 (泰國)
tr-TR	土耳其文 (土耳其)	zh-HK	中文 (廣東話，繁體)
zh-CN	中文 (中文，簡化)	zh-TW	中文 (繁體，國語)

15

Azure 認知服務 - 內容仲裁

15-1 內容仲裁

「內容仲裁」為 Azure 提供的認知服務之一，使用於檢測影像、文字及影片中的言語用詞或行為舉止有無冒犯意味、不合適甚至有風險的資料，當尋找到此種存在疑慮的資料時，針對內容套用恰當得宜的標籤，應用程式便能處理被標記起來的資料，建立以合乎法律規範為基礎的使用者環境。

◆ **影像審核**

藉由機器學習建立演算法，掃描影像中的成人或猥褻內容，運用光學字元辨識（OCR）感測影像中的臉部、文字，另外，也提供自訂封鎖清單的功能，挑選反覆出現且不需要再被分類的內容。

◆ **文字審核**

擁有 100 多種語言的內容篩選功能，檢測言語用詞是否具有冒犯性意味，根據自訂字詞清單對比內容的文字，標記出不適當的用字詞彙，同時，也有利於鑑定個人識別資訊。

◆ **影片審核**

利用機器學習訓練的影像辨識模型，不但可以分類成人限制級影片，還可經由分鏡層級的運作，在分鏡畫面進一步分析畫面中是否包含不恰當或需要限制的內容。

◆ **人工審核工具**

運用機器學習連結人工審核，以創造最佳內容仲裁效果，建立雲端為根本的審查工具去執行此事件，其中，審查工具又包含三個重點要素：評論、工作流程及作業。經由評論先將內容上傳至審查中，依據需求自訂標記；接著工作流程是以雲端為根本的自訂篩選器內容，以各式內容仲裁的連接器，提供多樣化的篩選功能，其中，自動套用審核標記，可利用已創建的內容去評論；最後，作業會回應您整個程式的詳盡報告。

15-2 建立內容仲裁 API 服務與網路測試工具

這裡我們會先介紹怎麼建立 API 服務，以及運用 Azure 提供的網路測試服務工具來執行，以下將依序分別說明下述兩大步驟：

- 使用 Azure 入口網站建立認知服務資源及建立內容仲裁 API
- 使用 Azure 提供的 Online API 測試工具

一、在 Azure 建立內容仲裁 API

Step 1 在認知服務的 Marketplace 中搜尋「Content Moderator」，並點選建立服務。

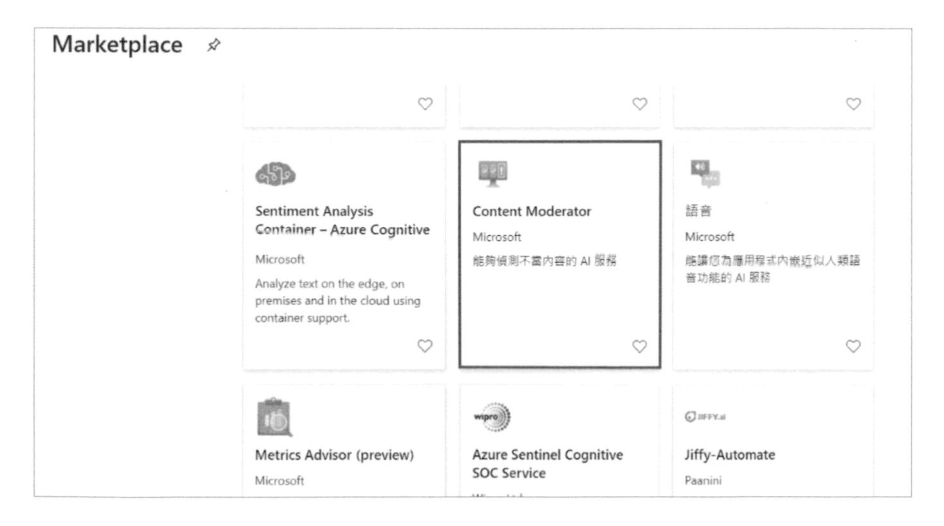

Step 2 建立資源群組，名稱輸入「review」(可自訂)；訂用帳戶為 Azure for Students（預設）；位置為美國中南部（預設可更改）；名稱輸入「re-content」(可自訂)；定價層點選免費 F0，輸入完畢後點選「建立」，驗證成功後，再點選一次建立。

所有服務 > Marketplace > Content Moderator >
建立 Content Moderator
基本
標籤
檢閱 + 建立
資源群組是能夠存放 Azure 解決方案相關資源的容器。
名稱 *
review
確定
取消
專案詳細資料
訂用帳戶 *
資源群組 *
新建
執行個體詳細資料
區域 *
美國中部
名稱 *
檢閱 + 建立
< 上一步
下一步 : 標籤 >

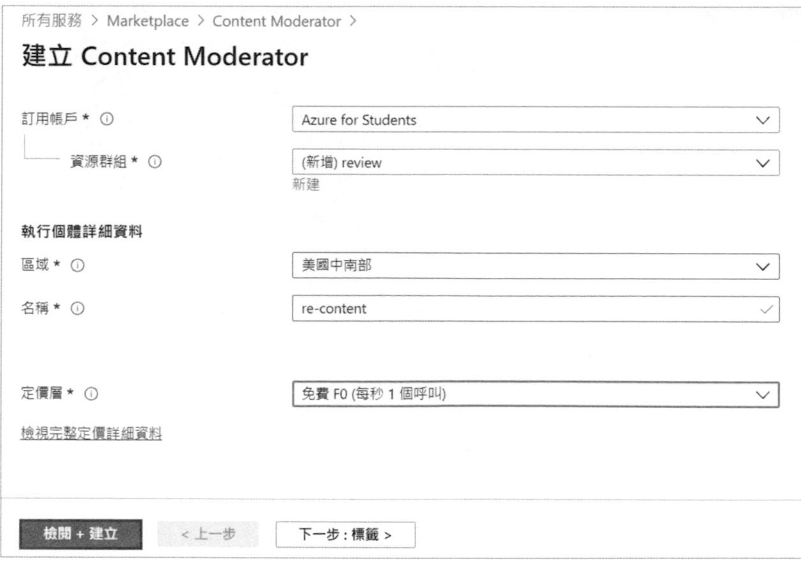
所有服務 > Marketplace > Content Moderator >
建立 Content Moderator
訂用帳戶 *
Azure for Students
資源群組 *
(新增) review
新建
執行個體詳細資料
區域 *
美國中南部
名稱 *
re-content
定價層 *
免費 F0 (每秒 1 個呼叫)
檢視完整定價詳細資料
檢閱 + 建立
< 上一步
下一步 : 標籤 >

Step 3 部署完成，點選前往資源，選取金鑰與端點，取得 API 金鑰。

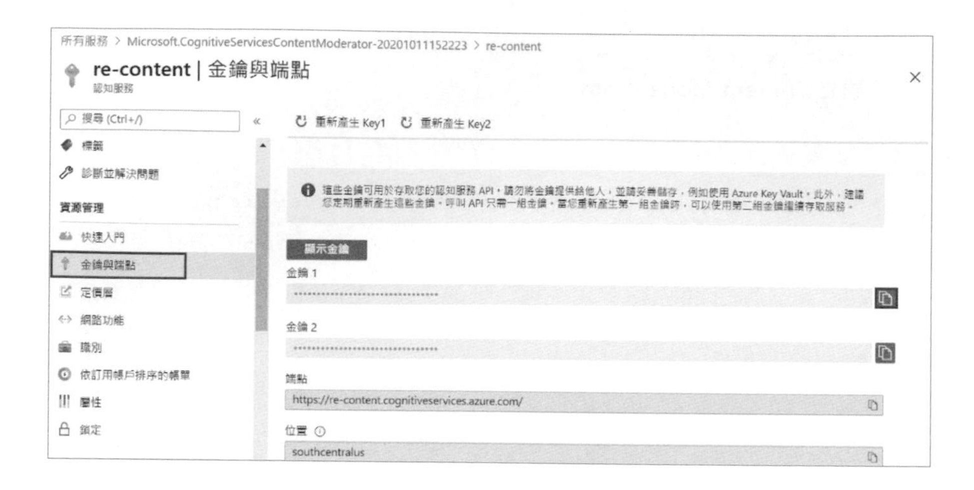

二、使用 Online API 測試工具

Step 1 上網搜尋「內容仲裁 API」，即可到官網查看最新版本 REST API，接著點選參考底下的內容仲裁 REST API，進入網站往下滑，即可點選需要的 API 連結。

參考

參考

內容仲裁 API

.NET SDK

Python SDK

Java SDK

Node.js SDK

Go SDK

Azure PowerShell

Azure 命令列介面 (CLI)

仲裁 API
您可以使用下列 Content Moderator API 來設定審核後的工作流程。
描述
參考
Image Moderation API
掃描影像，並使用標記、信賴分數及其他擷取的資訊來偵測潛在成人和不雅內容。
使用此資訊，在審核後的工作流程中發佈、拒絕或審查內容。
影像審核 API 參考
Text Moderation API
掃描文字內容。 傳回不雅內容的詞彙和個人資料。
使用此資訊，在審核後的工作流程中發佈、拒絕或審查內容。
文字審核 API 參考

Step 2 點選並且進入官網提供之內容仲裁 API 測試。(https://westus.dev.cognitive.microsoft.com/docs/services/57cf753a3f9b070c105bd2c1/operations/57cf753a3f9b070868a1f66c)

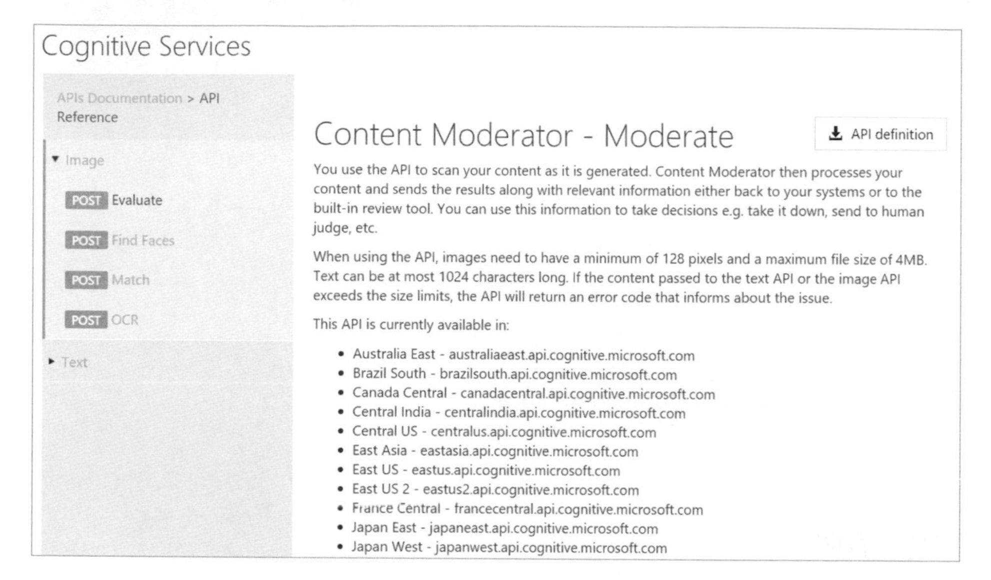

Step 3 接著地區選擇「美國中南部」，需與 api 服務地區設定相同。

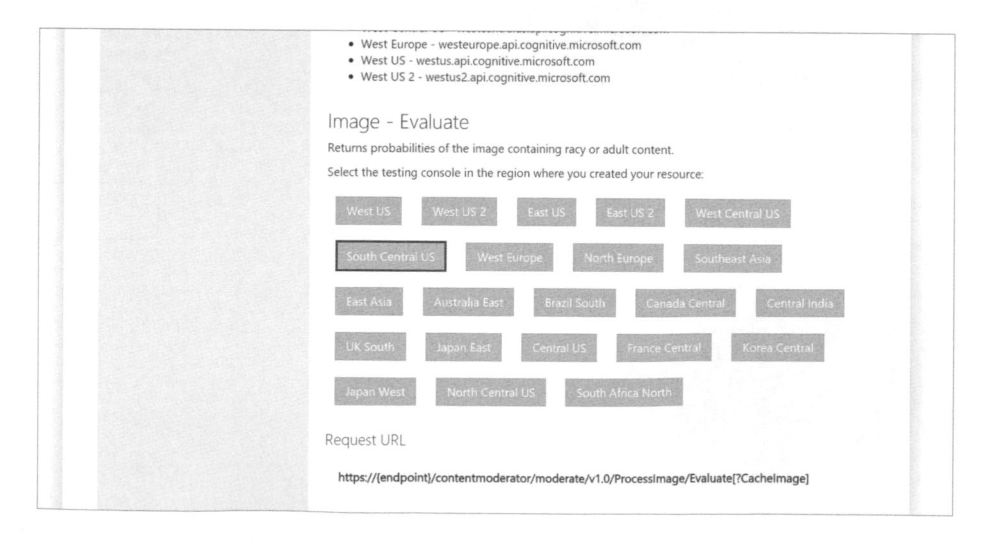

Step 4 填上申請的 api 金鑰，與要辨別的圖片連結。

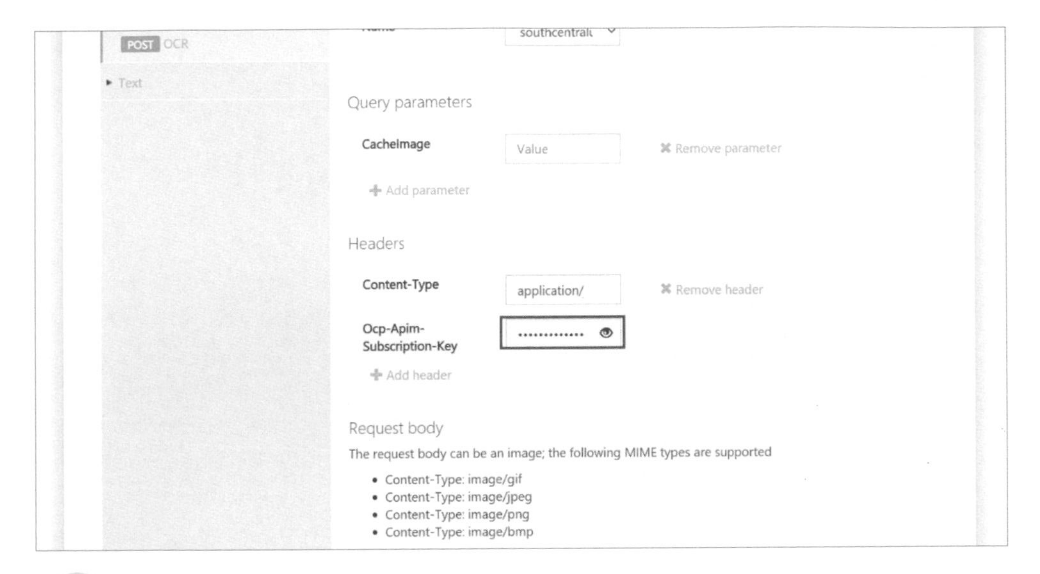

Step 5 點選發送，回應狀態 200 為伺服器請求成功。

Request URL

```
https://southcentralus.api.cognitive.microsoft.com/contentmoderator/moderate/v1.0/Pro
cessImage/Evaluate
```

HTTP request

```
POST https://southcentralus.api.cognitive.microsoft.com/contentmoderator/moderate/v1.
0/ProcessImage/Evaluate HTTP/1.1
Host: southcentralus.api.cognitive.microsoft.com
Content-Type: application/json
Ocp-Apim-Subscription-Key: ••••••••••••••••••••••••••••••••

{
  "DataRepresentation":"URL",
  "Value":"https://moderatorsampleimages.blob.core.windows.net/samples/sample.jpg"
}
```

Send

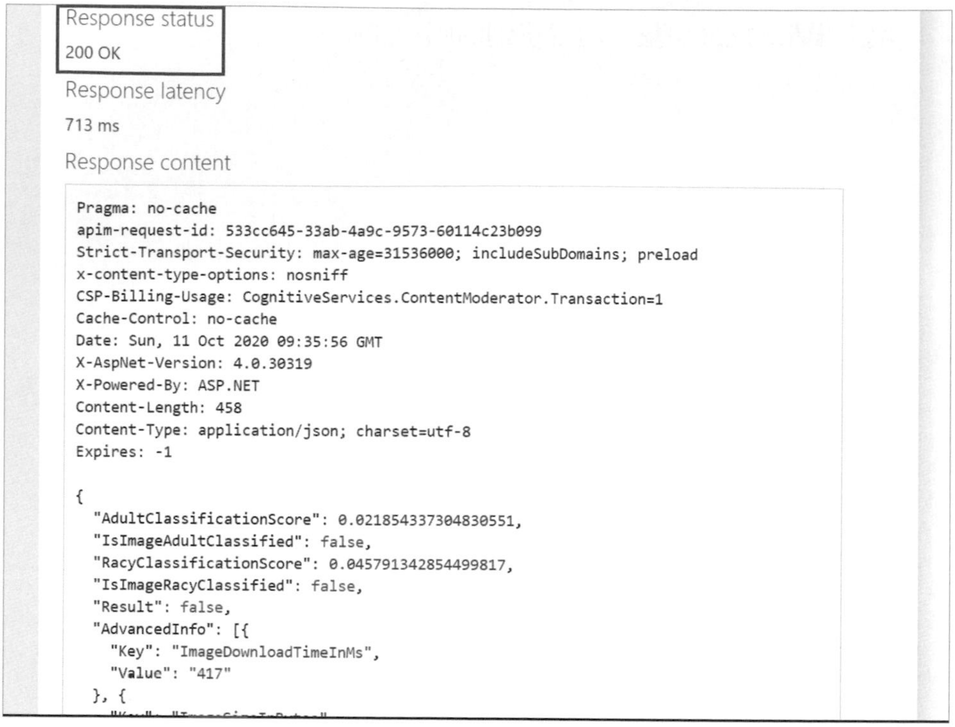

Response status

200 OK

Response latency

713 ms

Response content


```
Pragma: no-cache
apim-request-id: 533cc645-33ab-4a9c-9573-60114c23b099
Strict-Transport-Security: max-age=31536000; includeSubDomains; preload
x-content-type-options: nosniff
CSP-Billing-Usage: CognitiveServices.ContentModerator.Transaction=1
Cache-Control: no-cache
Date: Sun, 11 Oct 2020 09:35:56 GMT
X-AspNet-Version: 4.0.30319
X-Powered-By: ASP.NET
Content-Length: 458
Content-Type: application/json; charset=utf-8
Expires: -1

{
  "AdultClassificationScore": 0.021854337304830551,
  "IsImageAdultClassified": false,
  "RacyClassificationScore": 0.045791342854499817,
  "IsImageRacyClassified": false,
  "Result": false,
  "AdvancedInfo": [{
    "Key": "ImageDownloadTimeInMs",
    "Value": "417"
  }, {
```


15-3 實戰成果

將上述 API 建立完成後，我們進入實戰範例。環境準備－ Python 3.6，不推薦使用 Python 3 以下版本，版本會不支持，詳細可以去官網上查詢，本練習使用 Jupyter Notebook。

15-3-1 審核圖片有無成人成分

功能用途：可判斷影像中是否存在明顯色情或成人的內容成分，可用於兒童保護模式中，預防兒童無意瀏覽到不合適的網站中。

審核圖片有無成人成分程式碼步驟：

Step 1 載入需要模組套件。

Step 1 程式碼教學範例：15.3.1-Review image.py

```
1  import requests
2  get_ipython().run_line_magic('matplotlib', 'inline')
3  from matplotlib.pyplot import imshow
4  from PIL import Image
5  from io import BytesIO
6
7  import http.client, urllib.request, urllib.parse, urllib.error,
   base64
8  import json
```

Step1 程式碼 15.3.1-Review image.py 說明：

- 第 1 列 - 載入 requests 建立 http 請求，從網頁伺服器取得想要的資料
- 第 2-5 列 - 內嵌繪圖套件
- 第 2 列 - 載入 matplotlib 作為繪製圖表的外掛
- 第 3 列 - 從 matplotlib 載入 imshow 來實現對圖片的顯示
- 第 4 列 - PIL 為透過套件管理工具安裝的 pillow，載入 Image 來讀取圖片檔案
- 第 5 列 - 可以讀取經過 utf-8 編碼的位元組資料，由於回傳的資料並不全部是字串的類型，為了讓程式能正常讀取非字串組成的資料，因此引入 BytesIO 來讀取回應資料
- 第 7 列 - http.client 可以用來啟用安全通訊協定 (SSL)，以確保傳輸的內容具有完整性與安全性，urllib.request 是透過從 網址 (URL) 來取得資料的外掛，urllib.parse 是可以解析網址 (URL) 中參數 (query) 的外掛，舉例來說，這個外掛可以用來取得下列網址問號後面的參數 http://www.nutc.edu.tw?teacher=hsiao，urllib.error 是用來處理發生例外狀況的外掛。當取得網路資源時所發生不可預期的狀況都可以由這個外掛進行捕捉

➢ 第 8 列 - json 是 Python 用來讀取 JSON 格式的外掛

JSON 格式範例：

```
{
    "name":"Lun",
    "position":"teacher",
    "guide":[
        {"team":"IM"}
        {"team":"IT"}
}
```

Step 2 設定服務金鑰 apikey、端點位址 _Host，端點位址格式為 – https://{endpoint}.api.cognitive.microsoft.com/face/v1.0，{endpoint} 為您建立資源的位址，如美國東部 =eastus、美國西部 =westus 等等，設定完成後，輸入要判斷圖片的網址，並顯示出圖片。

Step2 程式碼教學範例：15.3.1-Review image.py

```
9   apikey = "輸入自己的Azure金鑰"
10  _Host = 'southcentralus.api.cognitive.microsoft.com'
11
12  img_url = 'https://moderatorsampleimages.blob.core.windows.net/
    samples/sample5.png'
13  response = requests.get(img_url)
14  img = Image.open(BytesIO(response.content))
15  imshow(img)
```

Step2 程式碼 15.3.1-Review image.py 說明：

➢ 第 9 列 - 輸入服務申請的金鑰和修改設置 azure 服務的位址

➢ 第 10 列 - { 服務位置 }.api.cognitive.microsoft.com

➢ 第 12 列 - 要做判斷的圖片網址

➢ 第 13-15 列 - 讀取圖片並顯示圖片

執行結果：

Step 3 自定義 headers、params、body 內容，headers 必填欄位為服務金鑰 apikey，格式如下程式。

Step3 程式碼教學範例：15.3.1-Review image.py

```
16 headers = {
17     'Content-Type': 'application/json',
18     'Ocp-Apim-Subscription-Key': apikey
19 }
20 params = urllib.parse.urlencode({
21     'CacheImage': '1',
22 })
23 body = {
24     "DataRepresentation" : "URL",
25     "Value" : img_url
26 }
```

Step3 程式碼 15.3.1-Review image.py 說明：

- 第 16-19 列 - 定義 headers 內容
- 第 17 列 - Content-Type 為宣告該資料的類型為 JSON
- 第 18 列 - Ocp-Apim-Subscription-Key 為必填欄，參數為訂閱 Azure 服務時所取得的金鑰
- 第 20-22 列 - 定義 params 內容
- 第 21 列 - 透過 urllib.parse.urlencode 重組為網址列的參數 (query) 型態，參數為是否保留提交的圖像以備將來使用；如果省略，預設為 false
- 第 23-26 列 - 定義資料來源的內容
- 第 24-25 列 - 透過網址 (url) 來取的資料

Step 4 建立 https 連線，使用 conn.request() 傳送至服務位址，將傳回之內容存取後印出。

Step4 程式碼教學範例：15.3.1-Review image.py

```
27  try:
28      conn = http.client.HTTPSConnection(_Host)
29      conn.request("POST", "/contentmoderator/moderate/v1.0/ProcessI-
    mage/Evaluate?%s" % params, str(body), headers)
30      response = conn.getresponse()
31      data = response.read()
32      print (data)
33      print ("------------------------------------------")
34  
35      imgEvaluate = json.loads(data)
36      print("是否具有冒犯性或不應出現的影像:" + str(imgEvaluate["IsImageA
    dultClassified"]) )
37      conn.close()
38  except Exception as e:
39      print("[Errno {0}] {1}".format(e.errno, e.strerror))
```

Step4 程式碼 15.3.1-Review image.py 說明：

- 第 28 列 - 建立 http 的連線，將請求網址組成以下內容
- 第 29 列 - 使用 POST 的方式進行資源的請求，根據需求將參數 (query) 放入網址列，帶入 Header 內容以驗證呼叫者身分，發送請求取得資源
- 第 30 列 - 取得回應的內容
- 第 31-32 列 - 讀取回傳的內容並以變數 data 進行存取，此回傳的內容格式為 XML 格式
- 第 37 列 - 取得資源後將連線關閉
- 第 38-29 列 - 處理例外狀況

執行結果：

```
b'{"AdultClassificationScore":0.0013530384749174118,"IsImageAdultClassifi
ed":false,"RacyClassificationScore":0.0045312270522117615,"IsImageRacyCla
ssified":false,"Result":false,"AdvancedInfo":[{"Key":"ImageDownloadTimeIn
Ms","Value":"788"},{"Key":"ImageSizeInBytes","Value":"2278902"}],"Statu
s":{"Code":3000,"Description":"OK","Exception":null},"TrackingId":"USSC_i
biza_ecd67c3b-ac95-4ad1-8075-2011645f3c16_ContentModerator.F0_7ce1adc3-6d
2f-483f-a1b3-7e2eaf225881"}'
-----------------------------------------
是否有具冒犯性或不應出現的影像:False
```

- isImageAdultClassified －代表可能有明顯色情或成人的內容存在。
- isImageRacyClassified －代表可能有具性暗示或成人的內容存在。

15-3-2 文字審核

功能用途：可以偵測出文字裡是否包含個人資料，並偵測這項資訊是否可能存在，例如：電子郵件地址、美國郵寄地址、IP 位址、美國電話號碼。此功能僅支援英文，無支援中文語系，所以本範例輸入輸出內容均為英文。

範例步驟：

Step 1 接續偵測影像審核範例使用的模組、金鑰 apikey 和端點位址 _Host，自定義 headers、params、body 內容。

Step1 程式碼教學範例：15.3.2-Text review.py

```
1  headers = {
2     'Content-Type' : 'text/plain' ,
3     'Ocp-Apim-Subscription-Key': apikey
4  }
5  params = urllib.parse.urlencode({
6     'autocorrect': 'True',
7     'PII': 'True',
8  })
9  body =" Is this a crap email abcdef@abcd.com, phone: 6657789887,
   IP: 255.255.255.255, 1 Microsoft Way, Redmond, WA 98052'epresenta-
   tion"
```

Step1 程式碼 15.3.2-Text review.py 說明：

- 第 1-4 列 - 定義 headers 內容
- 第 2 列 - Content-Type 為宣告該資料的類型為純文字
- 第 3 列 - Ocp-Apim-Subscription-Key 為填入訂閱金鑰的必填欄位
- 第 4-8 列 - 定義 params 內容
- 第 5 列 - 透過 urllib.parse.urlencode 重組為網址列的參數 (query) 型態
- 第 6 列 - 參數 autocorrect 為在運行其他操作之前，是否自動校正輸入值
- 第 7 列 - 參數 PII 為是否檢測個人身份信息

Step 2 建立 https 連線，使用 conn.request() 傳送至服務位址後，將傳回個人身份信息內容，以 "PII" 存取並印出。

Step2 程式碼教學範例：15.3.2-Text review.py

```
10 try:
11    conn = http.client.HTTPSConnection(_Host)
```

```
12        conn.request("POST", "/contentmoderator/moderate/v1.0/
    ProcessText/Screen?%s" % params, body, headers)
13        response = conn.getresponse()
14        data = response.read()
15        print (data)
16        print("----------------------------------------")
17
18        txtEvaluate = json.loads(data)
19        print("包含的個人資料訊息:" + str(txtEvaluate["PII"]))
20        conn.close()
21    except Exception as e:
22        print("[Errno {0}] {1}".format(e.errno, e.strerror))
```

Step2 程式碼 15.3.2-Text review.py 說明：

- 第 11-12 列 - 使用 requests 組建立 POST 封包
- 第 14 列 - 讀取回傳結果
- 第 15 列 - 印出回傳結果
- 第 18 列 - 取得以 JSON 格式回應的內容
- 第 19 列 - 取出回應內容中有含個人資料訊息文字

執行結果：


```
b'{"OriginalText":"Is this a crap email abcdef@abcd.com, phone: 6657789887, IP:
255.255.255.255, 1 Microsoft Way, Redmond, WA 98052","NormalizedText":"   crap
email abcdef@abcd.com, phone: 6657789887, IP: 255.255.255.255, 1 Microsoft Way,
Redmond, WA 98052","Misrepresentation":null,"PII":{"Email":[{"Detected":"abcdef
@abcd.com","SubType":"Regular","Text":"abcdef@abcd.com","Index":21}],"IPA":[{"S
ubType":"IPV4","Text":"255.255.255.255","Index":61}],"Phone":[{"CountryCode":"U
S","Text":"6657789887","Index":45}],"Address":[{"Text":"1 Microsoft Way, Redmon
d, WA 98052","Index":78}],"SSN":[]},"Language":"eng","Terms":[{"Index":3,"Origi
nalIndex":10,"ListId":0,"Term":"crap"}],"Status":{"Code":3000,"Description":"O
K","Exception":null},"TrackingId":"USSC_ibiza_f07346b9-05d7-4893-aa6a-dba8e9ca9
45e_ContentModerator.F0_f4bf2178-b229-43f7-9748-3ac1df2ab1a2"}'
----------------------------------------
包含的個人資料訊息:{'Email': [{'Detected': 'abcdef@abcd.com', 'SubType': 'Regula
r', 'Text': 'abcdef@abcd.com', 'Index': 21}], 'IPA': [{'SubType': 'IPV4', 'Tex
t': '255.255.255.255', 'Index': 61}], 'Phone': [{'CountryCode': 'US', 'Text':
'6657789887', 'Index': 45}], 'Address': [{'Text': '1 Microsoft Way, Redmond, WA
98052', 'Index': 78}], 'SSN': []}
```

16

Azure 認知服務－自訂視覺

16-1 自訂視覺

Azure Custom Vision 自訂視覺屬於 Azure 眾多影像識別服務之一，主打只要透過簡單的操作，就能達到預期想要的效果。不過需要注意的是，在使用這項服務前須將 Azure 帳號綁定信用卡，綁定信用卡後可以免費得到 200 美金的試用金。

以下將分成七大部分做介紹：登入、新增專案、新增 Tag、上傳照片、訓練 model、測試結果、發佈 model。

◆ 登入

Step 1 首先透過瀏覽器搜尋 custom vision 就能找到 Azure 的自訂視覺，點擊第一個即可進入，如下圖所示。

Step 2 進入後點擊中間的 SING IN 來登入。

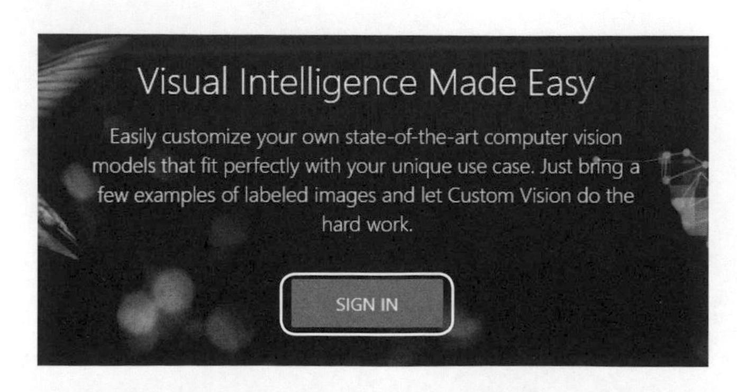

Step 3 勾選同意服務條款後點擊 I agree 繼續。

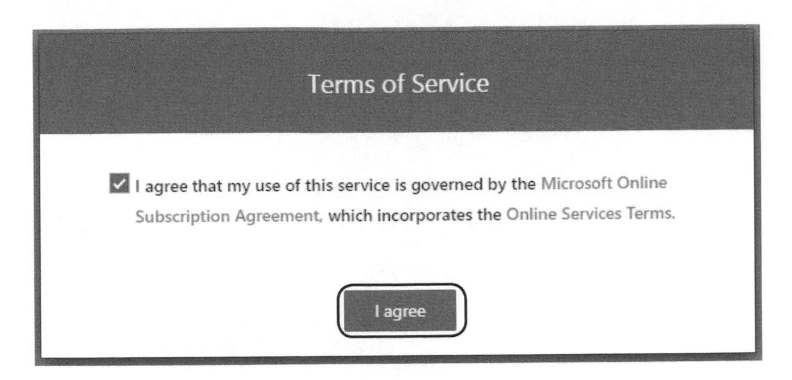

◆ 新增專案

Step 1 本範例將訓練 AI 用來辨識貓與狗，訓練後我們只需要給 AI 一張照片，他就能告訴我們照片中的動物像什麼。登入後，點擊 NEW PROJECT 來新增專案。

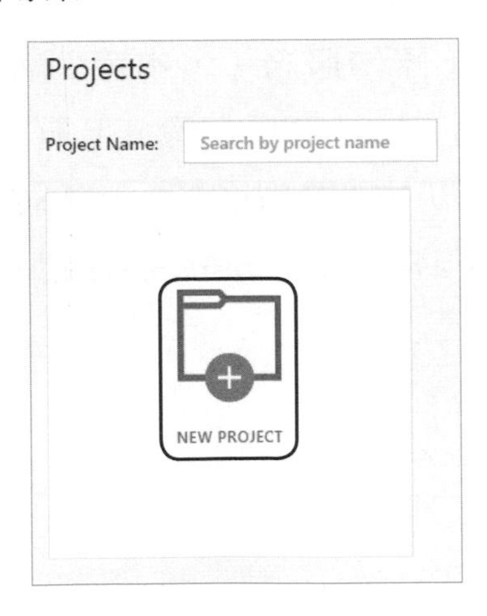

Step 2 接著分別輸入 Name（專案名稱）、Description（專案描述）及 Resource（資源），若沒有資源則點擊右方 create new 來新增新的資源。

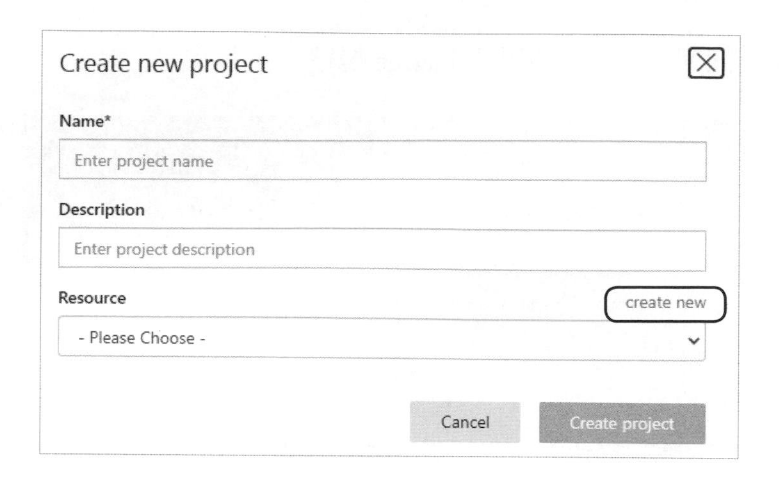

Step 3 接著分別輸入 Name（資源名稱）、Subscription（訂閱方案），Pay-As-You-Go 為 Step 花多少就扣多少，一開始會先從免費的 200 美金扣直到花完、Resource Group（資源群組），若沒有資源群組則點擊右方 create new 直接新增即可、Kind（種類），種類選擇 CognitiveServices（認知服務），本範例會以認知服務來示範、Location（地區），地區可以任選，但通常美東價位較為便宜、Pricing Tier（價格方案），價格方案選擇 S0 為免費的，不過速度會較慢，填寫完畢後點擊 Create resource 繼續。如左下圖所示。

Step 4 新增完資源後會回到剛剛的畫面，點擊 Create Project 進入下圖的畫面，接著分別填入 Resource（資源），資源選我們剛剛建的那個、Project Types（專案類型），專案類型選 Classification（分類），本範例以分類做示範、Classification Type（分類類型），分類類型選擇 Multiclass（Single tag per image），意思為一張圖一個 tag、Domains（領域），領域選擇 General 一般就好，最後點擊 Create project 即可建立專案。

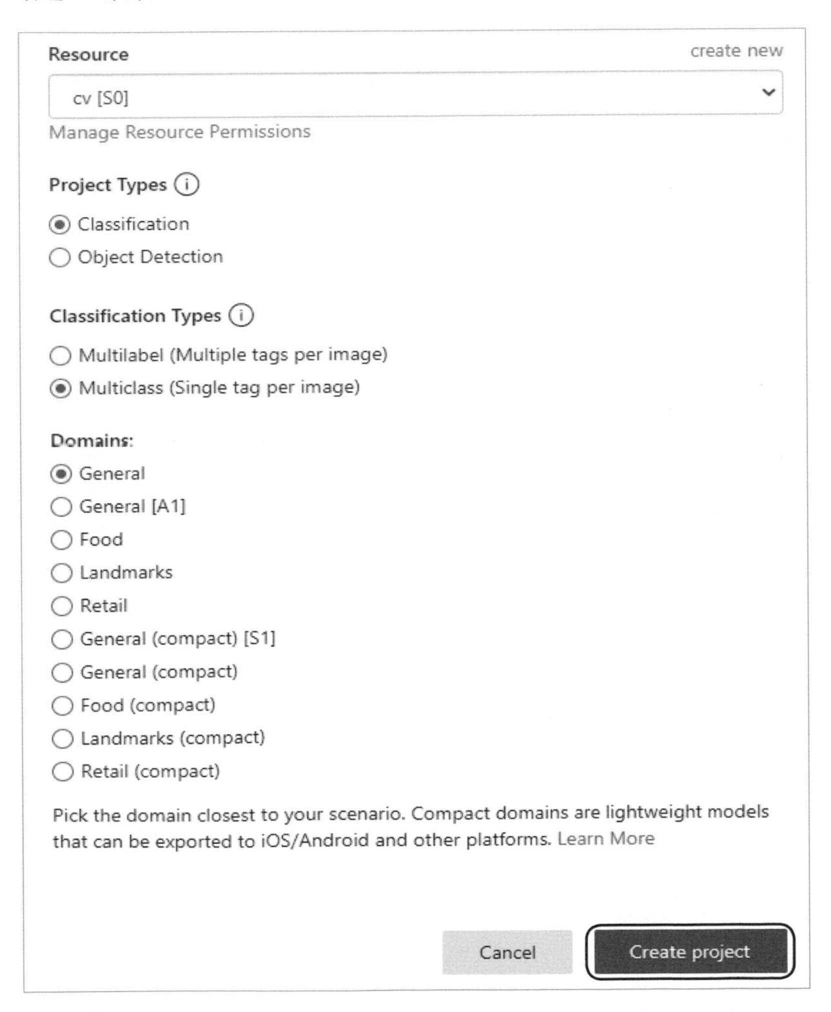

◆ 新增 tag

Step 1 專案建立後，會進入以下畫面，此時，我們需要新增 tag（標籤）用來告訴 AI 這張照片代表甚麼動物，點擊左方的「+」來新增 tag。

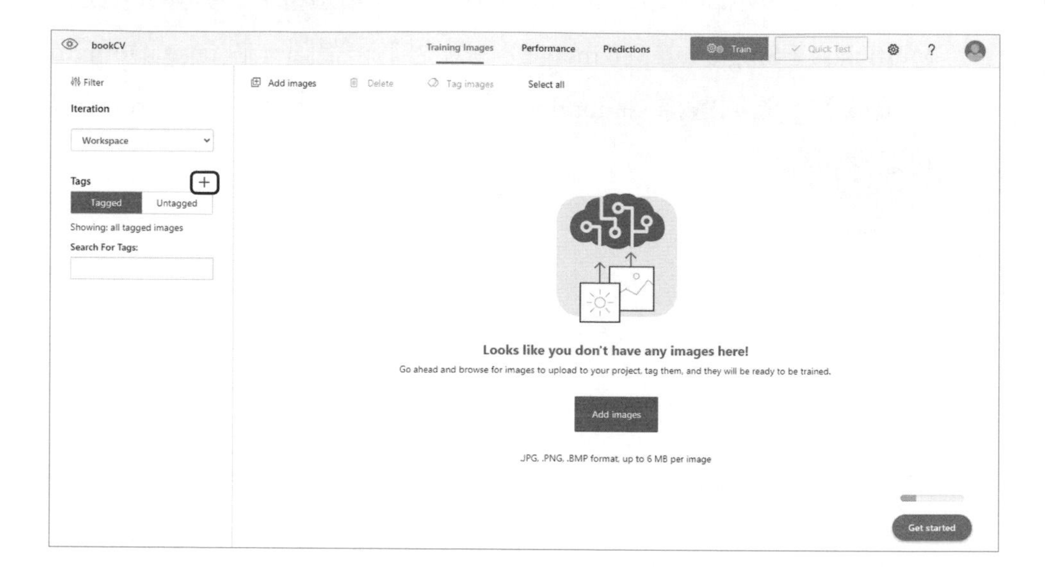

Step 2 輸入 Dog 用來當作狗的標籤，重複此動作來新增 Cat（貓）的標籤。如下圖所示。

Create a new tag

You will use tags to organize and search your images.

Tag Name

Dog

Is Negative?

Save

Step 3 新增完後可以看到我們已經有了 Cat 跟 Dog 的標籤了。

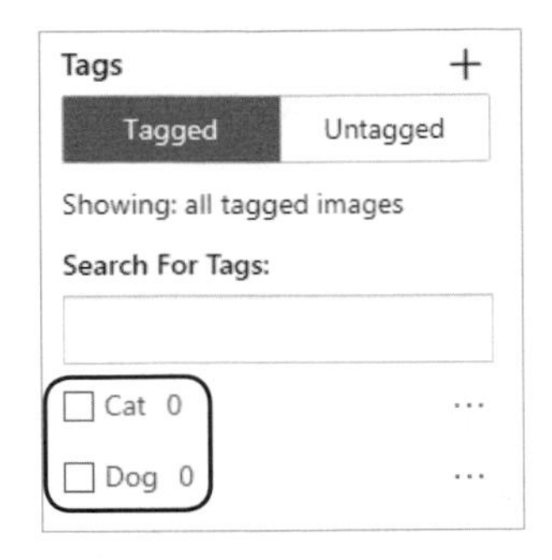

◆ 上傳照片

Step 1 接著點擊 Add images 來上傳照片，這邊請先準備一些狗和貓的照片，建議準備每種至少 20 張照片。

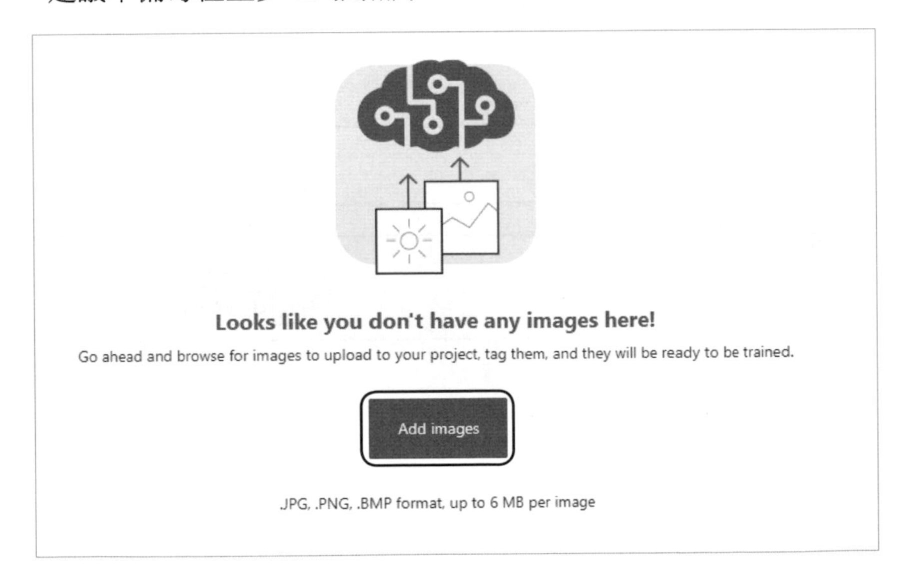

Step 2 上傳狗的照片後在 My Tags 中選擇 Dog，接著點擊 Upload files 來上傳照片。

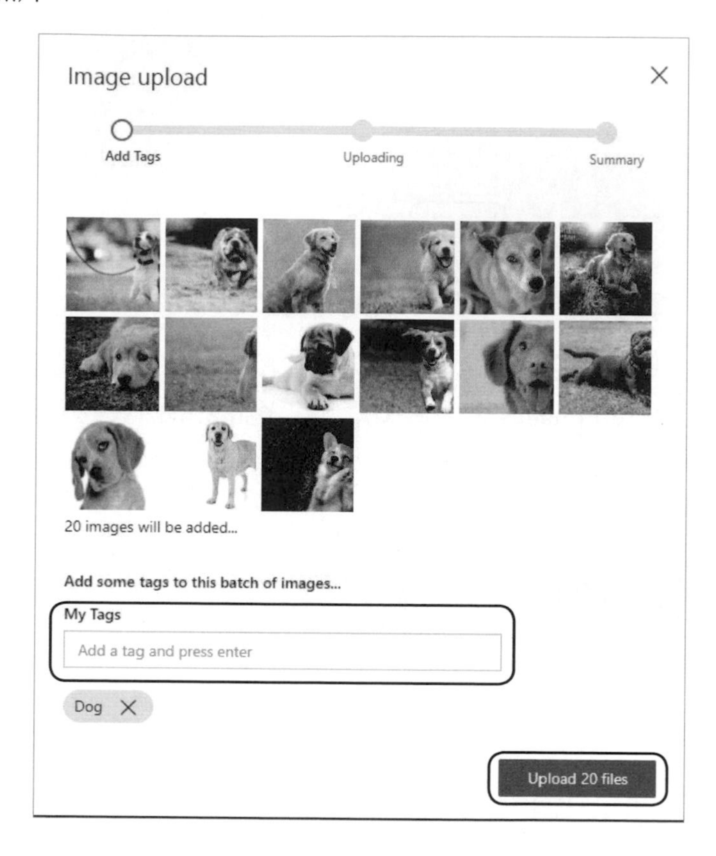

Step 3 成功上傳後點擊 Done 關閉視窗。

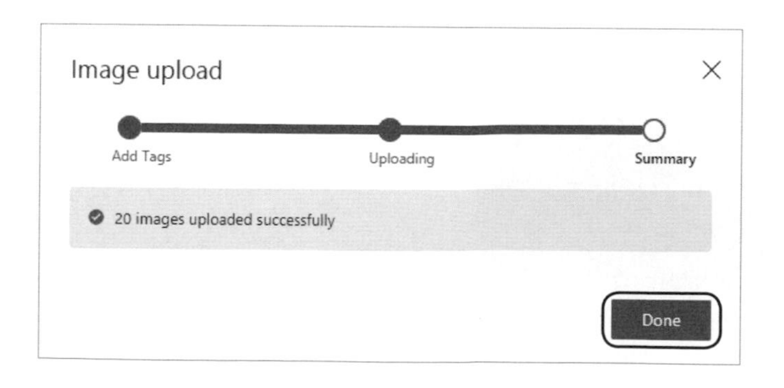

Step 4 按照這四個步驟便能上傳狗的照片，接著點擊 Add images 重複剛才的動作來上傳貓的照片。接下來重複上述四個步驟，就能上傳貓的照片，上傳完貓與狗的照片後，就可以進行下面的動作，貓狗照片識別的模型訓練。

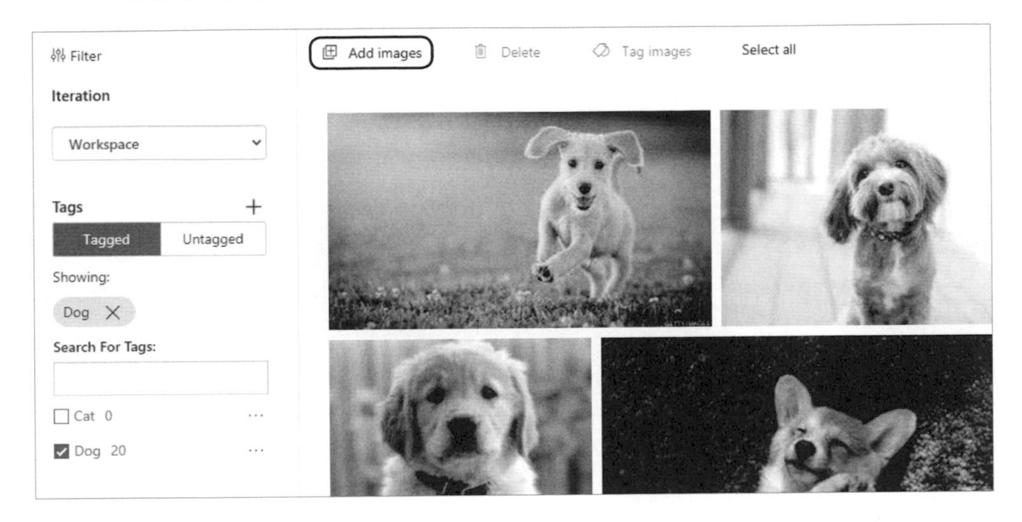

◆ 訓練 model

Step 1 接著我們點擊右上方的 Train 來開始訓練，選擇 Quick Training（快速訓練）即可。

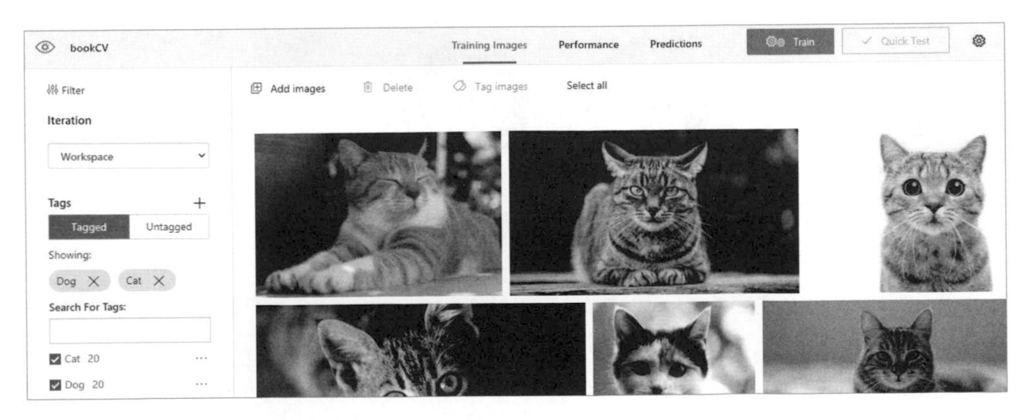

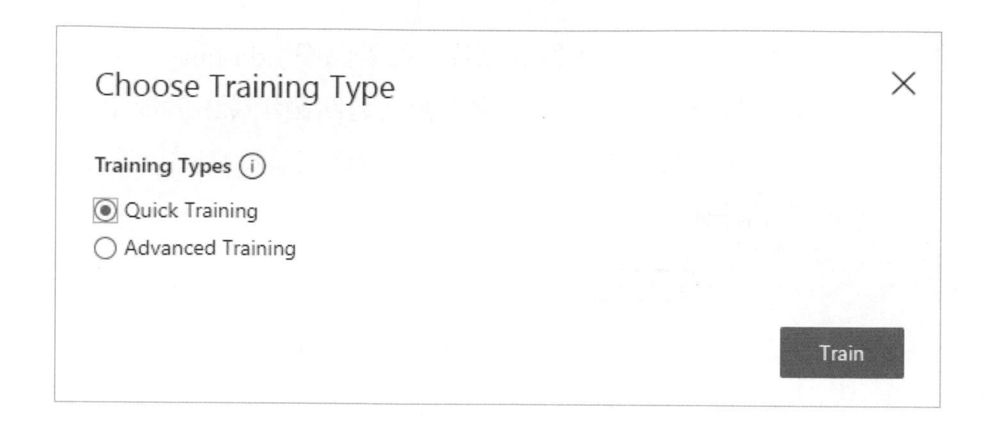

Step 2 訓練會需要等待一下，訓練完後會看到以下畫面，Precision 為識別正確分類的得分。例如模型識別 100 張照片為狗，但實際上只有 90 張，則準確率為 90%。Recall 為正確識別實際分類的分數，例如實際上有 100 張照片為狗，而模型識別出 80 張，則召回率為 80%。AP 則為 average precision（平均精度）。

◆ 測試結果

Step 1 接著讓我們來測試結果吧，點擊右上角的 Quick Test 會進入以下畫面。我們可以選擇 URL 的方式或上傳照片來測試，範例這邊選擇使用 URL，接著左方可以看到上傳的照片，右下方則會出現預測的結果，我們這邊可以發現準度相當的高。

◆ 發佈 Model

Step 1 發佈前需要填入 Model name(模組名稱) 及 Prediction resource（預測資源），預測資源為我們剛剛建立專案時所建的資源，最後點擊 Publish 來發佈 Model，發佈後就能用其他程式語言連線使用此 Model 了，例如 Python。

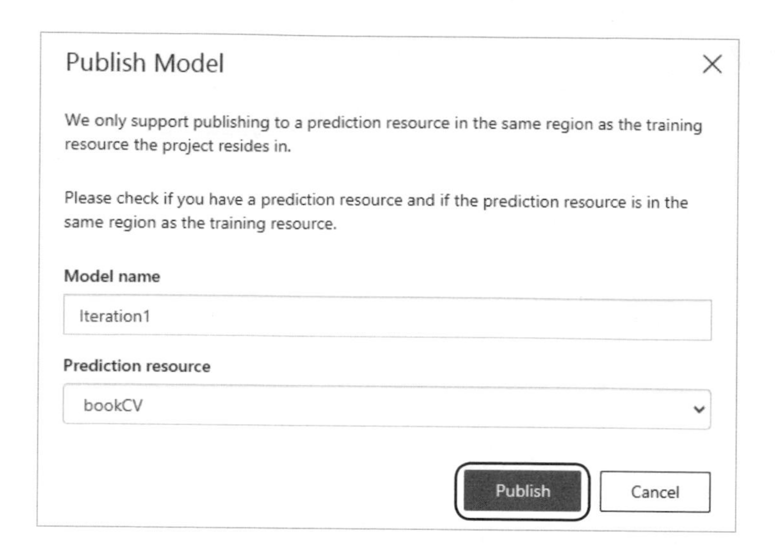

16-2 實戰成果 - 結合 Python

Model 發布後我們就能用 python 連到 Azure，透過以下程式碼就能將我們的照片傳給 Azure 並取得預測結果。

這邊要注意的是，電腦需先透過 pip 安裝 azure-cognitiveservices-vision-customvision，完整指令為 pip install azure-cognitiveservices-vision-customvision。

使用 Jupyter Notebook 的讀者需使用 Anaconda Prompt 執行以上指令如下圖所示。

```
Anaconda Prompt (Anaconda3)
(base) C:\Users\leona>pip install azure-cognitiveservices-vision-customvision
```

使用 Repl.it 的讀者需在右方的 Shell 中執行以上指令如下圖所示。

```
Console    Shell
~/bookcustomVision$ pip install azure-cognitiveservices-vision-customvision
```

程式碼教學範例：16.2-Custom Vision.py

```
1   from azure.cognitiveservices.vision.customvision.prediction
    import CustomVisionPredictionClient
2   from msrest.authentication import ApiKeyCredentials
3
4   ENDPOINT="https://southcentralus.api.cognitive.microsoft.com/
    "prediction_key="7acfb02f5b1346c7a379794a15eecb05"
5
6   prediction_credentials=ApiKeyCredentials(in_headers=
7   {"Prediction-key":prediction_key})

8   predictor=CustomVisionPredictionClient(ENDPOINT,
    prediction_credentials)
9
10  with open('dog.jpg','rb') as image_contents:
11     results=predictor.classify_image('3fcb0d02-25f0-4cc7-9a1a-45edfd
    d5e613','Iteration1',image_contents.read())
12  for prediction in results.predictions:
       print('%s: %.2f%%' % (prediction.tag_name,prediction.probabil-
13  ity*100))
```

程式碼 16.2-Custom Vision.py 說明：

- 第 1 列 - 引入微軟 Azure 服務
- 第 2 列 - 設定 endpoint
- 第 4 列 - 設定 prediction key
- 第 5 列 - 設定預測憑證
- 第 7 列 - 設定預測器
- 第 8 列 - 打開要預測的圖片
- 第 10 列 - 送出資料並將預測結果存入 results，classify_images 內分別填入 project id、publish iteration name 及目標檔案
- 第 11 列 - 讀取 result 中預測的內容

➢ 第 12-13 列 - 印出標籤名稱及其預測結果

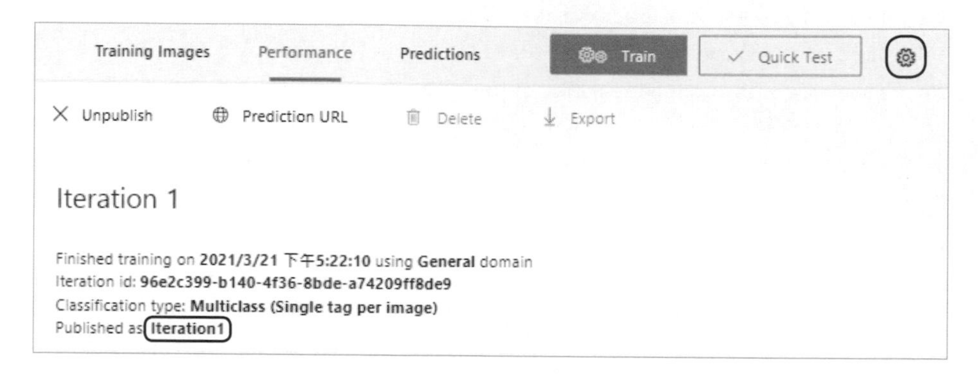

其中 publish iteration name 位於下圖位置。

Endpoint、prediction key 及 project id 位於設定當中，如下圖所示。

這邊需注意的是，請將自己的 publish iteration name、Endpoint、prediction key 及 project id 保管好，不要隨意公開，否則帳號會被扣款。本範例僅供參考，以上的 key 已失效，請使用自己的 key。

Project Settings
General
Project Name*
bookCV
Project Id
3fcb0d02-25f0-4cc7-9a1a-45edfdd5e613
Description
Enter project description
Usage:
40 training images uploaded: 99960 remain
2 tags created: 498 remain
Resources:
bookCV
Subscription: Pay-As-You-Go
Resource Group: cv
Resource Kind: All Cognitive Services
Key:
7acfb02f5b1346c7a379794a15eecb05
Endpoint:
https://southcentralus.api.cognitive.microsoft.com/
Resource Id:
/subscriptions/c97f90ba-4d84-4871-8cff-780ff999311f
Pricing Tier: S0
1 projects created: 99 remain
Unlimited

★ CH16 範例：貓狗判斷

請利用剛剛建好的 Model 並撰寫一程式，輸入五張照片，分別印出照片中可能是甚麼物種，並顯示其機率。

輸入輸出範例

輸入：

(五張照片使用者自選)

輸出：

dog.jpg 是 Dog 的機率為 100.00%

fox.jpg 是 Cat 的機率為 57.87%

cat.jpg 是 Cat 的機率為 100.00%

cat2.jpg 是 Cat 的機率為 100.00%

dog2.jpg 是 Dog 的機率為 99.99%

程式碼：test16- Cat and dog judgment .py

```
1   from azure.cognitiveservices.vision.customvision.prediction import
    CustomVisionPredictionClient
2   from msrest.authentication import ApiKeyCredentials
3
4   ENDPOINT="https://southcentralus.api.cognitive.microsoft.com/"
5   prediction_key="7acfb02f5b1346c7a379794a15eecb05"
6
7   prediction_credentials=ApiKeyCredentials(in_headers= {"Prediction-
    key":prediction_key})
8   predictor=CustomVisionPredictionClient(ENDPOINT,prediction_creden-
    tials)
9   photoList=["dog.jpg","fox.jpg","cat.jpg","cat2.jpg","dog2.jpg"]
10
11  for photo in photoList:
12     with open(photo,"rb") as image_contents:
13            results=predictor.classify_image(“3fcb0d02-25f0-4cc7-
    9a1a-45edfdd5e613”,” Iteration1”,image_contents.read())
14            maxProbability=0
```

```
15            maxTagName=""
16
17            for prediction in results.predictions:
18               if prediction.probability > maxProbability:
19                  maxProbability = prediction.probability
20                  maxTagName = prediction.tag_name
21            print("%s是%s的機率為%.2f%%' % (photo,maxTagName,maxProbabi
lity*100))
```

程式碼 test16- Cat and dog judgment.py 說明：

- 第 1 列 - pip install azure-cognitiveservices-vision-customvision，切記先用 pip 安裝 azure-cognitiveservices-vision-customvision 否則會出錯
- 第 2 列 - 引入微軟 Azure 服務
- 第 4 列 - 設定 endpoint
- 第 5 列 - 設定 prediction key
- 第 7 列 - 設定預測憑證
- 第 8 列 - 設定預測器
- 第 9 列 - 欲輸入的照片
- 第 11 列 - 依序讀取每張照片
- 第 12 列 - 打開要預測的圖片
- 第 13 列 - 送出資料並將預測結果存入 results，classify_images 內分別填入 project id、publish iteration name 及目標檔案
- 第 14 列 - 用來存當前最高的機率
- 第 15 列 - 用來存當前最高的機率的 tag 名稱
- 第 17 列 - 讀取 result 中預測的內容
- 第 18 列 - 若當前機率大於最高機率時
- 第 19 列 - 將最大機率設為當前機率
- 第 20 列 - 將最大機率的 tag 設為當前的 tag
- 第 21 列 - 印出結果

17

Bing Web Search API

17-1 Bing Web Search

Bing 搜尋 API 提供使用者程式或服務擴充智慧型搜尋的功能，透過網路來找出影像、網頁、新聞、位置等，沒有廣告干擾，最後自動根據使用者設定位置及市場給予改良，加快其相關性提升，促進在地化發展，它包括了五項功能：

服務	介紹
實體搜尋	實體搜尋 API 經由即時搜尋建議、實體去除混淆及尋找地點的功能，搜尋 API 會回覆結果，包含人物、地點、本地商家、地標或目的地等，依據查詢而定，例如查詢特定的商家名稱或商務類型（林酒店），Bing 會回傳地址、電話號碼以及實體網站 URL 等相關訊息。
影像搜尋	影像搜尋 API 協助使用者全面性搜尋高質量的靜態或動畫影像，提供建議搜索字詞服務，並利用樞紐分析擴增查詢，改善查詢精準度，同時，可根據屬性進行搜尋或篩選影像，像是大小、色彩、授權及有效期限，以深入研究影像。另外，還有搜尋趨勢影像的功能，可以查詢最新、最熱門的發燒影像。
新聞搜尋	新聞搜尋 API 以全面性搜尋網路新聞文章，查詢結果會回傳相關的具體資料，包括清單中新聞文章名稱、重點影像、提供者、新聞文章連結、相關文章分類。此外，還提供各分類搜尋、以查詢最新趨勢的熱門頭條新聞。
影片搜尋	影片搜尋 API 協助使用者全面性搜尋影片，以獲取發燒影片和相關的詳細資訊，包括創建者、影片長度、檢閱人數等，並提供深度解析的功能。
圖像式搜尋	圖像式搜尋 API 可讓使用者上傳影像或影像網址，接著會回傳包含此影像的網頁、相似類型的產品和影像，購物來源以及相關搜尋，例如上傳影像是司康，可能會回傳「甜點」、「戚風蛋糕」、「瑪德蓮」等標記。

17-2 在 Azure 建立 Search API

建立程序：認知服務 / Bing Search / 獲取申請的金鑰

Step 1 搜尋「Bing Search」，並點選建立 (搜尋名稱可能因日後版本更新而有所不同)。

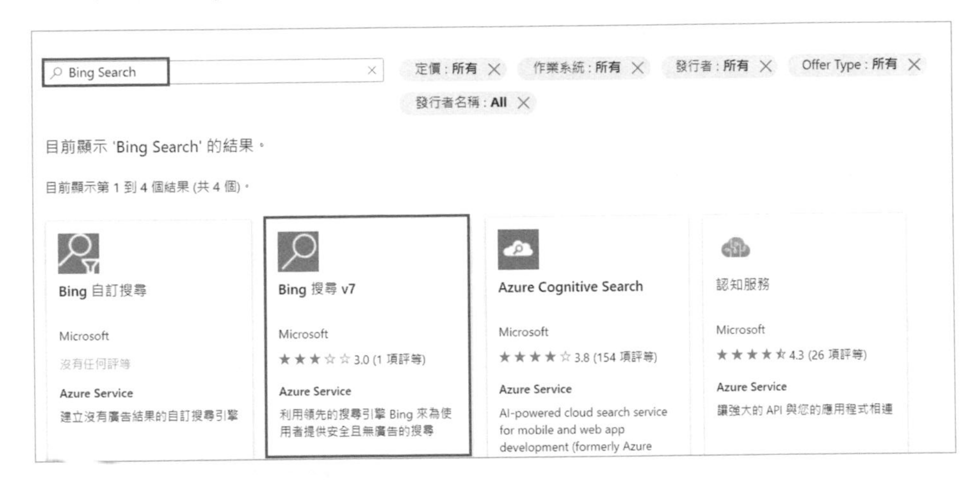

Step 2 建立資源，訂用帳戶為 Azure for Students(預設)、定價層點選免費 F1、新建資源群組「ex-bing」，位置為美國東部 (預設可更改)，輸入完後，點選「建立」，驗證完成後，建立成功。

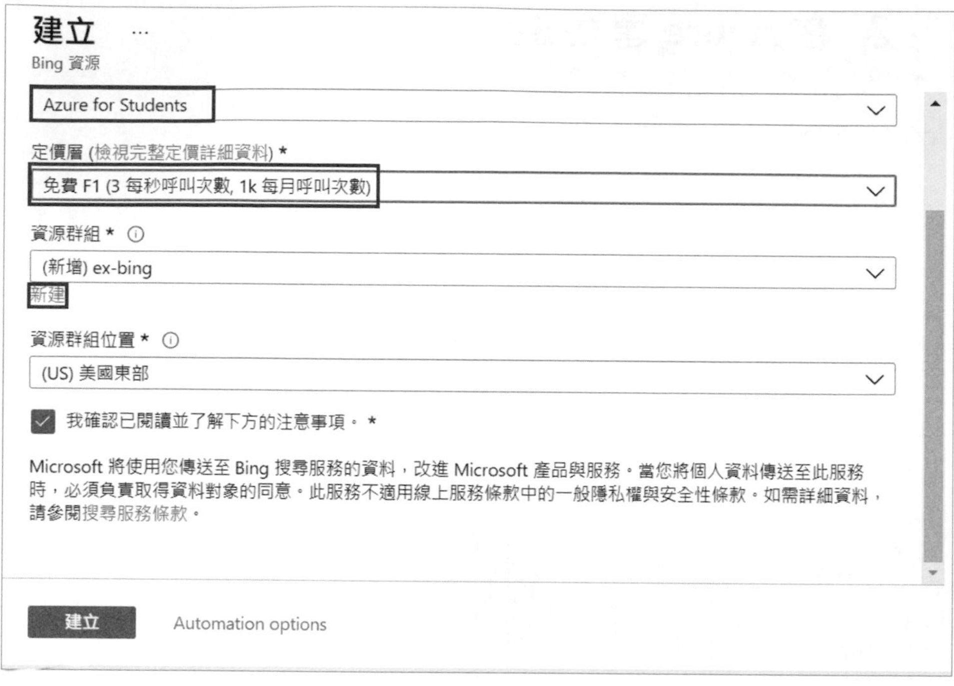
建立
Bing 資源
Azure for Students
定價層 (檢視完整定價詳細資料) *
免費 F1 (3 每秒呼叫次數, 1k 每月呼叫次數)
資源群組 *
(新增) ex-bing
新建
資源群組位置 *
(US) 美國東部
我確認已閱讀並了解下方的注意事項。 *
Microsoft 將使用您傳送至 Bing 搜尋服務的資料，改進 Microsoft 產品與服務。當您將個人資料傳送至此服務時，必須負責取得資料對象的同意。此服務不適用線上服務條款中的一般隱私權與安全性條款。如需詳細資料，請參閱搜尋服務條款。
建立
Automation options

建立
Bing 資源
名稱 *
資源群組是能夠存放 Azure 解決方案相關資源的容器。
名稱 *
ex-bing
確定
取消
新建
我確認已閱讀並了解下方的注意事項。 *
Microsoft 將使用您傳送至 Bing 搜尋服務的資料，改進 Microsoft 產品與服務。當您將個人資料傳送至此服務時，必須負責取得資料對象的同意。此服務不適用線上服務條款中的一般隱私權與安全性條款。如需詳細資料，請參閱搜尋服務條款。
建立
Automation options

Step 3　部署完成後，點選前往資源，選取金鑰與端點，取得 API 金鑰與端點。

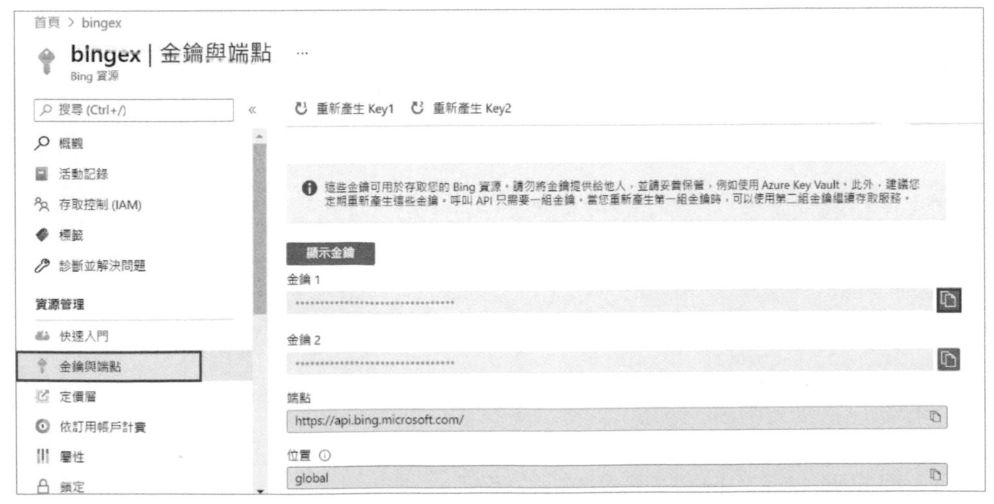

17-3 Bing 實戰成果

將上述 API 建立完成後，接下來我們進入到以下實作。環境準備－ Python 3.6，不推薦使用 Python 3 以下版本，版本會不支持，詳細可以去官網上查詢，**本練習使用 Jupyter Notebook**。

17-3-1 影像搜尋範例

Step 1 使用 Python 套件管理工具 pip，來安裝 pillow 的外掛 - 讓呼叫起來比較容易。pillow 是 python 修改圖片時非常方便的一個套件。

Step1 程式碼教學範例：17.3.1-Image search.py

```
1  get_ipython().system('pip install pillow')
```

Step1 **程式碼** 17.3.1-Image search.py **說明：**

- 第 1 列 - 使用 Python 套件管理工具 pip 來安裝 pillow 的外掛。

Step 2 載入需要模組。

Step2 程式碼教學範例：17.3.1-Image search.py

```
2  import requests
3  import matplotlib.pyplot as plt
4  from PIL import Image
5  from io import BytesIO
6  from pprint import pprint
```

Step2 **程式碼** 17.3.1-Image search.py **說明：**

- 第 2 列 - 載入 requests 建立 http 請求，從網頁伺服器取得想要的資料。
- 第 3 列 - 載入 matplotlib 作為繪製圖表的外掛。
- 第 4 列 - PIL 透過套件管理工具安裝的 pillow，載入 Image 來讀取圖片檔案。

➢ 第 5 列 - 可以讀取經過 utf-8 編碼的位元組資料，由於回傳的資料並不全部是字串的類型，為了讓程式能正常讀取非字串組成的資料，因此引入 BytesI() 來讀取回應資料。

➢ 第 6 列 - PrettyPrinter 數據美化輸出。

Step 3 設定存取金鑰 Key、定義 headers 和 params 內容，search_url 為 Rest Api 端點，search_term 為要搜尋的關鍵字。params 內容中，"q" 為放置用戶要搜尋的關鍵字，"count" 為要回傳多少的結果數，若設定值大於實際回傳數量，則會以實際回傳數量為主，"mkt" 定義為放置回傳的結果來自哪個國家區域。

Step3 程式碼教學範例：17.3.1-Image search.py

```
7   _key = "輸入自己的Azure金鑰"
8   search_url = "https://api.bing.microsoft.com/v7.0/search"
9   search_term = "輸入要搜尋的關鍵字。ex:貓。"
10
11  headers = {"Ocp-Apim-Subscription-Key" : _key}
12  params = {"q": search_term, "customconfig": '0', "count": "16",
13  "offset": "0", "mkt":" zh-TW", "safeSearch":"Moderate" }
```

Step3 程式碼 17.3.1-Image search.py 說明：

➢ 第 7 列 - 輸入訂閱 Azure 服務所取得的金鑰。

➢ 第 8 列 – search_url 為 Rest Api 的端點，可上網搜尋「Bing 搜尋端點」即 可 找 到（https://docs.microsoft.com/zh-tw/azure/cognitive-services/bing-image-search/image-search-endpoint ），此端點會因日後版本更新而變動。此行用於將固定的路徑以變數進行存取。

➢ 第 9 列 – 輸入想要搜尋的關鍵字。

➢ 第 11 列 - 定義 headers 內容：「Ocp-Apim-Subscription-Key」為必填欄位，參數為訂閱 Azure 服務時所取得的金鑰。

➢ 第 12-13 列 - 定義 params 內容：「customconfig」定義用戶自訂搜尋的唯一識別字串，「count」定義回傳結果數量，「offset」定義要略過回傳結果的數量，「mkt」填入國家代號需依照支援的國家代號，完整的國家區域代號可參考下表，「safeSearch」定義是否過濾成人內容。

國家區域代號列表：

語言代碼	語言	語言代碼	語言
zh-TW	中文 (繁體，國語)	es-AR	西班牙文 (阿根廷)
zh-CN	中文 (中文，簡化)	en-AU	英文 (澳大利亞)
zh-HK	中文 (廣東話，繁體)	en-CA	英文 (加拿大)
es-US	美國西班牙文 (USA)	en-IN	英文 (印度)
en-US	英文 (美國)	en-IE	英文 (愛爾蘭)
tr-TR	土耳其文 (土耳其)	pt-BR	葡萄牙文 (巴西)
es-CL	西班牙文 (智利)	de-DE	德文 (德國)
fr-FR	法文 (法國)	fr-CA	法文 (加拿大)
da-DK	丹麥文 (丹麥)	ko-KR	韓文 (韓國)
fi-FI	芬蘭文 (芬蘭)	en-ZA	英文 (南非)
ja-JP	日文 (日本)	ar-SA	阿拉伯文 (沙烏地阿拉伯)

Step 4 使用 requests.post() 傳送要求，取得以 JSON 格式回應的內容後，再利用 PrettyPrinter 數據美化輸出。

Step4 程式碼教學範例：17.3.1-Image search.py

```
14  response = requests.get(search_url, headers=headers, params=params)
15  response.raise_for_status()
16
17  search_results = response.json()
18  pprint(search_results)
```

Step4 **程式碼** 17.3.1-Image search.py **說明：**

➢ 第 14 列 – 將 requests 透過 GET 的方式進行資源的請求，依序放入呼叫請求的 API 位址，代入 headers 以驗證服務的訂閱狀態，代入 params 以取得回應的服務內容，此處回應的服務內容為 Azure 提供的 Bing 影像搜尋。

- 第 15 列 – 取得回應的錯誤狀態，如果請求發生錯誤則會回傳錯誤的物件資料，用於顯示錯誤資訊。
- 第 17-18 列 – 取得以 JSON 格式回應的內容，並將其印出。

執行結果：


```
{'_type': 'SearchResponse',
 'images': {'id': 'https://api.bing.microsoft.com/api/v7/#Images',
            'isFamilyFriendly': True,
            'readLink': 'https://api.bing.microsoft.com/api/v7/images/search?q=%E8%B2%93&qpvt=%E8%B2%93',
            'value': [{'contentSize': '448764 B',
                       'contentUrl': 'https://www.a0909310464.com.tw/WAS_file/UpFile/201912221450581.jpg',
                       'datePublished': '2020-08-17T16:18:00.0000000Z',
                       'encodingFormat': 'jpeg',
                       'height': 1498,
                       'hostPageDisplayUrl': 'https://www.a0909310464.com.tw/kitten-american-shorthair-70.htm',
                       'hostPageUrl': 'https://www.a0909310464.com.tw/kitten-american-shorthair-70.htm',
                       'name': '青葉寵物店',
                       'thumbnail': {'height': 649, 'width': 474},
                       'thumbnailUrl': 'https://tse1.mm.bing.net/th?id=OIP.U-CMp8ImlQtsMtDRx2WXhQHaKJ&pid=Api',
                       'webSearchUrl': 'https://www.bing.com/images/search?q=%E8%B2%93&id=55990DCCDE01A7250A8BCF7833CDC983CF9
6D03E&FORM=IQFRBA',
                       'width': 1094},
                      {'contentSize': '77511 B',
                       'contentUrl': 'https://i1.kknews.cc/SIG=3le8bnv/322200016925s9759p3o.jpg',
                       'datePublished': '2019-09-14T08:40:00.0000000Z',
```


Step 5 thumbnail_urls 為搜尋回應中數個圖片影像的網址，以迴圈控制取出圖片網址，將其 16 組圖片顯示出。

Step5 程式碼教學範例：17.3.1-Image search.py

```
19  thumbnail_urls = [img["thumbnailUrl"] for img in
    search_results["images"]["value"]]
20  f,axes = plt.subplots(4, 4)
21
22  for i in range(4):
23      for j in range(4):
24          image_data = requests.get(thumbnail_urls[i*4+j])
25          image_data.raise_for_status()
26          image = Image.open(BytesIO(image_data.content))
27          axes[i][j].imshow(image)
28          axes[i][j].axis("off")
29  plt.show()
```

Step5 程式碼 17.3.1-Image search.py 說明：

- 第 19 列 – 取得回應中「thumbnail_Url」欄位及數個縮圖影像的 URL。
- 第 20 列 – 「f」代表繪圖視窗的列數，「axes」代表繪圖視窗內的行數，總共產生 16 組繪圖視窗。
- 第 22-29 列 – 迴圈控制，將迭代物件以每張圖片的方式進行資源請求。
- 第 24 列 – 將 requests 透過 GET 的方式進行資源的請求。
- 第 25 列 – 取得回應的錯誤狀態，如果請求發生錯誤則會回傳錯誤的物件資料，用於顯示錯誤資訊。
- 第 26 列 – 讀取圖片。
- 第 27 列 – 顯示圖片。
- 第 28 列 – 設定為「off」代表不顯示座標刻度，若設為「on」則反之。
- 第 29 列 – 顯示繪製的圖表。

執行結果：

17-3-2 實體搜尋範例

Step 1 使用影像搜尋範例之金鑰與端點位置，接著載入本範例需要的模組。

Step1 程式碼教學範例：17.3.2-Entity search.py

```
1  get_ipython().system('pip install pillow')
2  import requests
3  import json
4  import urllib.parse
5  from pprint import pprint
6
7  _key = "輸入自己的Azure金鑰"
8  search_url = "https://api.bing.microsoft.com/v7.0/search"
```

Step1 程式碼 17.3.2-Entity search.py 說明：

➢ 第 4 列 – urllib.parse 是可以解析網址 (URL) 中參數 (query) 的外掛

Step 2 定義 headers 和 params 內容，「query」為放置用戶要搜尋的關鍵字，「mkt」定義為放置回傳的結果來自哪個國家區域，設定完後，使用 requests.post() 傳送要求，執行結果如下：

Step2 程式碼教學範例：17.3.2-Entity search.py

```
9  headers = {'Ocp-Apim-Subscription-Key': _key}
10 query = "輸入要搜尋的關鍵字。ex:台北餐廳"
11 params = 'mkt=' + "zh-TW" + '&q=' + urllib.parse.quote(query)
12
13 try:
14     response=requests.get(search_url,headers=headers,params=params)
15     response.raise_for_status()
16     print('\nJSON Response:\n')
17     pprint(response.json())
18 except Exception as ex:
19     raise ex
20 pprint(json.loads(response.read()))
```

Step2 程式碼 17.3.2-Entity search.py 說明：

- 第 9 列 – 定義 headers 內容，「Ocp-Apim-Subscription-Key」為必填欄位，參數為訂閱 Azure 服務時所取得的金鑰。
- 第 10 列 – 輸入想搜尋的關鍵字。
- 第 11 列 – 定義 params 內容：「mkt」填入的國家代號需依照支援的國家代號。
- 第 13-17 列 – 呼叫 API。
- 第 14 列 – 將 requests 透過 GET 的方式進行資源的請求，依序放入呼叫請求的 API 位址，代入 headers 以驗證服務的訂閱狀態，代入 params 以取得回應的服務內容。
- 第 15 列 – 取得回應的錯誤狀態，如果請求發生錯誤則會回傳錯誤的物件資料，用於顯示錯誤資訊。
- 第 16-17 列 – 取得以 JSON 格式回應的內容，將其印出。

執行結果：

```
JSON Response:

{'_type': 'SearchResponse',
 'images': {'id': 'https://api.bing.microsoft.com/api/v7/#Images',
            'isFamilyFriendly': True,
            'readLink': 'https://api.bing.microsoft.com/api/v7/images/search?q=%E5%8F%B0%E5%8C%97%E
9%A4%90%E5%BB%B3&qpvt=%E5%8F%B0%E5%8C%97%E9%A4%90%E5%BB%B3',
            'value': [{'contentSize': '134829 B',
                       'contentUrl': 'https://cdn.funnow.com.tw/images/oblog/0103_4a88bc.jpg',
                       'datePublished': '2018-10-31T13:45:00.0000000Z',
                       'encodingFormat': 'jpeg',
                       'height': 645,
                       'hostPageDisplayUrl': 'http://www.myfunnow.com/blog/256',
                       'hostPageUrl': 'http://www.myfunnow.com/blog/256',
                       'name': '【台北約會餐廳】TOP 20 台北最浪漫情人節約會餐廳 (上) - FunNow | 生活玩樂
誌',
                       'thumbnail': {'height': 283, 'width': 474},
                       'thumbnailUrl': 'https://tse1.mm.bing.net/th?id=OIP.JWnJUDXewSzK_nhQ4aISuwHaE
b&pid=Api',
                       'webSearchUrl': 'https://www.bing.com/images/search?q=%E5%8F%B0%E5%8C%97%E9%A
```

```
JSON Response:
{'_type': 'SearchResponse',
 'images': {'id': 'https://api.bing.microsoft.com/api/v7/#Images',
      'isFamilyFriendly': True,
      'readLink': 'https://api.bing.microsoft.com/api/v7/images/search?
q=%E5%8F%B0%E5%8C%97%E9%A4%90%E5%BB%B3
&qpvt=%E5%8F%B0%E5%8C%97%E9%A4%90%E5%BB%B3',
      'value': [{'contentSize': '134829 B',
      'contentUrl': 'https://cdn.funnow.com.tw/images/oblog/0103_
4a88bc.jpg',
      'datePublished': '2018-10-31T13:45:00.0000000Z',
      'encodingFormat': 'jpeg',
      'height': 645,
      'hostPageDisplayUrl': 'http://www.myfunnow.com/blog/256',
      'hostPageUrl': 'http://www.myfunnow.com/blog/256',
      'name': '【台北約會餐廳】TOP 20
台北最浪漫情人節約會餐廳 (上) - FunNow | 生活玩樂誌',
      'thumbnail': {'height': 283, 'width': 474},
      'thumbnailUrl': 'https://tse1.mm.bing.net/th?
id=OIP.JWnJUDXewSzK_nhQ4aISuwHaEb&pid=Api',
      'webSearchUrl': 'https://www.bing.com/images/search?q=%E5%8F%B0%E5%
8C%97%E9%A4%90
%E5%BB%B3&id=7B1DF460730AAA7B2403DFC1350D5B5598A85B10&FORM=IQFRBA',
      'width': 1080},
```

本書參考文獻

由於 Azure 的服務更新快速，許多的語法資訊仍以微軟的官網為主要的參考來源，在此提供各章節的參考出處供讀者參考，如遇到舊語法無法正常使用時，讀者可至微軟官網查詢最新 Azure 服務的資訊。

CH1 建置 Python 開發環境

- Python
  https://zh.wikipedia.org/wiki/Python
- 建置 Python 開發環境 – SlideShare
  https://www.slideshare.net/sswu/python-182004536

CH8 認識 Microsoft Azure 雲端平台與 Cognitive Service 認知服務

- Azure 認知服務是什麼
  https://docs.microsoft.com/zh-tw/azure/cognitive-services/what-are-cognitive-services

CH9 Azure 認知服務 - 文字分析

- 快速入門：使用文字分析用戶端程式庫和 REST API
  https://docs.microsoft.com/zh-tw/azure/cognitive-services/text-analytics/quickstarts/text-analytics-sdk?tabs=version-3&pivots=programming-language-python
- 文本分析客戶端類
  https://docs.microsoft.com/zh-tw/python/api/azure-cognitiveservices-language-textanalytics/azure.cognitiveservices.language.textanalytics.textanalyticsclient?view=azure-python
- 文字分析 API 文件
  https://docs.microsoft.com/zh-tw/azure/cognitive-services/text-analytics/

CH10 Azure 認知服務 - 翻譯工具

- 翻譯工具文件
  https://docs.microsoft.com/zh-tw/azure/cognitive-services/translator/
- 快速入門：開始使用翻譯工具
  https://docs.microsoft.com/zh-tw/azure/cognitive-services/translator/quickstart-translator?tabs=csharp

- 什麼是翻譯服務？
  https://docs.microsoft.com/zh-tw/azure/cognitive-services/translator/translator-info-overview
- 翻譯工具 v3.0
  https://docs.microsoft.com/zh-tw/azure/cognitive-services/Translator/reference/v3-0-reference

CH 11 Azure 認知服務 - 電腦視覺

- 電腦視覺文件
  https://docs.microsoft.com/zh-tw/azure/cognitive-services/computer-vision/
- Computer Vision
  https://azure.microsoft.com/zh-tw/services/cognitive-services/computer-vision/#features
- 探索 Microsoft Azure 中的電腦視覺
  https://docs.microsoft.com/zh-tw/learn/paths/explore-computer-vision-microsoft-azure/
- 電腦視覺與 Open CV 影像處理簡介
  https://www.slideshare.net/itembedded/open-cv-86394907
- 偵測成人內容
  https://docs.microsoft.com/zh-tw/azure/cognitive-services/computer-vision/concept-detecting-adult-content
- AI-Azure 上的認知服務之 Computer Vision(計算機視覺)
  https://www.cnblogs.com/shuzhenyu/p/12048919.html
- 什麼是光學字元辨識？
  https://docs.microsoft.com/zh-tw/azure/cognitive-services/computer-vision/concept-recognizing-text
- Python 使用 requests 模組產生 HTTP 請求，下載網頁資料教學
  https://blog.gtwang.org/programming/python-requests-module-tutorial/
- 微軟 / 認知 - 視覺 -Python
  https://github.com/microsoft/Cognitive-Vision-Python/blob/master/Jupyter%20Notebook/Handwriting%20OCR%20API%20Example.ipynb

CH 12 Azure 認知服務 - 臉部辨識

- 快速入門：使用臉部用戶端程式庫
  https://docs.microsoft.com/zh-tw/azure/cognitive-services/face/quickstarts/client-libraries?tabs=visual-studio&pivots=programming-language-python
- 臉部偵測和屬性
  https://docs.microsoft.com/zh-tw/azure/cognitive-services/face/concepts/face-detection
- 臉部辨識概念
  https://docs.microsoft.com/zh-tw/azure/cognitive-services/face/concepts/face-recognition
- 什麼是 Azure 臉部辨識服務？
  https://docs.microsoft.com/zh-tw/azure/cognitive-services/face/overview

CH 13 Azure 認知服務 - 製作問與答人員

- 快速入門：建立、訓練及發佈您的 QnA Maker 知識庫
  https://docs.microsoft.com/zh-tw/azure/cognitive-services/qnamaker/quickstarts/create-publish-knowledge-base

CH 14 Azure 認知服務 - 語音服務

- 語音轉換文字 REST API
  https://docs.microsoft.com/zh-tw/azure/cognitive-services/speech-service/rest-speech-to-text#query-parameters
- 說話人識別 - 文本獨立驗證開發者教程
  https://azure.microsoft.com/zh-tw/resources/videos/speaker-recognition-text-independent-verification-developer-tutorial/
- 語音轉文本 API v2.0
  https://southcentralus.dev.cognitive.microsoft.com/docs/services/speech-to-text-api-v2-0/operations/CreateAccuracyTest
- 天藍色樣品 / 認知服務語音 SDK
  https://github.com/Azure-Samples/cognitive-services-speech-sdk/blob/master/quickstart/python/from-microphone/quickstart.ipynb
- 開始使用語音轉換文字
  https://docs.microsoft.com/zh-tw/azure/cognitive-services/speech-service/get-started-speech-to-text?tabs=script%2Cwindowsinstall&pivots=programming-language-python

CH 15 Azure 認知服務 - 內容仲裁

➢ 什麼是 Azure Content Moderator ？
https://docs.microsoft.com/zh-tw/azure/cognitive-services/content-moderator/overview

➢ 快速入門：使用 Content Moderator 用戶端程式庫
https://docs.microsoft.com/zh-tw/azure/cognitive-services/content-moderator/client-libraries?tabs=visual-studio&pivots=programming-language-python

CH16 Azure 認知服務 - 自訂視覺

➢ 什麼是自訂視覺服務？
https://docs.microsoft.com/zh-tw/azure/cognitive-services/custom-vision-service/overview

➢ 快速入門：使用自訂視覺用戶端程式庫或 REST API 建立影像分類專案
https://docs.microsoft.com/zh-tw/azure/cognitive-services/custom-vision-service/quickstarts/image-classification?tabs=visual-studio&pivots=programming-language-csharp

➢ 快速入門：使用自訂視覺網站建置分類器
https://docs.microsoft.com/zh-tw/azure/cognitive-services/custom-vision-service/getting-started-build-a-classifier

CH 17 Bing Web Search API

➢ 快速入門：使用 Bing 影像搜尋用戶端程式庫
https://docs.microsoft.com/zh-tw/azure/cognitive-services/bing-image-search/quickstarts/client-libraries?pivots=programming-language-python&tabs=visualstudio

➢ 什麼是 Bing 影像搜尋 API ？
https://docs.microsoft.com/zh-tw/azure/cognitive-services/bing-image-search/overview

➢ Bing 搜尋 API 是什麼？
https://docs.microsoft.com/zh-tw/azure/cognitive-services/bing-web-search/bing-api-comparison?toc=https%3A%2F%2Fdocs.microsoft.com%2Fzh-tw%2Fazure%2Fcognitive-services%2Fbing-image-search%2Ftoc.json&bc=https%3A%2F%2Fdocs.microsoft.com%2Fzh-tw%2Fazure%2Fbread%2Ftoc.json